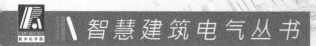
智慧建筑电气丛书

双碳节能
建筑电气应用导则

U0151116

中国建筑节能协会电气分会
中国城市发展规划设计咨询有限公司　组编

机械工业出版社
CHINA MACHINE PRESS

本书对碳达峰和碳中和路径进行分析，介绍国内外的"双碳"政策，分析"双碳"和建筑、能源的关系，对建筑能源系统进行解构，从低碳能源规划、光伏发电、低碳储能及充电桩、低碳建筑电气的设计原则与方法、低碳照明、智慧用能管理系统架构和多能流综合能源等多个维度对建筑实现节能、降碳、增效的方法和手段进行深度剖析，重构以建设新型电力系统为电力系统改革目标下的低碳节能建筑能源体系，尤其是对低压直流技术、"光储直柔"建筑系统特点进行详细阐述。本书还提供了公共建筑、工业建筑和居住建筑的一些应用案例供读者理解和参考。

　　本书赠送超值视频，详解专业关键点。

1. 低碳建筑电气设计关键点（莫理莉）

2. 低碳能源规划及能源系统技术关键点（劳大实）

3. 光伏发电与充电设施技术关键点（曹磊）

4. 低碳建筑智慧储能及用能系统关键点（何治新）

使用说明：

1. 关注微信公众号"天工讲堂"。

2. 在"我的"——"使用"进行兑换。

3. 进入微信小程序"天工讲堂"，在"我的"中登录后，可在"学习"版块下进入视频下载页面。

图书在版编目（CIP）数据

双碳节能建筑电气应用导则/中国建筑节能协会电气分会，中国城市发展规划设计咨询有限公司组编. —北京：机械工业出版社，2022.6

（智慧建筑电气丛书）

ISBN 978-7-111-71052-3

Ⅰ.①双… Ⅱ.①中… ②中… Ⅲ.①房屋建筑设备－电气设备－节能设计 Ⅳ.①TU85

中国版本图书馆 CIP 数据核字（2022）第 106655 号

机械工业出版社（北京市百万庄大街22号　邮政编码100037）

策划编辑：张　晶　责任编辑：张　晶　舒　宜

责任校对：刘时光　责任印制：单爱军

北京虎彩文化传播有限公司印刷

2022 年 8 月第 1 版第 1 次印刷

148mm×210mm·11.625 印张·332 千字

标准书号：ISBN 978-7-111-71052-3

定价：79.00 元

电话服务　　　　　　　　网络服务

客服电话：010-88361066　机　工　官　网：www.cmpbook.com

　　　　　010-88379833　机　工　官　博：weibo.com/cmp1952

　　　　　010-68326294　金　书　网：www.golden-book.com

封底无防伪标均为盗版　　机工教育服务网：www.cmpedu.com

《双碳节能建筑电气应用导则》
编委会

主　编：欧阳东　正高级工程师　　国务院特殊津贴专家
　　　　　　　　会长　　　　　　　中国勘察设计协会电气分会
　　　　　　　　主任　　　　　　　中国建筑节能协会电气分会
　　　　　　　　顾问总工程师　　　中国城市发展规划设计咨询有限公司

副主编：

莫理莉　高级工程师　　　电气副总工程师　　华南理工大学建筑设计研究
　　　　　　　　　　　　　　　　　　　　　院有限公司建筑设计三院

主笔人（排名不分先后）：

张永明　副教授　　　　　系主任　　　　　　同济大学

曹　磊　正高级工程师　　副总工程师　　　　中国建筑设计研究院有限
　　　　　　　　　　　　　　　　　　　　　公司

梁志超　正高级工程师　　副总工程师　　　　湖南省建筑设计院集团股
　　　　　　　　　　　　　　　　　　　　　份有限公司

李　鹏　高级工程师　　　高级设计总监　　　悉地（北京）国际建筑设
　　　　　　　　　　　　　　　　　　　　　计顾问有限公司

杨　皞　正高级工程师　　总工程师　　　　　中国建筑西南设计研究院
　　　　　　　　　　　　　　　　　　　　　有限公司设计十院

何治新　正高级工程师　　国家工程研究　　　广州地铁集团有限公司
　　　　　　　　　　　　　中心副主任

劳大实　高级工程师　　　副总工程师　　　　中国中元国际工程有限
　　　　　　　　　　　　　　　　　　　　　公司

韩　帅　正高级工程师　　电气总工程师　　　天津市天友建筑设计股份
　　　　　　　　　　　　　　　　　　　　　有限公司

编写人（排名不分先后）：

邓泽宇		华南理工大学电力学院
颜 哲		同济大学建筑与城市规划学院
袁天驰	工程师	中国建筑设计研究院有限公司
胡海峰	高级工程师	湖南省建筑设计院集团股份有限公司
朱心月		中广电广播电影电视设计研究院
李宇飞	工程师	中国建筑西南设计研究院有限公司
周 丹	高级工程师	广州地铁设计研究院股份有限公司
胡魁琦	工程师	中国中元国际工程有限公司
王裕华	高级工程师	天津市天友建筑设计股份有限公司
于 娟	编辑部主任	亚太建设科技信息研究院有限公司
杨继光	高级工程师	保定市消防救援支队
黄雅如	正高级建筑师	中国城市发展规划设计咨询有限公司
陈 晶	高级工程师	中国城市发展规划设计咨询有限公司
马晨光	注册城乡规划师	中国城市发展规划设计咨询有限公司
陈志忠	正高级建筑师	广州市设计院集团有限公司
刘 斌	服务保障中心副主任	中国人民解放军总医院
彭松龙	正高级工程师	中国人民解放军总医院
胡思宇	工程师	中国建筑设计研究院有限公司
戴天鹰	高级工程师	ABB（中国）有限公司
刘华涛	战略及业务拓展总监	施耐德电气（中国）有限公司
胡留祥	智慧园区标准总经理	华为技术有限公司
李 智	副院长	广东博智林机器人有限公司智慧建筑研究院
张智玉	高级总监	贵州泰永长征技术股份有限公司
张 冬	开发总监	北京北元电器有限公司
袁 磊	总经理	上海大周能源技术有限公司

唐喜庆　副总经理　　　上海航天智慧能源技术有限公司
蒋世用　副总裁　　　　格力钛新能源股份有限公司
熊一兴　总经理　　　　深圳云联智能光电科技有限公司
曾彬华　副总经理　　　广州白云电器设备股份有限公司
顾宗良　副总经理　　　上海大服数据技术有限公司
胡越升　高级技术经理　丹佛斯（上海）投资有限公司

审查人（排名不分先后）：

李俊民	正高级工程师	电气总工程师	中国建筑设计研究院有限公司
李炳华	正高级工程师	电气总工程师	悉地（北京）国际建筑设计顾问有限公司
俞　洋	高级工程师	电气专职副总工程师	华南理工大学建筑设计研究院有限公司
李雪佩	高级工程师	原顾问总工程师	中国标准设计研究院有限公司

前　　言

2020 年 9 月，我国承诺：中国二氧化碳排放力争于 2030 年前达到峰值，努力争取 2060 年前实现碳中和。2021 年，国务院发布了《关于加快建立健全绿色低碳循环发展经济体系的指导意见》；生态环境部发布了《碳排放权交易管理办法（试行）》《碳排放权登记管理规则（试行）》《碳排放权交易管理规则（试行）》《碳排放权结算管理规则（试行）》等文件；住房和城乡建设部也发布了"双碳"政策相关文件。

目前，我国经济已由高速增长阶段转向高质量发展阶段，发展与减排的压力巨大。有关数据显示：全球 2020 年碳排放总量约为 330 亿 t，中国排放总量占 30%，欧盟约占 6%。2018 年民用建筑建造的碳排放总量约为 18 亿 t CO_2，其中建材生产运输阶段碳排放量占 65%，水泥生产工艺过程的碳排放量占 30%。研究表明，我国建筑业既是国家发展的支柱产业，也是碳排放的重点行业，制定可持续的低碳节能建筑标准，大力发展绿色低碳节能技术，建设低碳环保智慧建筑，节能可以降低碳排放，是实现"双碳"目标的重要措施之一。

建筑业的碳排放分布于建材的生产过程、建筑的建造过程及使用过程，即贯穿于整个建筑的全生命周期，同时在不同的时间和空间，以不同的方式和强度排放。因此，实现"双碳"目标也需要系统思维、科学论证、技术支撑、精准实施、闭环管控。对于实现"双碳"目标的主要要求、方法、路径及措施有以下几点思考：

一、实现"双碳"目标的主要要求

1. 国际能源署《2050 年净零排放：全球能源行业路线图》提出了七个解决方案：可再生能源、能源效率、电气化、生物能源、碳捕集利用与封存（CCUS）、氢和氢基燃料、行为改变。

2. 国家发展改革委提出了"双碳"任务要求：产业布局集聚化，利用方式低碳化，技术装备先进化，模式机制创新化，运营管理规范化。

3. 国家发展改革委提出了"双碳"保障措施：大力调整能源结构，推动产业结构转型，提升能源利用效率，加速低碳技术研发推广，健全低碳发展体制机制，努力增加生态碳汇。

二、实现"双碳"目标的主要方法

1. "双碳"政策导向：尽快编制能源效率标准，制定低碳节能的奖励办法。通过政策引导，标准落地，有章有度，循序渐进，用好"双碳"机遇，推进能源革命，构筑绿色低碳循环发展的经济体系。

2. "双碳"经济支撑：国家应提供相应的资本资金，通过碳交易产生资金，面向市场制定商业模式，经济协同，金融保障，积极构建有力促进绿色低碳发展的财税政策体系，进一步完善生态保护补偿制度机制，以及与环保相关的税收制度。

3. "双碳"技术措施：提倡智能化的技术，创新低碳节能的新技术和新产品。提倡技术创新、技术整合、跨界融合和持续提升。研究可再生能源发电技术，碳捕集利用与封存（CCUS）技术，储能和智能电网技术，CO_2 温室气体减排技术等。

4. "双碳"评价体系：尽快制定低碳产品效能和"双碳"节能改造技术认证体系。设置管理闭环、引导示范、双向反馈、循环发展，构建中国特色 ESG（环境、社会和治理）评价体系，强制 ESG 信息披露，推进全球 ESG 标准统一。

三、实现"双碳"目标的主要路径

1. 国家层面：制定"双碳"政策，金融支持，战略考核，分解目标。转变能源发展方式，加快推进清洁和电能替代，解决好能源开发、配置和消纳问题，制定定性定量的"双碳"总量目标。

2. 行业层面：制定"双碳"标准，研究低碳措施，宣传推广"双碳"新理念。优化经济和能源结构，提高能源效率，增加吸碳固碳和实施标准，大力推进终端用能电气化。

3. 企业层面：研发"双碳"新技术、新产品、新系统，承担社会责任。承诺生产和运营所需电力均来自可再生能源，及早转身拥抱零碳转型，推动自身业务结构零碳转型。

4. 个人层面：从我做起，绿色出行，光盘行动，简约生活，节约资源，为低碳目标做贡献。认真做好垃圾分类，节约用水，少用一次性物品，购买和使用电动汽车和节能环保型电器，积极参与植树活动。

四、实现"双碳"目标的主要措施

1. 数据中心的低碳节能解决技术方案：提倡电力脱碳（绿电购买），终端电气化及清洁化，节能提效，排放绿化；提出一整套数据中心的低碳节能解决方案。计世资讯（ICT Research）预测：到 2025 年，数据中心面积由现在 3000 万 m^2 增至 6000 万 m^2。从数据中心的建设标准、建设模式、建设布局、技术创新和资源调度等五个方面探索数据中心节能降耗空间，测算显示：到 2025 年，中国数据中心年用电量可由 4000 亿度（1 度 = 1kWh）降至 3000 亿度，节省约 3000 万吨标准煤。

2. 建筑智慧预约用电节能解决方案：研究优化供电容量、供电方式、电能调度，确保设备正常使用；建立能源管理平台，优化空调系统能耗；建立用电预约管理系统；研究建立用电监控系统，实时监测用电数据；进行供电系统负荷分析优化、综合分析优化，优化电气系统设备（如高效能的低碳节能变压器、节能电动机、变频电梯等），持续优化电能调度。

3. 智慧照明节能控制系统解决方案：将低碳照明节能的两个方面——天然光与人工光相结合，应用智能照明控制系统。通过高效灯具、节能光源和管理系统，实现照明低碳节能。

4. 建筑智慧能源节能管理系统解决方案：据有关统计数据，我国建筑运行阶段能耗已占建筑全生命周期能耗近 50%，建筑设备管理平台是在传统的智能化集成系统（IBMS）基础上，利用BIM 技术、智能 AI 技术、GIS、5G 等手段，实现机电数据可视化、能源消耗分时分区统计分析等功能，为建筑运行阶段的节能减排工作提供数据依据，进而实现"双碳"目标。

5. 新能源发电系统节能解决方案：提倡采用太阳能光伏发电，

风力发电、水力发电、生态能源发电等多种新能源系统，实现低碳发电。

6. 低碳节能方式：通过控制系统，进行大数据分析，实现节能最优化，成本相对合理，性价比最高。关键是运营节能管理，提倡定性定量的节能方式。树立全过程、全方位、全人员的节能意识，实现低碳节能。

7. 节能优化阶段技术：节能优化分为三个阶段：前期设计优化节能占40%，中期调试优化节能占30%，后期运营优化节能占30%。低碳节能技术包括：技术节能占50%（含机电设备节能占25%和控制系统节能占25%）和管理节能占50%（含工艺优化节能占25%和运维管理节能占25%）。

为全面研究和解析"双碳"节能建筑的电气设计技术，中国建筑节能协会电气分会联合中国城市发展规划设计咨询有限公司，组织编写了智慧建筑电气丛书之三《双碳节能建筑电气应用导则》，由全国各地在电气设计领域具有丰富一线经验的青年专家组成编委会，由全国知名电气行业专家作为审查人，共同就"双碳"节能建筑相关政策规划、低碳建筑电气和节能措施和数据分析、设备与新产品应用、低碳节能典型实例等内容进行了系统的梳理，旨在进一步推广新时代"双碳"节能建筑电气技术进步，助力双碳节能建筑建设发展新局面，为业界提供一本实用工具书和实践项目参考。

本书编写原则为前瞻性、准确性、指导性和可操作性；编写要求为正确全面、有章可循、简单扼要、突出要点、实用性强和创新性强。本书内容包括总则、低碳能源规划、低碳建筑电气设计原则与方法、光伏发电系统、低碳储能系统、电动汽车充电设施系统、低碳照明系统、智慧用能系统、多能流综合能源系统、"双碳"节能建筑电气应用案例等10章。

本书力求为政府相关部门、建设单位、设计单位、研究单位、施工单位、产品生产单位、运营单位及相关从业者提供准确、全面、可引用、能决策的数据和工程案例信息，也为创新技术的推广应用提供途径，适用于相关产业的电气设计人员、施工人员、运维人员等相关产业进行建筑电气设计及研究时参考。

在本书编写过程中，得到了中国建筑节能协会电气分会和中国勘察设计协会电气分会的企业常务理事和理事单位的大力支持。在此，对 ABB（中国）有限公司、施耐德电气（中国）有限公司、华为技术有限公司、广东博智林机器人有限公司、贵州泰永长征技术股份有限公司、北京北元电器有限公司、上海大周能源技术有限公司、上海航天智慧能源技术有限公司、格力钛新能源股份有限公司、深圳云联智能光电科技有限公司、广州白云电器设备股份有限公司、上海大服数据技术有限公司、丹佛斯（上海）投资有限公司等企业表示衷心的感谢。

由于本书编写涉及领域广，编写周期紧迫，技术水平所限，有些技术问题是目前的热点、难点和疑点，争议很大，解决方案是相对正确的，仅供参考，若有不妥之处，敬请批评指正。

中国勘察设计协会电气分会　　　　会长
中国建筑节能协会电气分会　　　　主任
中国城市发展规划设计咨询有限公司　顾问总工

2022 年 7 月

目　　录

第1章 总 则

1.1 "双碳"战略发展路径分析

温室气体排放是全球变暖的主要原因，控制二氧化碳排放是抑制全球气候变暖的关键措施。

1.1.1 碳汇与碳达峰、碳中和基本概念

1. 碳汇

碳汇是指清除空气中 CO_2 的过程、活动及机制，主要是指森林吸收和储存 CO_2 的数量，或森林吸收和储存 CO_2 的能力。通过大力发展人工植树造林可提高碳汇。2010—2016 年，我国年均吸收约 11 亿 t 碳，占同期人为碳排放量的 45%，可见林业碳汇在碳中和愿景中扮演重要角色，碳汇项目将助力我国实现碳中和目标。

2. 碳达峰

根据联合国政府间气候变化专业委员会（IPCC）的定义，碳达峰一般是指一个行业、组织或者地区的年度二氧化碳排放量到达最高值后，经过一段时间的平台期后进入持续下降的过程，是 CO_2 排放量由增转降的拐点，这标志着碳排放和经济发展脱钩，碳达峰目标包括达峰时间和峰值。

3. 碳中和

碳中和一般是指某主体在一年内，直接或间接产生的温室气体排放总量，通过二氧化碳消除技术实现产出与消除的二氧化碳达到

平衡。"碳中和"所要求的不是绝对的净零排放，而是可以通过植树造林、节能减排或购买碳排放权等形式，抵消自身产生的二氧化碳排放，实现二氧化碳的"零排放"。

4. 和"碳"有关的概念

（1）碳捕集利用与封存

碳捕集利用与封存简称 CCUS，是把生产过程中排放的 CO_2 进行捕获提纯再投入到新的生产过程里面，进行循环再利用或者封存的技术。碳捕集是指把大型电厂、钢铁和水泥厂等排放的 CO_2 收集并储存，避免排放到大气中。该技术具备实现大规模温室气体减排和化石能源低碳利用的协同作用，是未来全球应对气候变化的重要技术选择之一。

（2）碳排放权

碳排放权即核证减排量。2005 年，《京都议定书》生效后，碳排放权成了国际商品，碳排放权交易的对象是核证减排量（CER）。

（3）碳交易

把碳排放权作为一种商品，买方向有碳配额的卖方支付费用，获得碳排放权，形成碳交易。碳交易市场是由政府通过对能耗企业的控制碳排放而人为制造的市场。通常情况下，政府确定一个碳排放总额，并根据一定规则将碳排放配额分配给企业。如果企业碳排放量超出配额，需要到碳交易市场购买碳配额。而若部分企业通过节能减排技术，使得碳排放量低于获得的配额，可以通过市场出售多余配额。双方一般通过碳排放交易所进行交易。其交易流程如图 1-1-1。

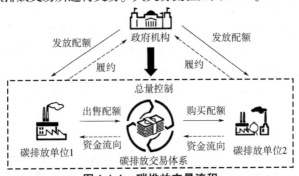

图 1-1-1　碳排放交易流程

（4）碳税

碳税是指排碳主体为排出的二氧化碳按税率缴纳一定的费用。

1.1.2 碳中和的发展路径

自从"双碳"目标提出以来，碳中和发展主要围绕着电力、工业、交通和建筑等重点碳排放领域进行。

1. 电力碳中和路径

电力行业作为碳排放的主力，是实现碳中和目标的关键。据国际能源署（IEA）统计数据显示，2020年，仅发电和供热产生的二氧化碳排放量就占我国全年碳排放量约51%。这与我国当下以化石能源为主的能源结构有关，我国能源结构中化石能源占比约85%，其中煤炭又占据了约57%的比例。要实现碳中和，就必须推动以煤炭等高碳能源为主的电力结构的转型，构建清洁低碳安全高效的能源体系。

1）推进煤电转型升级，减少煤炭消费。严格控制煤电项目的增长，淘汰一批低能效机组，升级改造一批现役机组，新建机组煤耗达到国际高标准要求。推动高煤耗产业减煤、限煤。研究推广煤炭的高效清洁利用技术，有序推进散煤替代。

2）积极发展可再生能源。集中式与分布式发电并举，推进风电、光电的大规模、高质量发展；因地制宜发展水能、天然气、生物质能等。探索地热能及潮汐能、温差能等海洋能源的高效利用途径。研究氢气、甲醇等低碳或零碳可再生燃料替代煤炭、石油等高碳化石燃料的方案。安全有序地推进核电发展。

3）构建新型电力系统。加快配电网改造和智能化升级，构建以消纳新能源为主的微电网和局域网，增加配电网的承载力和灵活性。大力提升电力需求侧响应能力。加快抽水蓄能电站实施和新型储能研发应用，提高系统灵活调节能力及新能源消纳、存储能力。加快新型电力系统关键技术研发应用。最终建成以新能源为主体，火电和核电为保障的绿色高效、安全低碳的新型电力系统。

2. 工业碳中和路径

工业作为碳排放的重点领域之一，对"双碳"目标的达成具有重要影响。工业领域主要通过能源消费低碳化、产业结构优化和技术升级实现工业碳达峰目标。

（1）促进能源消费低碳转型

研究推广化石燃料的高效清洁利用方案；提升工业电气化水平，推进以电能、氢能、天然气为主要能源的先进生产工艺的应用，如电炉工艺取代高炉炼铁；提高风电、光电、水电等可再生能源的消费比重。

（2）推动产业结构优化与技术流程升级

严格执行产能置换，逐步淘汰落后产能，推进存量优化，严格限制"两高"产能增长，新增产能对标国际先进能耗水平；优化工艺流程，完善废弃资源回收利用网络，推进化工联产，加快碳捕获、利用与封存技术（CCUS）的研发。

3. 交通碳中和路径

交通领域碳中和目标主要通过能源转型，推进绿色交通新基础设施建设（基建），构建低碳高效交通运输体系，主要可以通过以下三大途径实现：

（1）运输工具能源转型

推进交通工具低碳化，加快电动汽车、氢能汽车、燃料电池汽车等在交通运输行业的应用，提高新能源汽车占比，推进公交电动化，发展电动、天然气动力船舶，研究新能源航空器等。

（2）推进交通新型基础设施建设

有序安排充电桩、配套电网、加气站等公路基础设施建设，深入推进船舶靠岸充电站建设，完善城际高速铁路和城际轨道交通建设，把绿色低碳高效理念贯彻于基建全过程。

（3）低碳高效交通运输体系建设

加快提升交通运输智能化水平，推动"5G"、车联网、物联网等在交运系统中的应用，提高系统运行效率；加快以铁路、水路为中心的货运网络的建设，推动大宗货物和中长途运输"公转水"和"公转铁"，打造陆海空三路联运、高效衔接的货运体系；建设完善公民绿色出行相关的基础设施，打造绿色、舒适、安全、高效的公共交通体系。

4. 建筑碳中和路径

从全球来看，建筑部门碳排放量占碳排放总量的 40%，是实现碳中和目标的关键部门。建筑施工期碳排放主要来源于建筑材料的生产、运输和施工过程。而建筑运行期间的主要碳排放源包括供暖、空调、照明、电气设备、特殊能耗（如实验室、数据中心等）和交通能耗（充电桩）。建筑碳中和主要通过三个方面实现：减少需求、提高能效和用能电气化。

（1）减少需求

从需求方面看，应优先考虑降低能源负荷，优化和调整建筑流线和功能，尽量采取免费（即不涉及工程造价）的措施，如自然采光、自然通风等。其次，采用热性能更符合气候特征的建筑围护结构（外墙、门窗、屋顶和遮阳板）可从源头上减少建筑的总能源需求。同时，使用绿色、低碳并且轻质建筑材料可以减少建筑材料和建筑垃圾产生的碳排放。

（2）提高能效

一方面，通过 LED 灯、变频水泵、磁悬浮冷水机组等超高效节能设备的采用，配合智能充电桩、智能设备启停等智能管理手段，综合提高建筑能效，促进深度节能减排；另一方面，大规模推进近零能耗、被动式和零能耗建筑的建设，进一步降低建筑能耗。

（3）用能电气化

发展建筑光伏一体化（BIPV）、储能（蓄电池、冰储冷、相变材料等）、地源热泵、水源热泵、生物质能发电等技术，综合利用当地新能源和余热、余冷，替代化石能源的使用，提高建筑用能电气化比例。让建筑吸收周边风电、光伏基地的零碳电，向"光储直柔"建筑发展。

1.1.3 中国"3060"目标和发展战略

2020 年 9 月，第七十五届联合国大会上，国家主席习近平郑重宣示：中国二氧化碳排放力争于 2030 年前达到峰值，努力争取 2060 年前实现碳中和。"碳达峰""碳中和"两大目标简称"双碳"。随后，这一目标被纳入"十四五"规划建议，2020 年 12 月，中央经济工作会议将做好"双碳"工作列入 2021 年八项重点任务之一。

目前,围绕"3060"目标,能源行业应"三步走":

第一步,到 2025 年,初步形成绿色低碳循环发展的经济体系,重点行业能效明显提高。与 2020 年相比,单位 GDP 能耗比下降 13.5%,单位 GDP 二氧化碳排放量下降 18%,非化石能源消费比重升至 20% 左右,为碳达峰碳中和的达成奠定坚实的基础。

第二步,到 2030 年,经济社会发展全面绿色转型取得显著成效,重点耗能行业能效达到国际先进水平。单位国内生产总值能耗显著下降,与 2005 年相比,单位 GDP 的二氧化碳排放量减少 65% 以上,非化石能源消费比重升至 25% 左右,风电和光伏发电总装机容量超过 12 亿 kW,CO_2 排放量达到峰值并稳步下降。

第三步,到 2060 年,全面建成绿色低碳循环经济体系和清洁、低碳、安全、高效的能源体系,整体能效跻身国际前列,非化石能源消费比重超过 80%,成功实现碳中和目标,生态文明建设成果丰硕,人与自然和谐共处。

1.2 "双碳"政策

1.2.1 国际政策

自 1992 年《联合国气候变化框架公约》建立并发布数据报告,气候变化的影响逐渐广为人知,并引起各国政府的高度关注。2016 年,176 个缔约方共同签署《巴黎协定》,明确提出将 21 世纪全球气温升高幅度控制在 2℃ 以内的目标。而联合国政府间气候变化专门委员会(IPCC)发布的《全球增暖 1.5℃ 特别报告》进一步提出了控制温升在 1.5℃ 以内的严峻目标。根据 IPCC 测算,若想实现《巴黎协定》1.5℃ 控温目标,全球必须在 2050 年达到碳中和,即每年二氧化碳排放量等于其通过植树等方式减排的抵消量。碳中和是应对全球气候危机的重要手段。目前,全球已有 137 个国家以政策宣示或立法等不同方式提出碳中和目标,其中大部分国家或区域计划在 2050 年实现碳中和，如欧盟、美国、英国、加拿大、日本、新西兰、南非等。少部分国家（如德国）将碳中和目标提前到 2045 年。气候形势不断严峻，各国也在应对气候问题方面不断加码，主要表现在制定法律保障气候目标实施、建立完善碳定价制度、颁布低碳转型政策、新兴技术开发四个方面。

1. 制定法律保障气候目标实施

虽然各国间早已达成应对气候变化的共识，但却缺乏强有力的手段保障气候目标的达成，英国自 2010 年以来在应对气候变化方面几乎停滞不前，德国煤电占比居高不下，欧盟内部减排力度不均，难以达成预期目标。

但近年来，随着气候问题愈发严峻，各国相继提出碳中和目标，并通过立法、成立委员会以监督保障目标达成。英国在 2019 年通过了《气候变化法案》承诺 2050 年实现碳中和目标；欧盟也于 2020 年 6 月出台《欧洲气候法》，承诺 2050 年前实现碳中和；德国重修《气候保护法》，确立 2030 年减排 65%，2045 年实现碳中和的目标。除此之外还有日本、加拿大等 13 个国家已经或正在出台相关法律，美国重回《巴黎协定》后承诺 2050 年前实现碳中和，并于 2025 年前出台相关法律、法规。

2. 建立完善碳定价制度

碳定价是指对二氧化碳排放设置价格，发挥价格的信号作用，从而推动排碳主体向低碳化转型。目前，碳定价主要有两种形式：碳排放权交易和碳税。

（1）碳排放权交易

据国际碳行动伙伴组织（ICAP）《全球碳市场进展报告 2021》显示，近几年碳排放权交易体系（ETS）在全世界蓬勃发展，目前全球已有 24 个地区的 ETS 正在运行，另有 20 个国家和地区正在开发或考虑建设碳排放权交易体系。

具体到国家和地区，为了实现 2050 年碳中和的目标，欧盟碳市场进一步减少了年度碳配额上限，提高了年减率，并更多地采用拍卖而不是免费发放的形式分配碳配额。韩国碳市场在 2019 年进入第三阶段改革，具体改革措施包括提升拍卖的碳配额的比例，允许使用国际碳信用参与抵消机制等。新西兰政府决定逐年减少工业部门的免费配额。英国在退出欧盟后启动了本国的碳交易体系，相比在欧盟时有着更低的年碳配额上限，并设定了碳配额的最低拍卖价。德国碳市场采用固定碳价并计划在 2022—2024 年逐步提升配额价格到 55 欧元/t。

（2）碳税

目前全球已有 35 项碳税制度在 27 个国家中实施。

欧洲议会在 2021 年 3 月通过了"碳边境调节机制（CBAM）"议案，考虑对于进口商品征收基于生产过程中产生的碳排放量的关税。美国近期也在考虑碳边境调节机制的制定。冰岛、爱尔兰扩大了碳税的征收范围，并提高了税率。墨西哥部分州从 2021 年开始征收碳税用于缓解气候变化，促进相关产业发展。

3. 颁布低碳转型政策

在既定的碳中和目标和新冠肺炎疫情导致的世界经济持续低迷的影响下，各国出台了一系列绿色经济复苏政策，试图通过绿色低碳产业推动经济复苏与产业振兴。

美国出台《建设现代化的、可持续的基础设施与公平清洁能源未来计划》，计划投资两万亿美元推动能源、交通、建筑、农业和生态领域的低碳产业转型和发展，以实现到 2035 年通过向可再生能源过渡实现无碳发电，到 2050 年，实现碳中和（"3550"）的目标。欧盟委员会提出"减碳 55"一揽子立法计划，旨在通过制定一系列法规促进能源、运输、制造、航空等低碳相关领域的全面改革。日本提出《2050 年碳中和绿色增长战略》，对能源、运输和制造、家庭和办公 3 大类目下 14 项产业进行了规划。

4. 新兴技术开发

碳中和目标的实现必然离不开相关产业技术的推进，这也是当下各国实现经济复苏的一项重要支柱。综合各国技术发展战略来看，关注点主要集中在以下几个方面：

1）加速淘汰传统能源，推进可再生能源发展。

2）建设智能电网，推动交通运输、航空、建筑等领域电气化智能化改造，建设综合能源互联网。

3）推动碳捕获利用与封存技术、储能技术、氢能全流程利用技术等低碳关键技术的研究与推广利用。

1.2.2 国家政策

回望西方历史，英国、德国、美国等发展国家都是经过充分发展，在技术不断升级下自然达到碳达峰并进入下行阶段，这个过程持续了近百年。可以说，任何国家在初期的快速发展阶段，经济发展与碳排放量增长都是密切相关的，而我国当下正处于这个阶段，并且从人均碳排放量来看的话，当下我国人均碳排放量还不到美国的一半，我国离实现碳达峰本应还有很长一段路要走，而"3060"目标却要求我们在 10 年内完成这一过程，并在 30 年内实现碳中和，可以说时间特别紧，任务特别重。为此，我国自目标确立便以高压态势，持续颁布政策，制定各领域减排目标，推进各行业的碳减排进程。目前，我国的减排政策体系已具雏形，并不断发展、完善。

自"双碳"目标提出之后，从中央到地方便开始紧锣密鼓地进行有关规划，在 2020 年 10 月，中共中央首次对"双碳"目标做出指示。在《"十四五"发展规划和 2035 年远景目标建议》中提出要降低碳排放强度；支持有条件的地方率先达到碳排放峰值；制定 2030 年前碳排放达峰行动方案；推动碳排放权市场化交易。

随后，在 2021 年 3 月发布的《十四五规划和 2035 年远景目标纲要》中，进一步扩充完善了建议的内容，提出以下五点要求：

1）"十四五"期间，单位 GDP 能耗和二氧化碳排放量分别下降 13.5% 和 18%。

2）完善能耗总量和强度双重控制体系，重点控制化石能源消耗。

3）实施以碳强度控制为主、碳排放总量控制为辅的制度，支持有条件的地方政府、重点行业和企业提前实现碳排放达峰。

4）推广清洁、低碳、安全、高效的能源利用方式，进一步推进工业、建筑、交通等领域的低碳转型。

5）加强对甲烷、氢氟碳化合物、全氟化碳等温室气体的控制，提高生态碳汇能力。

2021 年 9 月，国务院发布《关于深化生态保护补偿制度改革的意见》，提出加快建设全国碳排放权交易市场，建立健全碳抵消和碳信用机制。

2021 年 10 月 24 日，国务院发布关于做好碳达峰碳中和工作的总路线、总方针，明确了增量配电网、微电网和分布式电源等可再生能源消纳的市场主体地位，大力发展节能低碳建筑，提高建筑节能标准，逐步开展建筑能耗限额管理，深化可再生能源建筑应用，推动建筑用能电气化和低碳化。

2021 年 10 月 26 日，国务院发布《关于印发 2030 年前碳达峰行动方案的通知》，提出了两个阶段的目标：

1）到 2025 年，非化石能源消费的比例应达到 20%，与 2020 年相比，单位国内生产总值能源消耗下降 13.5%，单位国内生产总值二氧化碳排放量下降 18%，为实现碳排放达峰奠定坚实基础。

2）到 2030 年，非化石能源消费比重提高到 25% 左右，相比 2005 年，单位 GDP 二氧化碳排放量下降 65% 以上，顺利实现 2030 年碳排放峰值目标。并制定了能源转型、节能降碳、工业碳达峰、城建碳达峰、交通运输碳达峰、循环经济降碳等十大行动。为各个领域的节能降碳行动指明了具体方向。在建筑电气方面，进一步提出要提高建筑终端电气化水平，建设集光伏发电、储能、直流配电、柔性用电于一体的"光储直柔"建筑。

1.2.3 地方政策

基于中央的统一部署，各地区也出台了相应的政策和规划。

1. 阶段性规划

上海市在"十四五"规划中提出制定全市碳达峰行动方案，推动电力、钢铁等重点领域减排降碳，确保 2025 年前实现碳达峰目标。2021 年，海南省在该省政府工作报告中提出实行减排降碳协同机制和碳捕集应用工程，提前实现碳达峰；江苏省则提出发展绿色产业，推动能源革命，力争提前实现碳达峰。

2. 新能源的开发建设和传统能源的减量替代政策

上海市在《上海市 2021 年节能减排和应对气候变化重点工作安排》中规定了 2021 年全市能源消费总量、碳排放量和煤炭消费的限额，并在"十四五"规划中提出逐步推进光伏和海上风电开发项目建设，以实现 2025 年上海可再生能源发电占比达 8% 左右的目标。

山西省作为煤炭大省，在《2021 年山西省政府工作报告》中率先提出推动煤矿绿色智能开采，推进煤炭分质分级梯级利用和煤炭消费减量等量替代。并积极推进光伏电池研产，构建光伏电池从生产到应用的完整产业链。在《光伏制造业发展三年行动计划（2020—2022 年）》中还提出大力发展风电装备制造业和风电产业，到 2022 年底实现风电装机容量翻一番的目标。

浙江省出台"十四五"规划，提出大力发展风电、光伏，因地制宜发展生物质能、地热能、海洋能等，到 2025 年底可再生能源占比达到 36% 以上。广东省提出到 2025 年非化石能源消费占总量的 30%。江苏省提出到 2025 年底全省光伏发电装机容量达到 2600 万 kW，其中分布式与集中式分别达到 12GW 和 14GW。

3. 高耗能产业优化与产量控制政策

上海市在《上海市 2021 年节能减排和应对气候变化重点工作安排》中提出坚决遏制高耗能产业盲目增长，严格实施项目节能审查制度和环境影响评价制度。严格实施"批项目、核总量"制度，控制污染物排放新增量，推动排污总量控制制度与环境评估和排污许可制的有效衔接。

广东省在《2021 年政府工作报告》中提出建立用能预算管理制度，严格控制新增高耗能项目，制定更严格的环保、能耗标准，全面推进制造业绿色低碳化改造。

内蒙古自治区提出不再审批焦炭、铁合金、电解铝等产业的新增产能。唐山市分批分阶段对 23 家钢铁企业实施限产减排措施。浙江省针对高耗能产业探索建立平均先进碳排放对标机制，发布年平均碳排放强度，引导平均线以下的企业对标排放。

4. 推广新能源汽车政策

海南省 2021 年在全省推广 2.5 万辆新能源汽车，新增公务用车全部采用新能源汽车。上海市提出加快发展新能源汽车，到 2025 年底本地新能源汽车年产量达 120 万辆，产值突破 3500 亿元，占汽车行业比重达 35% 以上。山西省计划从纯电动、氢燃料、甲醇、天然气等不同方向发展智能联网新能源汽车产业，构建"零部件—系统总成—整车"完整产业链，推进新能源汽车规模化量产。北京市计划 2022—2024 年内培育 3~5 家具有国际影响力的氢燃料汽车产业链龙头企业，建设加氢站 37 座，相关产业链产值突破 85 亿元。

5. 提高生态碳汇政策

山西省 2022 年计划营造林 500 万亩（1 亩 $= 666.67 \mathrm{m}^2$），提高生态碳汇能力，重点抓好亚高山草甸的保护修复，加快推进黄土高原区退化草地的改良。河北省计划 2022 年完成营造林 600 万亩，大力实施北方防沙带保护和修复、太行山和燕山绿化、国土绿化示范试点、雄安新区森林城市建设和白洋淀上游规模化林场等造林绿化重点工程，筑牢京津冀生态安全屏障。宁夏回族自治区聚焦黄河流域生态保护和高质量发展先行区建设，将以国家重点林业草原工程为依托，确保完成 2022 年度 150 万亩营造林任务，其中完成人工造林 67.23 万亩，未成林抚育提升及退化林改造 75 万亩，生态经济林 7.77 万亩。

1.3 "双碳"与能源、建筑的关系

1.3.1 "双碳"目标下的能源结构

双碳下的能源结构的转化战略是采用风、光等非化石能源代替化石能源，实现能源的低碳化。我国能源低碳化发展路径将大致经历以下三个阶段：近期，以电力系统支撑新能源消纳利用为主；中期，仅依靠电力系统消纳高比例新能源难度日益增大，探索电、氢、碳多元耦合发展方式；远期，多元化路径并存，多措并举支撑大规模新能源消纳利用。

1. 能源结构的现状

根据国家统计局发布的我国能源消费结构的数据，2017—2021年我国一次电力及其他能源消费的占比不断提高，化石能源占比的整体减少，其中煤炭占比呈逐年下降趋势。但从图1-3-1来看，分析2020年我国能源情况整体状况仍不容乐观，煤电占总发电量的60.7%，高度依赖煤炭，未来10年我国能源结构必将加速改革。

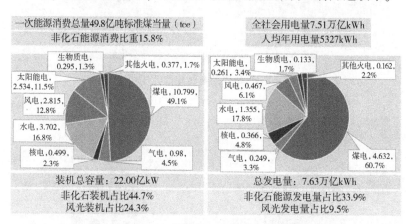

图 1-3-1　2020 年我国各类能源占比情况分析

2. 能源结构分析

根据规划，我国将在2030年实现碳达峰，这意味着我国化石能源消费总量也将在2030年达到峰值。在不到10年的增长期内，各类化石能源的发展地位有所不同，从近几年的发展趋势来看，减煤、稳油、增气将是发展的主旋律。从图1-3-2和图1-3-3可以看出，到2030年碳达峰时，非化石能源发电量占比将达44.5%，其中风光发电量占比将达20.8%，风光装机占比41.5%；到2060年碳中和时，非化石能源发电量占比将达99.3%，其中风光发电量占比将达69.2%，风光装机占比86.4%；在碳达峰时，煤炭发电量将大幅下降，而碳中和时，化石能源基本退出发电市场。

石油消费主要来源于交通运输和工业领域，综合近几年的数据来看，石油消费已经趋于稳定，而在未来随着电动、氢能等新能源

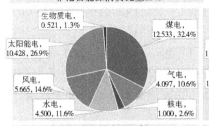
一次能源消费总量59亿吨标准煤当量（tce）
非化石能源消费比重25%

生物质电，0.521，1.3%
太阳能电，10.428，26.9%
风电，5.665，14.6%
水电，4.500，11.6%
煤电，12.533，32.4%
气电，4.097，10.6%
核电，1.000，2.6%

装机总容量：38.74亿kW
非化石能源装机占比57.1%
风光装机占比41.5%

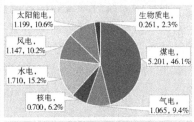
全社会用电量11.12万亿kWh
人均年用电量7774kWh

太阳能电，1.199，10.6%
风电，1.147，10.2%
水电，1.710，15.2%
核电，0.700，6.2%
生物质电，0.261，2.3%
煤电，5.201，46.1%
气电，1.065，9.4%

总发电量：11.28万亿kWh
非化石能源发电量占比44.5%
风光发电量占比20.8%

图1-3-2　2030年我国各类能源占比情况分析

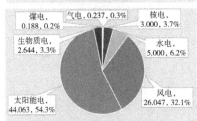
一次能源消费总量55亿吨标准煤当量（tce）
非化石能源消费比重90%

煤电，0.188，0.2%
气电，0.237，0.3%
核电，3.000，3.7%
生物质电，2.644，3.3%
水电，5.000，6.2%
太阳能电，44.063，54.3%
风电，26.047，32.1%

装机总容量：81.2亿kW
非化石能源装机占比99.5%
风光装机占比86.4%

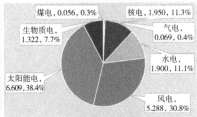
全社会用电量16.94万亿kWh
人均年用电量13031kWh

煤电，0.056，0.3%
生物质电，1.322，7.7%
太阳能电，6.609，38.4%
核电，1.950，11.3%
气电，0.069，0.4%
水电，1.900，11.1%
风电，5.288，30.8%

总发电量：17.19万亿kWh
非化石能源发电量占比99.3%
风光发电量占比69.2%

图1-3-3　2060年我国各类能源占比情况分析

交通工具占比的不断提高，来自交通领域的石油消费需求将不断减少，石油消费整体呈现稳中有降的态势。基于我国富煤、少油、少气的客观现实，在未来几十年内，煤炭仍将在我国能源结构中占据一定的比例，不会完全被替代，但主体地位将逐渐被以风能和光伏为主的新能源所取代。为了抵消剩余煤电所产生的碳排放，在未来需要推进煤炭的高效清洁综合利用技术及碳捕获、利用与封存技术的研究。

1.3.2 "双碳"目标下的区域能源规划

为了实现各地区能源经济、高效、可持续的利用与发展，合理的区域能源规划显得尤为重要。区域能源规划是指对所选定区域的能源需求与供应，改变传统规划中水、电、热（冷）、气等专业"各自为战"的做法，对这几种能源的使用进行通盘考虑，宏观规划，以减少城市能源基础设施的重复建设与能源设计上的巨大浪费，大规模地提高能源的使用效率的一种全新的能源规划体系。

在"双碳"政策不断推进和可再生能源大规模接入的背景下，区域能源规划所涵盖的内容也不断扩张。一是规划指标不断增多，建筑能耗、碳排放强度、可再生能源利用率等新指标随着节能减排工作的推进不断被提出。二是新能源技术的应用，比如分布式光伏的接入和储能设施的安装对区域能源规划提出了新需求，也带来新问题，如何尽可能多地容纳可再生能源和清洁能源，并在新能源大规模接入的情况下维持能源系统的稳定，成为规划中的一个核心问题。

1.3.3 多能流综合能源系统

综合能源系统可以实现电、热、气等多种能源形式的互补供能和满足负荷需求的多能调度，从而促进可再生能源消纳能力，提高能源综合利用率。基于电、热、气互联互通的多能互补供能是多能流综合能源系统的关键特征。

综合能源对实现"双碳"目标的重要意义：

1）实现新能源的储存，现时电储能技术还不成熟且价格昂贵，但热储能和燃气存储技术成熟，性价比高，可将多余电能存储为热或转化为氢能，用于氢燃料电池或者与二氧化碳结合生产甲烷或者甲醇在实现碳捕捉的同时解决新能源储存、运输问题。用于转化为低品位冷（热）能的这部分电能可直接用天然气或者冷（热）能方式储存运输，更加合理。

2）提高能源系统效能，在系统规划、运行中实现不同能源系统的优势互补。通过综合能源系统能够更大限度地挖掘系统间的互补优势。

3）有助于可再生分布式能源的大规模接入和高效利用。可再生能源发电接入电力系统遇到系统运行约束问题，超出电力系统消纳能力时，相对于弃风、弃光策略，将多余电能存储或转化为氢能可以最大限度地利用可再生资源，根据能源规划远期愿景，在碳中和后期，新能源装机容量占发电量占比高达86.4%，远超电力系统承受能力，多出来的发电量必须通过综合能源系统来承接消纳。

多能流综合能源系统的研究与建设也得到了众多政策的支持。早在2016年发布的《关于推进"互联网＋"智慧能源发展的指导意见》中已经提出要加快建设多能协同的综合能源网络。2021年3月，国家发改委和能源局联合发布《关于推进电力源网荷储一体化和多能互补发展的指导意见》，进一步强调了源网荷储一体化和多能互补发展对于实现电力系统高质量发展，促进能源转型所具有的重要意义。

1.3.4 建筑的"双碳"路径

1. 建筑碳排放的概念

建筑碳排放是指从建材生产、运输、施工到建筑的运营和拆除，全过程产生的二氧化碳当量。建筑碳汇是指在建筑项目划定的区域内，绿化、植被等吸收和储存的CO_2当量。

2. 建筑碳排放现状

根据《中国建筑节能年度发展研究报告2020》，2019年我国建筑领域碳排放量占总碳排放量的21%，并仍有继续上涨的趋势。建筑行业如何在实现"双碳"目标的同时，不影响人民的生活居住品质，并满足社会经济发展不断增长的需求，是我国当前应对气候变化目标中的一项重要议题。

建筑行业的碳排放一般分为直接碳排放和间接碳排放，直接碳排放是指在建筑的使用过程中直接燃烧化石燃料所产生的二氧化碳排放。而间接碳排放是指建筑消耗电能或热能时该能源生产过程中的碳排放。

直接碳排放主要有两大来源，一是建筑内的供暖，尤其是在没有集中供暖的南方城镇和部分公共建筑；二是炊事和生活热水。间接碳排放来源于能源生产，当能源生产过程实现零碳化后，间接碳排放也随之清零。但在此之前，建筑行业需要采取一系列节能减排举措来降低用能需求，减少间接碳排放量。

建筑行业用能电气化是降低直接碳排放的关键，其重点是推进供暖、炊事和生活热水的电能替代。

减少间接碳排放则要从两个角度出发，一是减少用能需求，推动被动式低能耗建筑的应用，减少建筑能源消耗；二是将新能源发电与建筑结合起来，构建集光伏发电、储能、直流配电、柔性用电于一体的"光储直柔"建筑，这是"双碳"目标和构建新型电力系统背景下赋予建筑的全新职责，是未来三十年建筑发展的核心目标。

3. 建筑碳排放的计算

建筑碳排放计算应以单栋建筑或建筑群为计算对象。

建筑碳排放计算方法既可用于在设计或结束阶段对建筑全过程碳排放进行预估或核算，也可根据需要分阶段进行碳排放量的计算，再对分段计算的结果累加求和作为建筑整个使用周期的碳排放量。具体计算方法和相关参数可参照《建筑碳排放计算标准》（GB/T 51366—2019）。建筑运行期间碳排放量的计算范围包括：暖通空调、生活热水、照明和电梯、可再生能源及建筑碳汇系统的碳排放量。计算时需考虑所消耗的能源类型，不同类型能源具有不同的碳排放因子，应基于异质能源的消耗量及其碳排放因子综合确定运行阶段的碳排放总量。

1.4 低碳建筑电气系统的创新与发展方向

1.4.1 以新能源为主体的新型电力系统

1. 双碳战略下的电力系统转型必要性

2021年3月15日，中央财经委员会第九次会议从国家战略高度明确了以新能源为主体的新型电力系统将是双碳战略下的我国电力系统的转型方向。

以新能源为主体，意味着风电和光伏将在未来取代煤电成为电力系统的主体，而煤电则作为保障并发挥调节作用。2020年12月，在气候雄心峰会上习近平表示，到2030年，中国风电、太阳能发电总装机容量将达到12亿千瓦以上。如此之高的新能源装机容量对电力系统构成了史无前例的巨大挑战，因此需要重新对电力系统架构进行分解重组，构建高比例新能源的新型电力系统。传统电力系统采取的生产组织模式是"源随荷动"，在对用电趋势做出比较准确的预测后，根据预测制定各发电厂的发电计划，并在运行过程中根据负荷变化调节发电机出力，实现实时功率平衡，保障电力系统稳定运行。但是在以新能源为主体的电力系统中，发电侧自身因为能源主体间歇性、随机性和波动性的特点变得高度不可控；同时用电侧因为大量分布式新能源接入导致用电负荷变化无常。这导致发用电侧都完全不可控，传统调节手段可能无法确保新型系统的可靠运行，因此，亟须对传统电力系统进行改革，并构建适用高比例新能源的新型电力系统。同时，构建以新能源为主体的新型电力系统，是实现我国"双碳"战略目标的关键举措之一。

2. 新型电力系统的特点

新型电力系统定义：新能源系统是以新能源为主要供给源，在保障能源安全和满足经济社会发展需求的前提下，构建的以坚强智能电网为核心，源荷网储一体化和多能流互补为支撑的绿色低碳、安全高效、灵活可控、智能友好的电力系统。

新型电力系统的特征有以下五个：
1）高比例可再生能源。
2）高比例电力电子装备。
3）多能互补综合能源。
4）数字化、智慧化。
5）清洁高效，低碳零碳。

3. 虚拟电厂

在我国经济发达城市建筑的电力负荷峰谷差已经达到最大负荷的60%以上，其中空调高峰负荷占比达到30%以上，部分城市甚至超过了40%，夏季空调用电负荷的快速增长已经成为用电高峰时段电网负荷特性恶化和电力短缺的主要原因。2020 年 7 月纽约曼哈顿突发大停电和 2021 年 3 月美国得州大停电，都是高比例新能源电力系统地区在极端天气和用电高峰重合造成的电网崩溃事故。事故表明，需要更加稳定、灵活性的技术来支撑系统转型。可引入虚拟电厂技术来解决这个问题，虚拟电厂技术已经纳入 2021 年国家重点研发计划。

虚拟电厂通过先进的控制计量、通信等技术聚合分布式新能源、储能系统、可控负荷、电动汽车等海量异质灵活性资源，并通过更高层面的软件架构实现资源的协调优化运行。虚拟电厂无须对电网进行改造而能够聚合海量异质灵活性资源，并提供快速响应的辅助服务，也是海量异质灵活性资源加入电力市场的有效方法。这样可以减少新能源并网的调度难度和对系统的冲击，提高系统运行的稳定性，也可以使得用户获得经济效益。

虚拟电厂可认作一个特殊电厂参与电力市场和电网运行的电源协调管理系统。基于虚拟电厂的新型电力系统结构示意图如图 1-4-1 所示。电力系统可以分成海量异质灵活资源、虚拟电厂平台、交易中心和调度中心三级架构，虚拟电厂系统架构（图 1-4-2）采用云网边端四级结构；云侧对上报的需求进行分层、分区处理，调度中

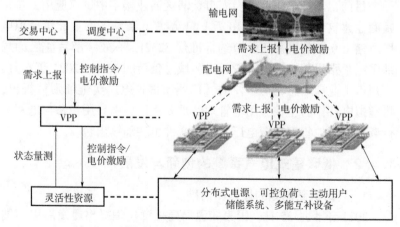

图 1-4-1　基于虚拟电厂的新型电力系统结构示意图

心发出调度指令，交易中心发出电价激励指令；网络根据数据响应速度要求和重要性，可以采用专用或者租用运营商网络方式；边侧进行数据整理、分析，减少数据传输压力；端侧是采集控制终端，对海量异质资源发出调度和电价激励指令并接收其信息返回；海量异质资源将根据终端接收的指令进行资源内部的协同控制，海量异质资源可以通过负荷聚合商来参与虚拟电厂电价激励响应，以获得更加有效、快捷的电价激励收益。

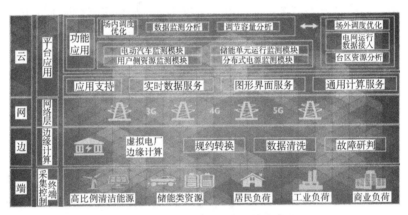

图 1-4-2　虚拟电厂系统架构示意图

　　目前，虚拟电厂已在上海市黄浦区商业楼宇中试点应用，按每幢商业建筑年节约用能约 10 万 kWh 测算，黄浦区商业建筑虚拟电厂所辖 130 幢建筑每年共节约标准煤 5252t，有效缓解黄浦区的局部用电紧张局面，调度容量超过区域总负荷的 15%。2021 年 6 月，广州市工业和信息化局印发的《广州市虚拟电厂实施细则》提出，将虚拟电厂作为全社会用电管理的重要手段，引导用户参与电网运行调节，其他省市虚拟电厂的政策文件也在陆续出台。

1.4.2　低碳建筑电气系统的创新与发展

1. 高比例新能源的接入和消纳

　　2021 年 4 月 15 日，国家能源局局长章建华提出要发展以消纳新能源为主的微电网、局域网。国务院印发《2030 年前碳达峰行动方案》，提出深化可再生能源建筑应用，推广光伏发电与建筑一体化应用。《建筑节能与可再生能源利用通用规范》（GB 55015—2021）于2022年4月1日实施，该通用规范要求新建建筑应设太阳能系统。低碳建筑中新能源的接入比例越来越高，低碳建筑电气系统必须考虑高比例新能源的接入和就地消纳问题。

2. 主动性和交互性

未来新型电力系统的发展和电力市场化改革的深入推进会调动建筑设备柔性调节的积极性。一方面，用户参与电力市场交易的门槛会越来越低，参与其中的建筑用户会越来越多；另一方面，电网辅助服务市场、电力容量市场逐步开放，低碳建筑中的新能源发电、储能、充电桩和柔性可控负荷将会全部或者部分参与到虚拟电厂中来，甚至低碳建筑可能以虚拟电厂的角色参与电力系统的辅助服务，建筑设备柔性调节的收益更加多样。低碳建筑的电气系统和用能系统需要从能源流和信息流角度，考虑与虚拟电厂的对接或者如何扮演虚拟电厂角色，合理配置储能系统，确定可控负荷的范围和控制方式，设置智慧用能系统来对电能量市场价格波动进行预测、决策可控负荷的用电行为和新能源发电与储能充放电行为等。

3. 电气系统的电力电子化和直流化

（1）配电系统电力电子化

风、光等新能源发电接入会把逆变器、整流器、变流器等变换设备接入电网，负荷柔性控制也需要通过变频器、适配器等变换设备，这些设备含有电力电子元器件，这将导致电网的电力电子化程度越来越高，使得新型电力系统交流侧特性和传统电力系统特性差别很大。

系统的交流侧电能质量问题尤其是谐波问题突出，系统惯性小，抗冲击能力小。低碳建筑内部电气系统大多是交直流混合系统，其潮流和系统故障状态需要重新分析，系统接地形式、系统接线和保护整定需要重新梳理。

（2）配电系统直流化

风、光等新能源发电系统本质是直流系统，柔性可控设备如风机、水泵、制冷主机等设备采用变频控制时是基于交-直-交控制，

LED 灯具本质也是直流设备，无论从电源还是从用电设备看，低碳建筑电气系统采用直流系统，将会是更加合理的选择。"光储直柔"建筑中的"直"指的就是直流系统。

（3）配电系统元器件发展

今后电气设备发展的方向将会是软硬件解耦，智能设备由动力部件、执行部件、软件部件和互联部件组成。设备的生产将从规模经济到范围经济，设备的生产将采用开放自动化技术，所以传统的生产架构将会解构，未来的生产将会是基于云平台的模块化封装体系，而设备将是开箱即用，功能适用，未来的智能化系统将会从专用封闭到普适开放，从单机到云边结合。

越来越多的新型电气设备出现在系统中，电气设备的材料和生产工艺的碳排放量都将列入考虑范围，开关和线缆都将进一步追求低功耗。电气系统设备还要适应新型电力系统的特点，在现代电力电子和晶闸管技术得到迅速发展后，以晶闸管器件作开断元件的切断时间更加快速，可控的固态断路器也开始上市，如 2019 年 ABB 发布了框架电流为 2500A 和 5000A 的固态断路器。

顺应低压直流系统发展的急切性，不仅施耐德、ABB 和丹佛斯等主流合资配电产品供应商，北元电器、上海良信电器、上海大周能源科技等国内配电产品供应商都在积极跟进低压直流配电产品的研发，并已有低压直流断路器、变换器、变频器、低压共直流母线成套设备、电能路由器等系列产品上市，在用电设备方面，格力也推出了直流家电、直流照明、直流光伏空调等系列直流用电设备。低压直流产品产业链已经基本走向成熟进入应用阶段。

4. 电气系统的数字化和智慧化

（1）配电系统数字化

配电系统元器件（如断路器、变换器、充电桩、储能、新能源发电等设备）越来越多地带有通信接口，如施耐德、ABB 等主流合资配电产品供应商均提供带通信接口的断路器和智能仪表产品，国内配电产品供应商也积极提高技术水平，如北元电器推出 BB5Z-63 系列智能小型低压断路器（图 1-4-3）额定电流低至 63A，具有计量、通信、远程控制等功能，依托物联网云平台，可通过个人计算机、手机等终端设备与断路器互联，实现远程控制与远程维护。

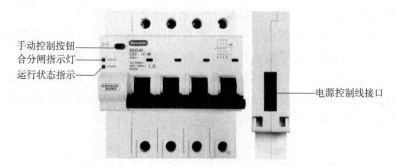

图1-4-3　BB5Z-63系列智能小型低压断路器示意图

同时，配电系统还通过温湿度探测器、智能仪表和摄像头等对配电系统、配电设备和配电设备房的状态数据进行采集分析，通过有线或无线网络与智慧平台互动。

用电设备也开始数字化，如照明设备、动力设备控制箱、小家电或插座等均带通信接口，可通过无线或者有线网络与智慧平台互动。如深圳云联智能光电科技公司推出物联网照明，可以每灯设有编码地址，可以使得照明系统更加灵活、高效、低碳化。

（2）配电系统智慧化

我国开始步入老龄化社会，出生人口逐年锐减，大数据分析、物联网、数字孪生和人工智能技术已经发展成熟，有必要将这些技术引入配电系统，提高系统的管理运维的智慧化水平，提高系统效能，降低配电系统运维工作量，降低运维人数和人力成本。

施耐德、ABB、贵州泰永长征、北元电器和上海良信电器等公司均推出了智慧配电系统，配电系统智慧化开始进入实施阶段。

（3）智慧用能的意义

建筑是能耗大户，约占全国城镇总耗电量的27%。新型电力系统除了能量对接还要求信息对接，智慧用能系统对接电网信息流，实现需求侧响应，是实现弹性可靠的电网系统的重要环节。智慧用能系统与传统能效管理系统的差异在于，传统能效管理系统注意的是内部能效提高，不考虑与外部电网的对接。智慧用能系统适应新型电力系统的要求，对接虚拟电厂，注重与电网互动和响应，注重内部不同资源的柔性调节和协调控制，用能系统将参与电力市场活动，争取在电力价格体制下的成本最优和收益最大。

华为技术、广州白云电器、广东博智林机器人、上海大服数据技术、上海航天智慧能源技术、上海大周能源技术、丹佛斯和格力钛新能源等公司，在智慧园区系统、智慧用能系统、智慧储能和综合能源系统方面高度关注，积极研发，并已经将成熟系统平台推向市场，智慧能源产品可以说是百花齐放。

第2章 低碳能源规划

2.1 能源规划

2.1.1 城市规划体系与能源规划概述

1. 城市规划体系

城市规划被认为是统筹城市发展建设、研究未来发展前景、合理空间布局和综合安排城市各类工程建设的综合部署，是规划时间内的城市发展蓝图，是城市综合管理的重要组成部分。

城市规划是涵盖有多层级交叉的规划体系，如图 2-1-1 所示。根据我国现行的城乡规划体系，城市规划为城乡规划体系的一部分，一般可分为总体规划和详细规划两个阶段。规划范围上至都市圈规划，下至居住小区规划。规划期限根据实际情况，可从一年到三十年不等。城市规划所涉及的行业、层面广泛，包括总体布局规划、产业规划、交通规划等。

2. 能源规划

20 世纪 70 年代，面对石油危机，国际能源署提出了综合能源规划的概念，通过增加能源多样性，减少对化石能源的依赖。能源规划被定义为："为一个确定的地区找到环境友好、经济效益高的能源供需最佳组合方案，以支持该区域的长期可持续发展。"由于能源市场的政策约束、能源供应商与消费者的不同利益需求与决策行为，使得此类复杂综合系统的规划成为一项极具挑战性的任务。

能源规划体系与城市规划体系关系如图2-1-2所示。

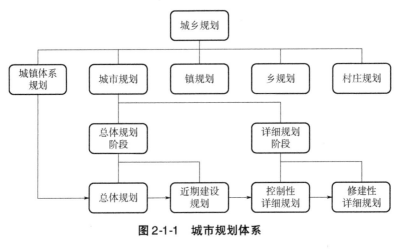

图2-1-1 城市规划体系

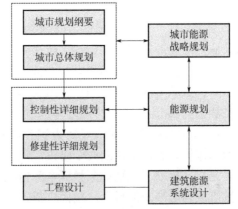

图2-1-2 能源规划体系与城市规划体系关系

2.1.2 城市能源的特征、转型与挑战

1. 城市能源发展历程

城市发展离不开能源，能源变革深刻影响时代变迁，推动城市发展。第二次工业革命促进了对石油、天然气的开发利用，推动工业的进一步发展；同时，电力在城市得到了广泛应用。第三产业服务业兴起，用能需求更加多样化，对能源的数量与质量有了进一步

的要求。

此外，人类逐步开发新能源，改变能源利用方式。随着互联网的普及，社会各领域发生了巨大变革，多能互补、供需互动理念的出现，城市能源呈现集约化、网络化的发展态势，正有效推动城市的能源革命。

2. 城市能源的转向

化石能源的大量消耗，使得气候变暖成为最受关注的国际环境问题之一。减少温室气体排放，推行低碳发展已刻不容缓。有研究表明，城市消耗了全球60%以上的能源，排放了全球70%以上的温室气体。城市已成为节能减排的重点区域。以城市为尺度，开展相关节能减排策略研究，对指导低碳发展将具有重要意义。

现阶段，城市能源转向特征体现在以下几点：

低碳化：改善能源生产和供应模式，提升可再生能源在能源结构中的比重。

再电气化：用电能替代化石能源，建立以电为中心的能源系统，实现以清洁能源为主体的高度电气化社会。

智能化：供能用能柔性控制，实现能源供需平衡，支撑能源系统动态优化。

市场化：推动众多分布式能源节点的高度自治与协同运行，实现功率平衡、资源分配、能源交易。

就近性：可再生能源、储能广泛配置，实现能源的就地生产、就地平衡、就地消纳。

互动性：能源互联网允许园区、企业、个人等不同能源主体之间的互动，实现产销一体与双向交互。

综合性：实现电、热、冷、气等多能的横向协同和"源-网-荷-储"等环节的纵向协同，横纵综合调度综合化是清洁化转型的技术保障。

2.1.3 能源规划方法

现行的城市规划体系中，燃气、电力、集中供热等专项规划在国民经济与社会发展中具有重要意义，且均属于能源供应侧规划，由能源供应单位所属的专业规划机构完成。这些规划间存在互补性和协调性的考虑不足。通过引入需求侧能源规划的概念，能够提高能源规划的综合效益，推进绿色城市、低碳城市的建设。供应侧和需求侧能源规划技术路线与方法论对比见表2-1-1。

表2-1-1　供应侧和需求侧能源规划技术路线与方法论对比

	供应侧能源规划	需求侧能源规划
技术路线	①遵循可靠性理论，以化石能源为主 ②大集中系统，垂直化管理 ③从顶到底的规划思想	①多源系统，集成多类可再生能源 ②基于互联网思想，实现信息共享与扁平化管理 ③从底到顶的规划思想
方法论	①最大负荷叠加，保证供应可靠性，机组装机容量大 ②选择大机组、大集中系统，发挥大机组的高能效 ③列入法定城市规划系列，有成熟的技术标准	①逐时负荷叠加，实现负荷平准化和错峰，机组装机容量小 ②分布式产能，灵活运行，适应分散式个性化用能 ③尚未列入法定城市规划体系，未形成技术标准

　　能源规划应注重利用能源模型工具，借此提高能源规划的科学性与可行性。当前，具有代表性的能源规划模型有DER-CAM模型、HOMER模型、LEAP模型等。这些模型在目标、设置方法、空间覆盖、涵盖内容、时间解析等方面各有优劣，能源规划模型对比见表2-1-2。

表2-1-2　能源规划模型对比

名称	TIMES	ENERGYPLAN	DER-CAM	HOMER	LEAP
目标	长期能源政策战略研究(成本优化的技术组合)	分析复杂能源系统的调节研究，包括波动性高的可再生能源的高渗透率	评估分布式发电系统的技术经济可行性和调度优化	寻找最佳技术组合以满足本地需求，从而将总生命周期成本降至最低	能源政策分析和气候变化评估
设置方法	情景设置、局部均衡	输入/输出模拟模型	模拟	模拟	混合
空间覆盖	用户自定义、国家、地区、多国	用户自定义、国家	地区	地区	用户自定义、国家、全球

名称	TIMES	ENERGYPLAN	DER-CAM	HOMER	LEAP
涵盖内容	能源需求、能源供应、能源交易	能源需求、能源供应	热、电、分布式发电、微电网	热、电、分布式发电、微电网	能源需求、能源供应、环境
时间解析	中长期分析、用户自定义	短期、全年逐时	短期、全年逐时	短期、全年逐时或用户定义的时间步长（最短1min）	中长期、用户自定义

2.2 负荷预测与可再生能源评估

2.2.1 负荷预测

1. 建筑负荷

在建筑设计中使用的能耗模拟模型通常可以归类为经典方法模型。建筑能耗模型在外部输入（如天气参数、时间表、围护结构热工参数）的影响下，计算维持指定的建筑性能标准（如温度、湿度）所需的逐时能量。目前，常用的建筑能耗模拟工具有以下几种：

DOE-2 是一款免费的建筑能耗模拟工具，可根据每小时的天气参数、建筑物的几何形状和系统设置以及时间表，预测建筑物的逐时能耗和用能成本。

EnergyPlus 是基于 DOE-2 内核开发的高级整体建筑能耗模拟工具，在给定系统输入信息的情况下，计算建筑物逐时能耗与用能成本。

TRNSYS 是具有模块化结构的瞬态系统仿真程序，所设置的系统均可由若干模块系统组成，一类模块实现某一种特定的功能。

PKPM 是中国建筑科学研究院研发的工程管理软件，主要用于建筑设计、绿色建筑节能设计、工程造价分析、施工技术和施工项目管理。

DeST 是国内高等院校开发的建筑环境、暖通空调系统模拟软件,可对建筑热特性、全年动态负荷计算以及经济性分析等领域。

Mensys 由航天智慧能源研究院开发,涵盖可再生能源、储能、微网、管网等,搭建多能互补的能源系统,实现长周期、全系统动态性能仿真。

2. 交通负荷

预测交通能源需求常用的方法是采用经济计量模型,首先预测交通需求量,再预测相应的能源需求。根据交通方式、交通需求量、人均能耗及排放强度,计算交通能源需求及碳排放。不同交通方式人均能耗及排放强度见表 2-2-1。

表 2-2-1 不同交通方式人均能耗及排放强度

项目	能耗强度（gce/km）			排放强度（gCO_2/km）		
交通方式	地铁	公交	出租	地铁	公交	出租
基础设施建设	0.131	0.025	0.039	0.396	0.014	0.022
基础设施运营	1.45	0.003	0.004	12.6	0.024	0.038
车辆运行	1.23	6.19	24.63	10.7	13.14	50.46
合计	2.811	6.218	24.673	23.696	13.178	50.52

注:1gce 为 1 克标准煤。

3. 工业负荷

工业是最大的能源消耗行业,包括煤炭、钢铁、石油、机械制造等行业。不同工业行业的负荷特性不同。一般来说,重工业的负荷曲线平稳,基本不受季节的影响;对于轻工业而言,日负荷曲线的波动主要取决于排班方式,二班制下负荷集中于白天,日负荷峰谷差大;三班制下总体负荷波动较低。

2.2.2 可再生能源评估

常见的可再生能源有:太阳能、风能、地热能、氢能、生物质能和潮汐能等。

1. 太阳能

太阳能应用是建筑节能设计的主要手段,利用太阳能减少建筑能耗和改善室内环境是建筑技术发展的重要方向。我国太阳辐射资源分布广，太阳能资源分级见表2-2-2。

表2-2-2　太阳能资源分级

等级	年总辐射辐照量/(MJ/m²)	年总辐射辐照量/(kWh/m²)	年平均总辐射辐照度/(W/m²)	主要分布地区
最丰富	≥6300	≥1750	≥200	内蒙古、甘肃、青海西部,西藏大部,新疆东部地区,四川部分地区
很丰富	5040～6300	1400～1750	160～200	新疆、西北、华北大部,内蒙古东部,东北西部,山东东部,四川中西部,云南大部,海南
较丰富	3780～5040	1050～1400	120～160	内蒙古北部,东北中东部,华北部分地区,华中、华东、华南大部
一般	<3780	<1050	<120	四川盆地及周边地区(包括四川东部、重庆大部、贵州中北部、湖北西部、湖南西北部)

（1）被动式应用

利用建筑结构实现集热、蓄热、放热功能称为太阳能被动式应用。利用南向或屋顶窗使阳光进入室内，依靠室内蓄热结构、蓄热外墙完成太阳能的蓄积。常见的被动式用法有：集热蓄热墙式、直接受益式、屋顶池式、附加阳光间式四种。

（2）主动式应用

太阳能主动式应用包括光热和光电两类。

光热利用是指通过集热器收集光热，一般实现采暖、制冷和热水供应三类功能。太阳能光热利用资源量评估公式详见式（2-2-1）和式（2-2-2）。

$$E_{sth} = Q_0 \frac{v}{n} \lambda_{sth} \gamma_{sth} \eta_{sth} A \qquad (2-2-1)$$

$$R_{sth} = \frac{E_{sth}}{A} \qquad (2-2-2)$$

式中 E_{sth}——太阳能光热利用资源量；

R_{sth}——太阳能光热密度；

Q_0——太阳能年辐射量；

v——容积率；

n——建筑平均层数；

λ_{sth}——可利用的屋顶面积比率；

γ_{sth}——集热器面积与水平面面积之比；

η_{sth}——系统光热效率；

A——建筑用地面积。

太阳能光电资源量评估详见式（2-2-3）和式（2-2-4）。

$$E_{PV} = Q_0 \frac{v}{n} \lambda_{PV} \eta_{PV} \kappa A \qquad (2\text{-}2\text{-}3)$$

$$R_{PV} = \frac{E_{PV}}{A} \qquad (2\text{-}2\text{-}4)$$

式中 E_{PV}——太阳能光伏发电资源量；

R_{PV}——太阳能光伏发电密度；

Q_0——太阳能年辐射量；

λ_{PV}——可利用的屋顶面积比率；

η_{PV}——光电转换效率；

κ——修正系数。

2. 风能

风能是由太阳辐射造成地球各部分受热不均匀，引起各地温差和气压不同，导致空气运动的能量。相比于常规能源，风力发电最大的问题是其不稳定性。我国陆地不同距离地面高度风能资源见表 2-2-3。

表 2-2-3　风能资源

距离地面高度/m	风功率密度≥300W/m²	
	技术可开发量/MW	技术可开发面积/m²
50	202393	555871
70	256709	704951
100	336778	948161

在适宜条件下，安装风力发电系统具有投资成本低、传输距离短、工作效率高等优点。建筑上的风能利用一般采用小型或微型风力发电机，而在城镇地区常采用道路中风光互补路灯形式。

风力发电资源量评估详见式（2-2-5）和式（2-2-6）。

$$E_\mathrm{W} = \eta_\mathrm{W} P_v T_v \tag{2-2-5}$$

$$R_\mathrm{W} = \frac{E_\mathrm{W}}{A} \tag{2-2-6}$$

式中 E_W——风力发电机的年发电量；

R_W——风力发电密度；

η_W——风机发电效率；

P_v——在有效风速 v 下，风力发电机的平均输出功率；

T_v——场地有效风速 v 的年累计小时数。

3. 地热能

地热能包含浅层地热能、深层地热能等：

（1）浅层地热能

浅层地热能定义为，夏季供冷时，地源热泵向地下 30 ~ 300mm 恒温地带排放冷凝热，并经过整个夏季的冷凝热累计与排放后，此地的恒温带形成局部 4 ~ 6℃ 的温升，冬季供热时，热泵系统从地下吸取这部分储存的低温热量，并经热泵升温后向建筑供热，该部分热量就是浅层地热能。在实际工程中，对于夏季负荷占优地区，要综合考虑土壤经过冬季放热及过渡季散失之后夏季可供取出的冷量里估算资源量；对于冬季负荷占优地区，要综合考虑土壤经过夏季吸热及过渡季散失之后冬季可供提取出的热量来估算资源量大小。

（2）深层地热能

深层地热能利用（如干热岩清洁供热）是指通过钻机向地下一定深度岩层钻孔，在钻孔中安装一种密闭的金属换热器，通过传导将地下深度的热能导出，并通过专业设备向地面建筑物供热的新技术。该技术无污染，不受地面气候等条件的影响，能有效保护地下水资源，实现地热能资源的清洁、高效、持续利用。

4. 氢能

氢能是清洁能源，与其他燃料相比，氢燃烧时最清洁，不会产生对环境有害的污染物质，不会产生温室气体排放。氢位于元素周期表之首，常温常压下为气态。除核燃料外，氢的发热值比各种化石燃料的都高，为142351kJ/kg。

5. 生物质能

生物质能是一种重要的可再生能源，直接或间接来自植物的光合作用，一般取材于农林废弃物、生活垃圾及畜禽粪便等，可通过物理转换（固体成型燃料）、化学转换（直接燃烧、气化、液化）、生物转换（如发酵转换成甲烷）等形式转化为固态、液态和气态燃料。

生物质能技术主要包括生物质发电、生物液体燃料、生物燃气、固体成型燃料、生物基材料及化学品等。其中，生物质发电技术是最成熟、发展规模最大的现代生物质能利用技术。截至2017年底，我国生物质发电并网装机总容量为1476.2万kW，其中农林生物质发电累计并网装机700.9万kW，生活垃圾焚烧发电累计并网装机725.3万kW，沼气发电累计并网装机50.0万kW；我国生物质发电装机总容量居世界第二位。

6. 潮汐能

海洋的潮汐中蕴藏着巨大的能量。在涨潮的过程中，汹涌而来的海水具有很大的动能，而随着海水水位的升高，海水的巨大动能转化为势能；在落潮的过程中，海水奔腾而去，水位逐渐降低，势能又转化为动能。潮汐能的利用方式主要为潮汐发电，利用海湾、河口等有利地形建筑水堤，形成水库，以便大量蓄积海水，并在坝中或坝旁建造水力发电厂房，通过水轮发电机组进行发电。

我国沿岸的潮汐能资源主要集中在东海沿岸，以福建、浙江两省沿岸最多。在福建、浙江两省内部，沿岸资源分布并不均匀，主要集中在几个大海湾内。装机容量1000MW以上的电站，浙江有钱塘江口（乍浦）和三门湾（牛山—南田），福建有兴化湾、三都澳、湄州湾和福清湾等。

2.3 区域能源系统

2.3.1 能源系统总体方案

1. 基本构成

区域能源系统是局域能源网络，通过该网络向区域内单一区域能源系统或综合区域能源系统提供热水或蒸汽（区域供热）、冷水（区域供冷）、电力或是综合供应。

区域能源系统可以分为"源-网-荷-储"，即能源系统中的能源、网络、负荷与储能四部分，通过多种交互手段，更经济、高效、安全地提高能源系统的供需动态平衡能力，从而实现能源资源最大化利用的运行模式和技术。主要包含以下几个方面的协调互动：

第一，多能互补。实现不同能源之间的有效协调互补，克服单一的可再生能源固有的随机性和波动性缺点，形成多样化、协调互动的能源供应体系。

第二，源网协调。将实现新能源与网络的协调配合，可通过微电网、能源微网等技术将数量庞大、形式多样的能源进行灵活、高效的组合应用，同时提高能源网络运行的自主调节能力。

第三，网荷储互动。将储能、负荷参与能源网络调控，实现与电网能量的多向交互，引导负荷主动追寻可再生能源出力波动，配合储能资源的有序调度，增强能源网络运行的安全稳定性。

第四，负荷柔性调节。通过根据负荷特性和用户需求，将负荷分类为不可调节的"刚性负荷"和具有调节能力的"柔性负荷"，通过能源管理系对柔性负荷进行适当调节，或结合需求侧响应，能够更好地消纳分布式可再生能源，降低对配电网的影响。

2. 微电网

微电网由分布式电源、储能系统、能量转换装置等部分组成，具备自我控制功能，既可与外部电网并网运行，也可孤立运行。微电网系统如图 2-3-1 所示。按照微电网内主网络供电方式划分，微

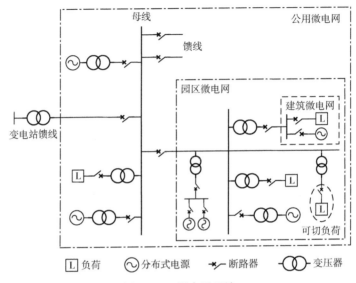

图 2-3-1　微电网系统

电网可分为直流型、交流型和混合型微电网。在直流型微电网中，大量分布式电源和储能系统通过直流主网架，直接为直流负荷供电；对于交流负荷，则利用电力电子换流装置，将直流电转换为交流电供电。在交流型微电网中，将所有分布式电源和储能系统的输出首先转换为交流电，形成交流主干网络，为交流负荷直接供电；对于直流负荷，通过整流装置将交流电转换为直流电后为负荷供电。建筑微电网系统图如图 2-3-2 所示。

3. 能源总线系统

能源总线系统可将热源/热水通过管网输送到用户，末端用户自行配置水源冷水/热泵机组，利用管网送来的冷热媒水制取冷或热。能源总线系统可以发挥区域规模的优势（此处，"区域"是指居民社区、工业园区及开发区等数平方公里的城市空间），充分利用天然冷热源，同时解决由于末端负荷波动带来的系统能效降低问题。能源总线系统适用于空调负荷错峰型的综合社区。相比单体建筑，在区域规模上，可结合不同建筑类型，在时间序列上对负荷进行互补，降低峰值负荷，减少能源供应系统配置容量，提高经济性。

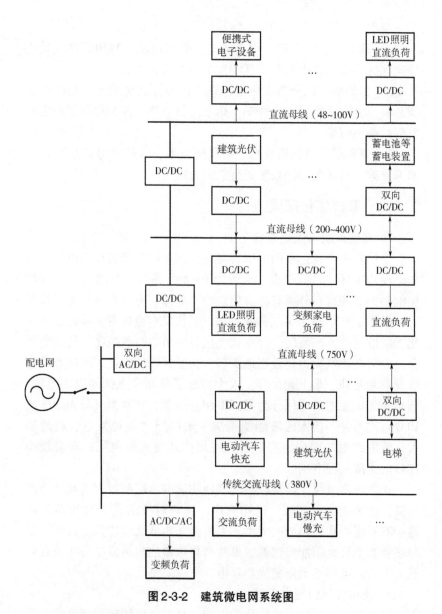

图 2-3-2　建筑微电网系统图

4. 能源微网系统

能源微网是融合了电力微网、热力微网的能源互联网，主要有三个层次：

1）核心层：以光伏、小型风电、燃料电池、利用天然气或生物质气的小微型热电联产等现场发电系统为核心。

2）框架层：以分布式热泵、集成各种低品位热源、热汇的能源总线及蓄冷蓄热设施为框架。热泵是核心层、框架层和用户之间重要的联系纽带。

3）管理层：以网络技术、物联网技术、云技术等信息通信技术为支撑，对区域能源系统进行双向管理。

2.3.2 系统优化配置

1. 光伏系统与光热系统

光伏发电是通过太阳电池直接将太阳光的光能转换为电能。太阳电池用半导体材料制成，一般为 PN 结，靠 PN 结的光伏效应产生电动势。按材料分类有硅、化合物半导体、有机半导体等；按材料结晶形态有单晶、多晶和非晶态。光伏发电也向着多样化、一体化、柔性化等方向发展。分布式光伏发电可以与建筑物、构筑物结合，也可在建筑周边建设用地安装，甚至可以和农业、养殖业结合形成农光互补、水上光伏等，大大增加了分布式光伏的应用范围。分布式光伏发电的应用分为离网型和并网型，并网型又分为集中式和分散式两种。接入区域能源系统一般按照"就地发电、就地接入、就地利用"原则，容量较大可集中式接入配电网，容量较小宜分散式接入配电网。

光热转换是将太阳能转换为其他物质的内能的过程，其转换成本低，技术上容易实现，适用面广。光热转换的核心装置是集热器，有平板型和聚焦型两大类。平板型集热器又包括真空玻璃管型和热管真空管太阳能集热器。聚焦型集热器的集热温度可达数百℃至上千℃，可用于太阳能光热发电。

2. 分布式风力发电系统

风力发电将风的动能转化为电能，具有良好的环境相容性，是绿色能源。

将分布式风力发电接入区域能源系统，需要考虑对电网的影响，特别是需要考虑配电网能接受分布式风力发电的容量。美国风力协调委员会认为，现有配电网可以接受的分布式风力发电容量是有限的，大致等于变电站变压器的容量，一般接到配电网的分布式发电容量不能超过配电网可供给负荷的 100% ~ 125%。如果分布式风力发电容量很小，几乎不会影响配电网的备用容量；若果分布式风力发电容量较大，就会要求有一定的旋转备用容量，也可增加储能设备或适当调节配电网中的柔性负荷。

3. 热电联产系统

热电联产利用热机同时产生电力和热量。三联供或冷热电联产系统则是指利用热机同时产生电力和热量或冷量。热电联产利用发电后的废热用于工业制造或是利用工业制造的废热发电，达到能量最大化利用的目的。传统热电厂的发电效率约 40% 左右，而热电联产通过捕获多余的热量，一次能源综合利用效率可达 80% 以上，实现能源的梯级利用。

4. 热泵系统

热泵是将热量从较低温下的物质或空间传递到更高温度下的另一种物质或空间的装置，也就是使热能沿自发热传递的相反方向移动。热泵须要来自外部的能量，主要包括四个部件：冷凝器、膨胀阀、蒸发器、压缩机。通过这些组件循环的传热介质称为制冷剂。性能系数（Coefficient of Performance，COP）被用于比较热泵系统的工作性能，其描述了有效热量移动与工作需要能量的比率。

热泵系统中有一类吸收式热泵，是利用少量的高温热源，把低温热源的热能提高到中温，产生大量的中温有用热能，从而提高了热能的利用效率。常见的溴化锂热泵系统即为吸收式热泵。在区域能源系统中，采用热泵技术可以提高综合能效。

5. 电梯再生电能回收利用

在电梯是"四象限"运行设备，时常处于发电状态，即电动机转子在外力的拖动或负荷自身转动惯量的维持下，实际转速大于变频器输出的同步转速，从而产生再生电能。对于"交-直-交"变频电梯，再生电能将存储在变频直流母线回路的电容器中，造成直流母线回路电压逐渐升高，若不及时释放电容器中存储的直流电能，将会造成电梯产生过压故障而停止运行。

目前，处理电梯再生电能有两种方法：一是制动单元或制动电阻发热，将这部分能量消耗在电阻上；二是再生电能回收利用。根据实测数据，电梯再生电能的回收利用可使高层建筑电梯节能率达20%。

6. 储能系统

储能技术作为未来能源结构转变的关键技术，可有效协调可再生能源与电网在时间、空间和强度上的耦合。储能系统具有以下功能：

1）满足短期的、随机的需求波动，实现频率调节，避免火力发电厂的频繁调频，减少谐波失真，并消除电压骤降和浪涌。

2）消除因发电机组和/或输电线路故障引起的突发性和不可预测的需求以及电力紧急情况而对部分负荷的主电厂的需求，提高电力系统的稳定性。

3）实现峰值负荷的转移，降低电网峰谷差，通过峰谷价格差获利。

4）适应日需求曲线中的分钟-小时峰值。

5）储存可再生能源产生的电力，实现供应侧与需求侧的能源平衡。

7. 燃料电池系统

燃料电池是把燃料中的化学能通过电化学反应直接转换为电能的发电装置。按电解质分类，燃料电池一般包括质子交换膜燃料电池、磷酸燃料电池、碱性燃料电池、固体氧化物燃料电池及熔融碳酸盐燃料电池等。额定工作条件下，一节单电池工作电压仅为0.7V左右。为了满足一定应用背景的功率需求，燃料电池通常由数百个单电池串联形成燃料电池堆或模块。燃料电池发电原理与原电池类似，但其与原电池和二次电池比较，需要具备相对复杂的系统，通常包括燃料供应、氧化剂供应、水热管理及电控等子系统。燃料电池常用于汽车行业，有望在建筑领域进一步推广应用。

8. 充电基础设施

充电基础设施是为新能源汽车补充电能的充换电设施，包含专用充电设施、公共充电设施、城市快速充电站、换电站等。

　　按照当前标准规范，对于新建住宅建筑，其配套建设的停车位应全部建设充电设施，或是预留建设安装条件；对于大型公共建筑物、社会公共停车场等场所，充电设施建设或预留安装条件的比例不低于10%。

　　对于城市建设而言，每两千辆电动汽车需配套建设至少一座公共充电站。充电站选址时，需考虑所在城市交通网络和停车场所的布局，设置在需求集中的场所；考虑配电系统，宜单独设置变压器，尽可能与其他负荷分开，以免造成相互影响；充电站应便于车辆进出，宜选择在城市次干道路旁。

2.3.3　碳捕获与封存技术

　　碳捕获与封存（Carbon Capture and Storage）被视为减少发电厂和其他大型工业设施二氧化碳排放的关键技术，主要包括三个阶段，即碳捕获、分离和储存或利用。碳捕获包括三种方法，分别为燃烧后捕获、燃烧前捕获、富氧燃烧捕获。图 2-3-3 为碳捕获技术示意图。

　　1）燃烧后捕获技术：从燃烧后的烟道气中捕获二氧化碳。

　　2）燃烧前捕获技术：将燃料气化以形成一氧化碳和合成气，然后燃烧合成气进行发电。燃烧前捕获中，二氧化碳在合成气燃烧前被分离。

　　3）富氧燃烧捕获技术：用氧气代替空气燃烧燃料，与燃烧后捕获相比，烟气中的二氧化碳浓度较高。

　　上述三种类型的碳捕获技术均可整合到现有的发电厂或新建发电厂中。富氧燃烧捕获技术需要纯氧，经济性较差。燃烧前捕获技术需面临从 CO_2/H_2 流中分离二氧化碳的挑战，这一过程需要高压和高温。燃烧后捕获技术独立于燃烧系统运行，在系统建设中具有高度灵活性，使其比燃烧前技术具有竞争优势。目前来说，燃烧后捕获技术是最有效的碳捕获策略。

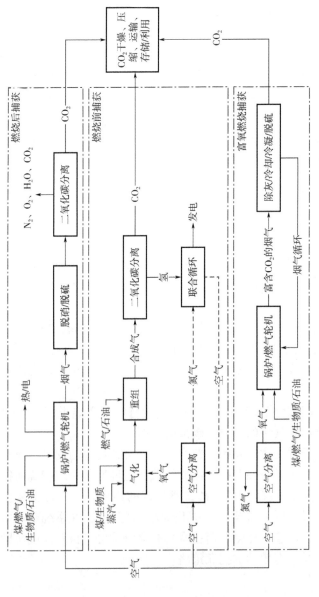

图 2-3-3 碳捕获技术示意图

在碳捕集过程中，还需选择合适的碳分离技术。当前主要的碳分离技术包含化学吸收、物理吸收、膜分离和吸附。在评估使用何种碳分离技术时，主要根据烟道气流中的 CO_2 体积浓度进行选择设计。表2-3-1为上述碳分离技术提供了烟气中二氧化碳体积浓度推荐水平。

表2-3-1　碳分离技术与推荐二氧化碳体积浓度推荐水平

分离技术	二氧化碳体积浓度
化学吸收(胺类溶剂)	4% ~ 14%
物理吸收	>15%
膜分离	>15%
吸附	>10%

二氧化碳捕获后，通过压缩气体将其转化为液体或超临界形式，然后通过船舶、油罐车或管道运输等方式，将其运输到储存地点以将其与大气隔离。最常见的储存方式包括地质存储（废弃油气田、煤矿）与注入盐水层。然而，这些储存方式面临技术和经济障碍，包括投资成本过大、存储容量有限等。除此之外，捕获后的二氧化碳还可直接用于食品饮料行业、燃料与化学品生产、石油回收等。

尽管碳捕获与封存技术可以有效降低二氧化碳排放，但它对环境的影响也不容忽视。在碳捕获与封存的过程中可能会产生废水和废气，若发生泄漏，进而导致环境污染。此外，碳封存过程中，由于流体大量注入地下深处，可能诱发产生地震活动。

2.3.4　区域能源系统规划建模方法

区域能源系统具有各种能量转换器，并通过能量分配网络进行连接。区域能源系统能源输入与输出概念图如图2-3-4所示。

区域能源系统模型是进行综合能源规划的依据。在区域能源系统中，输出能源 L 和输入能量 R 之间的耦合关系可用耦合矩阵 C 线性表示，详见式（2-3-1）。

图2-3-4　区域能源系统能源输入与输出概念图

$$\begin{pmatrix} L_1 \\ L_2 \\ \vdots \\ L_m \end{pmatrix} = \begin{pmatrix} c_{11} & c_{12} & \cdots & c_{1n} \\ c_{21} & c_{22} & \cdots & c_{2n} \\ \vdots & \vdots & \ddots & \vdots \\ c_{m1} & c_{m2} & \cdots & c_{mn} \end{pmatrix} \begin{pmatrix} R_1 \\ R_2 \\ \vdots \\ R_n \end{pmatrix} \qquad (2\text{-}3\text{-}1)$$

式中　L_m、R_n——第 m 类输出能量和第 n 类输入能量源；

　　　　c_{mn}——耦合因子，其为调度因子和效率因子的组合，效率因子取决于能量转换器的特性，调度因子代表综合能源供应系统的对输入能量的分配比例。

2.3.5 区域能源系统控制策略

区域能源系统在优化配置与建模的基础上，可以采取能源控制策略进而最大化发挥出其优势。因此，在现有设备与系统架构的基础上通过在运行管理阶段采取调控措施会对能源规划产生一定的影响。本节从需求侧响应、柔性调节、虚拟电厂、分时电价与电力市场几个方面阐述相关控制策略。

1. 需求侧响应

需求侧响应的定义为，用户接收电力供应方发出的信号（如需求侧响应邀约或者电价变化）后，更变其原有的用电行为，改变或者推移某个时段的用电负荷，进而保障电网稳定。

2. 柔性调节

柔性负荷是指可通过主动参与电网运行控制，能够与电网进行能量互动，具有柔性特征的负荷。光储直柔微网也是一类柔性负荷。其中，"光"是光伏，"储"是分布式蓄电及电动汽车电池资源，"直"是指直流供电系统，"柔"则是目的，实现柔性用电。

分布式电源、储能系统和柔性负荷等分布式资源在配电网中越来越多，使得配电网规划需要处理诸如多种资源的综合利用、多类负荷以及不同主体的互动协同问题。目前，现有的配电网的被动控制和相应管理模式已经解决上述问题，在这个环境下，主动控制和管理的主动配电网概念应运而生。柔性负荷和储能系统是主动配电网框架下的重要资源，在能源规划阶段，要柔性负荷的调节以降低系统容量，并充分考虑能源系统中的协同调度控制策略。

3. 虚拟电厂

虚拟电厂可当作特殊电厂参与电力市场交易和电网优化运行，其结合协调控制技术、数据分析算法、优化预测算法，实现可再生能源、储能系统、发售电侧的协调优化。虚拟电厂可高效利用和促进分布式能源发电，缓解分布式发电的负面效应，提高电网运行稳定性，以市场手段促进发电资源的优化配置。

4. 分时电价与电力市场

分时电价是指电力公司根据电网负荷特性，将一天的时间划分为峰、平、谷等多时段，并在每个时段采取不同电费标准的电价制度。在高峰期提高电价而在低谷期降低电价，促使用户自行调整用电行为，通过价格杠杆机制实现削峰填谷，缓解峰期用电紧张。

电力市场，主要由中长期市场和现货市场构成，为电力供需平衡提供了市场化手段。中长期市场主要开展电能量交易和可中断负荷、调压等辅助服务交易，时长可达多年、年、季、月、周等日以上。现货市场的服务交易主要包括开展日前、日内、实时电能量交易和备用、调频等。电力市场机制下，柔性负荷、储能系统等在需求侧具有更大的应用潜力。

2.3.6 区域能源系统评价指标

评价指标包含温室气体与碳足迹分析、综合能效、㶲分析、经济效益等方面。

1. 温室气体与碳足迹分析

温室气体排放至地球大气中后会产生温室效应，进而导致全球变暖。温室气体主要是化石燃料燃烧产生的二氧化碳。对于某个特定区域，能源结构与能源规模共同决定了该区域的二氧化碳排放水平。

碳足迹是指各类温室气体的排放量。为使结果具有一致性，其他的温室气体均使用 CO_2 当量作为温室气体排放的标准，可根据温室气体全球变暖潜能指数进行折算，详见表 2-3-2。

表 2-3-2　温室气体全球变暖潜能指数

温室气体	全球变暖潜能指数		
	20 年	100 年	500 年
甲烷	72	25	7.6
一氧化二氮	289	298	153
HFC-23（氢氟碳化合物）	12000	14800	12200
HFC-134a（氢氟碳化合物）	3830	1430	435
六氟化硫	16300	22800	32600

2. 综合能效

对于拥有多种能源输入、多类能源转换、多元能源使用存储的系统，需要将系统作为整体来考察其能效水平。因此，对系统综合能效的定义为：系统所提供的多类能源总量与从输入的化石能源总量之比，详见式（2-3-2）。

$$\eta_t = \frac{D_h + D_c + D_e}{F_i \theta_f + E_i \theta_e} \qquad (2\text{-}3\text{-}2)$$

式中　D_h、D_c、D_e——区域所需的热量、冷量、电量；

　　　　F_i——输入燃料量；

　　　　E_i——外部调入的电力；

　　　θ_f、θ_e——输入的化石燃料和国家电网所供电力的折合标准煤系数。

3. 㶲分析

㶲是衡量能量"品质"或"价值"的一种尺度，㶲越高，能量的"品质"越高，越有能力转换为其他形式的能量。㶲表示系统和环境所共同具备的做功能力。法国科学家卡诺指出，在高温热源 T_1 与低温热源 T_2 间工作的热机，若从高温热源吸热 Q_1，对外所做的功最多为 $W = \left(1 - \dfrac{T_2}{T_1}\right)Q_1$。为表达系统在不同条件的过程下对㶲的有效利用程度，常引入㶲效率来判断。㶲效率等于过程中被利用或收益的㶲 E_{xu} 与消耗的㶲 E_{xp} 之比：$\eta_{ex} = \dfrac{E_{xu}}{E_{xp}}$。㶲分析在综合能源规划中的实质即为"温度对口，梯级利用"。

4. 经济效益

区域能源系统的经济效益可从供能服务、配电网服务、辅助服务、能源物业服务、能源管理服务等服务获取。

（1）供能服务

综合能源服务商将区域内的电能、冷能、热能、天然气等供应给用户并从中获取收益，当能源供给不足时，可向外部购买能源，从而实现稳定的供能。

（2）配电网服务

综合能源服务商可在增量配电网试点区域，获得投资权限，拥有配电网的经营权。当因电力交易产生过网电量时，可对根据省级核定的输配电价进行收费，从而获取配电网过网费收益。

（3）辅助服务

区域能源系统可参与提供备用容量、调峰调频等辅助服务交易，并从中获取经济收益。

（4）能源物业服务

为用户提供能源系统安装、更新、改造、运营和检修保养等服务，确保用能安全。

（5）能源管理服务

采集用能数据，分析用能结构，诊断分析峰谷用能水平、能源价格等信息，定期提供用能优化方案，降低用户用能成本。

2.4 模块化综合能源系统

2.4.1 组成与架构

模块化综合能源系统发源于航天空间站，采用航天舱段式理念（图2-4-1），将供气、供电、制冷、供暖、储能、控制等不同功能模块拼装组合，满足用户供能需求。

针对不同应用场景和用能需求，模块化综合能源系统可由多个模块舱体（能源方舱和模块化供能系统图如图2-4-2和图2-4-3所示）组成，其工作原理将分为两部分，一是各部分模块舱体内部设备运行与能源供应，二是多模块系统协同控制。

图2-4-1　航天舱段式理念示意图

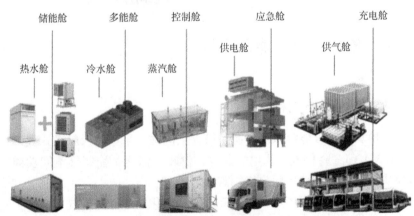

图2-4-2　能源方舱概念图

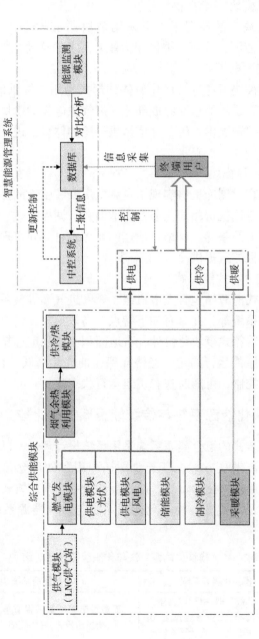

图 2-4-3　模块化供能系统图

（1）供气模块（LNG 供气站）

在管道气缺乏的情况下，可采用模块式 LNG 供气站，使用 LNG 作为输入能源，为用户提供相应能源需求的移动式加气模块。

（2）燃气发电模块

燃气发电模块可通过模块化舱体的形式为用户提供清洁电力，也是分布式能源系统的重要组成部分。燃气供电舱的模块化可根据用户的具体情况选配供气舱，并依据供气舱的体量，进一步配置供电舱。

（3）供冷/热模块

集成式的高效制冷机房实现了空调机房安装施工的优化，其原理与建筑中的空调机房相同，但在占地面积、调控方式、施工周期等方面具有较大的差异。其结合前述的舱体，可共同实现分布式能源系统，为目标建筑提供冷/热的需求。

（4）燃气分布式能源站

燃气分布式能源站包含发电机组、燃气进气和排气系统、冷却水系统、电控系统等，并具有如下特点：高效集成，发电效率高达 40% 以上；集装箱式模块化设计，占地面积小；稳定可靠，机组主要部件及控制原件运行稳定；经济环保，油消耗率低；智能互联，多台机组集中控制，可随时查看机组运行状态。

2.4.2 模块化能源系统与传统能源系统的比较

模块化整装式的综合能源系统采用系统设计理念，以集成方式为用户提供供能解决方案。基于"即插即用"的理念，所有分系统的组件均采用模块化的设计，以最节约设备空间的方式为用户提供绿色的电力及冷热源。模块化能源系统与传统能源系统对比见表 2-4-1。

表 2-4-1　模块化能源系统与传统能源系统对比

	模块化能源系统	传统能源系统
建设程序	属于设备类别，招标过程中无须工程清单，无须当地报建，工厂内标准化生产，质量严格控制	需要制作较复杂工程清单，并且在建设前，须当地报建，程序烦琐

	模块化能源系统	传统能源系统
现场实施难度	机房建设及内部配套设施均在工厂制作完成	大量工作需要现场进行，且各专业施工方协调难度大
工期	多个模块集成，因此便于拆卸、吊装和运输，建设周期缩短	工期较长，受天气影响较大
性能	可个性化定制，整体能效较高	机房设备众多分散，能效较低
工艺	工厂整体加工，品控有保证	现场施工建造，质量取决于外部环境
运维	方舱属于设备类，产品后期可以方便地进行维护及维修，降低运维管理难度和费用	传统土建机房涉及设备、施工、调试等多方，运维复杂
供能韧性	可重新调整机组装机	无法扩容或移机
兼容性	可与多种能源模块组合	一旦建成较难调整
移动性	可重新部署	固定能源站无法移动

2.4.3 应用案例

1. 多能互补案例

某智慧能源示范项目采用模块化设计和工厂化制造方式将多种供能元素集成，根据用户需求快速部署。项目包含天然气发电模块（图2-4-4）、光伏发电模块、供冷/热模块等。通过多种供能模块协同提高用户能源安全保障，实现多种能源协同耦合，系统具备多能源的输入、输出和储存能力。该项目作为模块化综合能源系统应用的尝试，提高方案可视化程度和系统集成效率，在设计、进度、质量、施工指导等方面发挥了积极作用。

2. 过渡供能案例

临港某项目业态为办公与酒店，冷负荷为3140kW，热负荷为1546kW，由地块中心区域能源站集中供能。供冷模块箱体（图2-4-5）尺寸为 $11.5m \times 6m \times 7.4m$。供热模块箱体尺寸为 $8.5m \times 2.6m \times 3.5m$，总占地面积约为 $100m^2$。该项目临时供能模块集成度高，安装方便快速、节约面积。

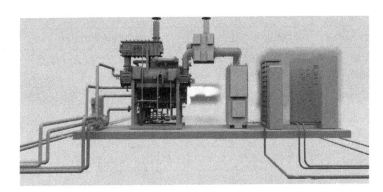

图 2-4-4　模块式能源站发电模块内部系统图

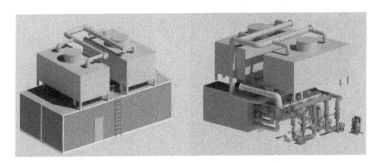

图 2-4-5　过渡供能案例模型图

2.5　综合能源服务平台规划

2.5.1　综合能源服务平台功能规划

综合能源服务平台（即综合能源监测与管理平台，以下简称"能服平台"）是以新一代信息技术为基础，感知区域能源系统"源网荷储"的实时动态，特别是供应侧和需求侧的状态，通过信息交互、集中监测、全局优化和协同管理，对区域能源系统能量生产、传输、存储、利用进行"源网荷储"一体化管理，达到高效、节能、绿色、低碳的效果。

能服平台应该具有能量数据采集及显示、运行监测、数据分析、报表等基本功能，此外还可开发高阶功能和增值服务，对区域能源系统进行生产决策、优化调度、节能管理、碳排管理、能源（碳）交易等，还包括发电预测、负荷预测、能耗分析、能源管理、设备管理、需求响应、需量管理、安全监控、故障诊断、应急响应、KPI 管理、资产管理等。

2.5.2　综合能源服务平台架构

综合能源服务平台包含三层基本架构。最底层为智能机交互层，负责现场设备与控制。中间层为智能联接网络通信层，通信方式包括有线、无线等不同方式，不同通信协议。上层为应用层，包括基础平台层和业务平台层，基础平台层负责平台基本功能并为业务平台层提供支撑。综合能源服务平台如图 2-5-1 所示

1）业务平台：运营指挥中心、运营支撑类等业务应用，提供智慧低碳园区一站式应用服务。

2）基础平台：是智慧低碳园区解决方案的核心，包括统一服务、统一接入、统一运维等核心服务，支撑低碳应用快速开发，降低应用开发成本。平台提供数据接入、数据分析存储、通用工具和业务逻辑服务，汇聚公共服务，支撑上层业务和水平业务扩展的目标。

3）智能连接：支持园区专网包括园区办公网、视频专网、Wi-Fi、PLC 等，支持 Modbus、RS485 等电力设备对接协议，实现能源设备的即插即用。

4）智能交互：支持"源网荷储"设备接入，实现园区子系统的数据融合及协同高效运营；同时执行平台下发的控制指令，实现联动，实现园区各类终端统一运维和运营管理。

2.5.3　综合能源服务需求侧响应案例

某项目屋顶光伏每年发电约 1228 万 kWh，通过需求侧响应，负荷调节每年节约用电约 37 万 kWh 时，充电桩、用户侧集中式储能等可助力大电网削峰填谷，减少整个电力系统容量，需求侧响应流程如图 2-5-2 所示。其中，响应评估方法为：

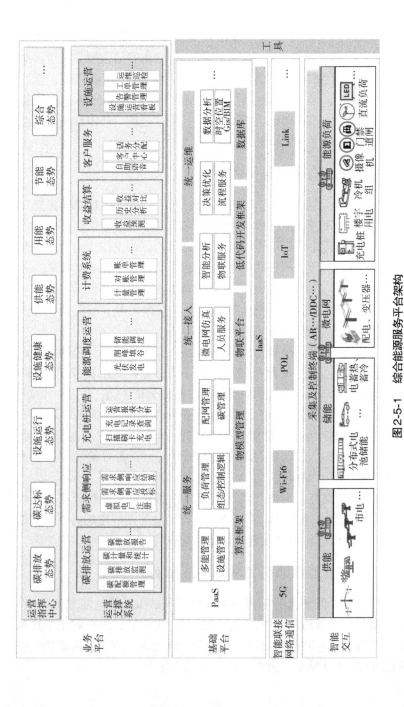

图 2-5-1 综合能源服务平台架构

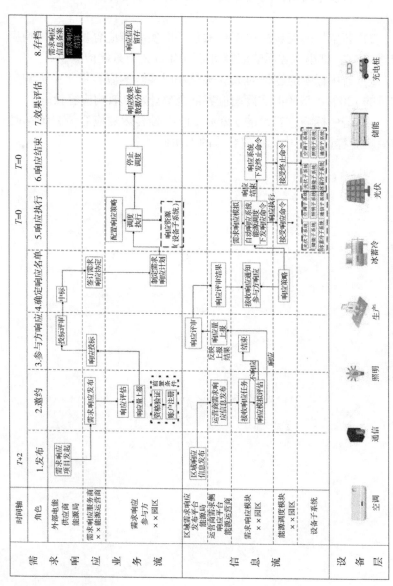

图 2-5-2 需求侧响应流程

1）若该小时实际响应容量 < 中标响应容量的 50%，视为无效响应。

2）若中标响应容量的 50% ≤ 该小时实际响应容量 < 中标响应容量 70%，该小时实际响应容量的 60% 计入有效响应容量。

3）若中标响应容量的 70% ≤ 该小时实际响应容量 < 中标响应容量的 120%，该小时实际响应容量全部计入有效响应容量。

4）若中标响应容量的 120% < 该小时实际响应容量，该小时有效响应容量计为中标响应容量的 120%。

第3章 低碳建筑电气设计原则与方法

3.1 低碳建筑电气系统背景

3.1.1 建筑电气系统的现状

建筑电气系统主要是指建筑内部的供配电系统,建筑供配电系统目前主要是以交流系统为主。建筑供配电系统典型接线如图 3-1-1 所示。

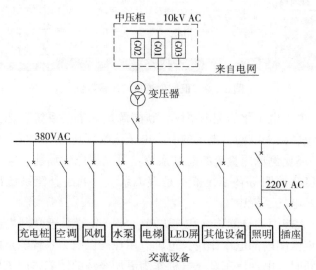

图 3-1-1 建筑供配电系统典型接线

建筑供配电系统典型接线如图 3-1-1 所示。建筑供配电系统主要由中压配电设备、变压器、无功补偿及谐波治理装置、低压配电设备和用电设备组成，系统中不包含新能源发电和储能，用电设备根据生产和生活需求被动地消耗电能，"源随荷动"是传统电气系统的显著特点。

3.1.2 低碳建筑电气系统的特点

图 3-1-2 为低碳建筑用电场景示例，低碳建筑电气系统是新型电力系统的重要组成部分。低碳建筑电气系统具有以下几个特点：

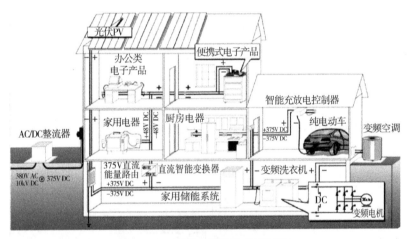

图 3-1-2 低碳建筑用电场景示例

1）电力电子化的配电系统：新能源接入电气系统，把逆变器等变换设备接入电网，电网的电力电子化程度高。

2）高比例低压直流的配电系统：风光发电、储能、柔性可控负荷、LED 照明等环节，基本是直流系统，低压直流系统出现在低碳建筑电气系统中。

3）大规模的储能装置和充电桩：储能装置对于微网内部可以起到稳定微网内部电压作用，也可以用在确保电力系统稳定的辅助服务，同时，电动汽车及充电桩作为更加经济的储能体应该优先被鼓励参与到系统服务中。

4）建筑光伏一体化技术的应用：除了屋面光伏外，尽可能考虑在建筑其他部位增加铺设光伏板。

5）配套设置智慧用能系统：对接电网信息流，提高系统内部能效并与电网互动。

6）电气系统全生命周期的低碳化：电气设备的材料和生产工艺的碳排放量都将列入考虑范围，开关和线缆都将进一步追求低功耗，并提升电气系统运行期间综合能效指标。

3.1.3　低碳建筑电气系统的设计原则

低碳建筑电气系统设计必须遵循安全可靠、经济合理、维护便捷和具有技术先进性的原则。

1. 安全可靠原则

设计必须遵循和贯彻国家的相关政策和法律，必须严格依据国家、行业和地方的规范和标准。系统接线需要结合设备技术水平，综合考虑系统接线的合理性和可行性。需要注意消防设备等可能造成重大人员或者经济损失的负荷的重点设备的配电系统设计，注意人身和设备安全的防护。

2. 经济合理原则

需要根据用电负荷的等级以及用电量来确定电源的数量、变电房的位置、变压器的台数容量和配电系统接线方式。供配电系统接线方案需考虑经济、成本核算、扩大再生产能力等综合经济指标。

3. 维护便捷原则

配电柜、控制箱、线缆路由设计均应便于施工和维护管理，考虑预留大型设备的搬运及维修通道。

4. 技术先进性原则

电气设计既要近期规划，也要兼顾远期发展，以近期为主，适当预留远期扩建的空间，利于宏观节约投资。应结合实际情况，积极采用减碳节能增效的先进技术。

3.2 分布式发电接入

3.2.1 分布式发电系统种类

低碳建筑中常见的分布式发电系统是光伏发电系统、风力发电系统和生物质发电系统。

1. 光伏发电

光伏发电技术是利用半导体面的光生伏特效应将光能直接转化为电能的一种技术。光伏发电系统将在第4章展开详述。

2. 风力发电

风力发电原理如图3-2-1所示。风力发电是利用风力带动叶片旋转，再通过增速机提升叶片旋转的速度，促使发电机发电。依据风车技术，大约是每秒3米的微风速度（微风的程度），便可以开始发电。风力发电机因风量不稳定，其输出的是13~25V变化的交流电，小型风力发电系统须配置储能装置才能保证稳定使用。风力发电具有环境效益好、清洁、基建周期短以及装机规模灵活等优点，但也具有噪声、视觉污染、占地大、不稳定不可控、成本高和影响鸟类的缺点。

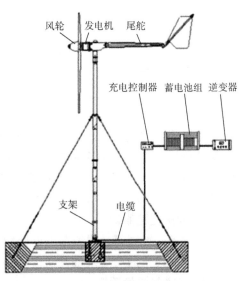

图 3-2-1　风力发电原理

3. 生物质发电

生物质发电技术是利用生物质能进行发电，是可再生能源发电技术的一种，生物质发电包括农林废弃物气化发电、废弃物直接燃烧发电、垃圾填埋气发电、垃圾焚烧发电、沼气发电等。

3.2.2 分布式发电系统的接入

从与电网联系角度来看,分布式发电系统的接入主要有以下几种:直接并网型、并网自消纳型、离网自消纳型。

3.2.3 电梯能量回馈系统的接入

研究表明,电梯曳引机拖动负荷消耗的电能占电梯总耗电量70%以上。目前曳引机对产生的电能的处理办法是接入耗能电阻,把这部分电能转化成为热释放出去,避免电梯过压故障,该方法浪费能源,增加机房散热系统负担,电梯能量回馈装置的节能效率可达20%。

电梯能量回馈系统节能原理是电梯采用变频调速方式时,将变频器直流母线上的电能反馈给电网。目前,处理电梯再生电能有四种方法:一是制动单元或制动电阻发热,将这部分能量消耗在电阻上;二是再生电能回馈电网,把电梯系统的机械能重新转化为电能回馈电网;三是将电梯再生电能存储回收,供其他用电设备使用;四是基于直流微电网调度的电梯群再生电能回收。

3.3 低碳建筑供配电系统

3.3.1 供配电系统的设计方法

1. 交直流系统的选择

目前城市电网以交流电为主,在未来相当长时间里,低碳建筑电气系统应该是交直流混合系统。

采用低压直流系统的目的是便于新能源发电和储能系统的接入,有利于实现建筑负荷的柔性调节。系统中可以考虑采用低压直流系统的环节如下:

1)有新能源发电或储能系统接入的地方,可以设置匹配发电或储能规模的低压直流系统。

2）负荷有柔性控制要求的场所，如变频设备为主的空调系统，可以设置更加高效的低压直流制冷机房配电系统。

3）本身为直流驱动的 LED 光源照明系统，也可以采用低压直流系统。

4）在老人、儿童等有安全用电要求的场所可以设置 48V 直流安全特低电压配电系统，交流安全特低电压为不大于 25V，带载能力低，直流安全特低电压为不低于 50V，大部分小家电可以接入系统，所以低压直流安全特低电压可以考虑用于末端用电区域，在满足用电设备供电需求的同时提高配电系统的安全性。

5）路灯等市政远距离场所可以考虑设置 750V 甚至 1500V 低压直流系统，供电半径比交流系统大很多，有利于降低线损和节约成本。

2. 光伏装机容量的确定

国务院印发的《2030 年前碳达峰行动方案》要求，到 2025 年，新建公共机构建筑、新建厂房屋顶光伏覆盖率力争达到 50%。光伏容量除了满足碳达峰行动方案要求外，还可以综合考虑用户内部碳配额、碳指标和用电情况，适当考虑加大光伏装机容量，减少夏季用电高峰期用电短缺限电带来的对生产生活的影响。

3. 储能装机容量的确定

光储直柔系统需要配置适当的储能装置来确保微网内部的供电系统的稳定。考虑到电化学储能电池有使用寿命要求及目前价格仍然比较高，用户侧集中储能可以根据情况分期建设，等到新能源比例提高后再逐步投入，建议低碳建筑适当预留日后安装储能系统的土建位置及系统接口。

4. 用电设备的接入

照明设备的接入：LED 光源灯具可以根据实际情况接入直流供电系统，其余光源灯具仍建议接入交流系统。

动力设备：变频风机、水泵、多联机、制冷主机等设备，一般是接入到交流系统，也可以把变频器整流环节取消，直接把变频器直流端接入直流系统。电梯为特种设备，目前直接把直流端接入直流系统的变频电梯尚未取得特种设备许可，所以电梯还是保持在交流系统接入。若添加其余动力设备，则仍然接入交流系统。

末端用电设备：除微波炉、电磁炉、打印机、复印机外的一般家电设备都可以直接接入直流系统。

充电桩：7kW 及以下慢速充电桩输入、输出均为交流电，可以接入交流系统，采用车载交流充电机充电。快速充电桩输入可以选择为交流或者直流电，输出为直流电，直接采用汽车直流充电口充电。

光伏、储能：可直接接入直流系统，接入交流系统时，需要经过逆变器。

5. 低碳建筑电气接线

典型低碳建筑电气系统接线如图 3-3-1 所示，系统是由传统交流配电系统结合光伏等新能源发电系统、储能系统和光储直柔系统这三个子系统中的一个、两个或者全部组成，是交直流混合系统。交流侧中压配电系统电压等级需根据当地电网电源情况确定，一般为 10kV、20kV 或者 35kV，50Hz；低压配电系统电压等级为 220/380V，50Hz。系统交流侧中压配电接地形式需根据当地电网电源情况确定，一般采用大电阻或者小电阻接地系统，交流侧低压配电接地形式一般采用 TN 系统，室外路灯交流供电时一般采用 TT 系统，手术室等重要场所采用局部 IT 系统；直流侧接地形式一般采用可变 TN-S 系统的 IT 系统。系统设计方法和步骤如下：

1）确定系统容量：确定光伏、储能、充电桩装机容量，确定需要柔性控制负荷的类型和容量，确定直流微网和光储直柔微网的模块设置方案。

2）确定系统接线：不管是交流侧还是直流侧设备，配电接线方式均需根据负荷等级做相应调整，以满足各级负荷的供电要求。

3）土建配合：确定系统主要电气设备用房和光伏等新能源发电室外设备安装方式，变电房需要设置在负荷中心，根据电压等级、线缆压降和线缆损耗等要求，综合确定系统的供电半径。屋顶光伏结合顶层配电间配置必要的汇流设备用房。

4）电能质量：在低压配电室设置电容补偿柜，考虑谐波治理装置的设置方案。

5）确定计量方式：总计量采用高压计量方式，按供电回路单

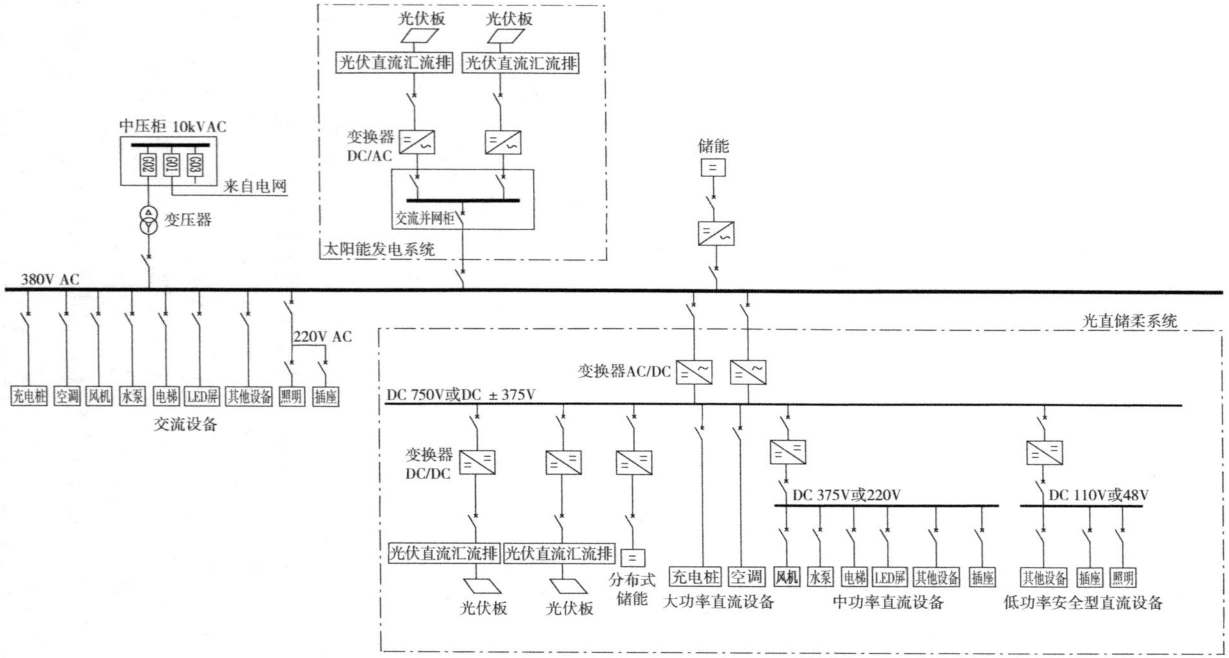

图 3-3-1 典型低碳建筑电气系统接线

独设置高压计量柜。根据项目管理的需要以及项目用能系统的实际情况、确定电量计量是否需要分项设计，确定需要分户计量的场所。需要注意，直流侧计量仪表需要用直流专用仪表。

6）确定配电系统保护方式：系统交流侧保护仍按传统建筑电气系统设计原则进行保护。直流侧保护和整定方法详见第3.4.3节。

7）确定电气系统设备选型：交流系统设备选型与传统交流系统设备选型无异，低压直流系统设备选型在3.4节详述。

8）确定线缆选择和敷设方式：系统交流侧线缆选择和敷设方法仍按传统建筑电气系统设计原则进行保护。直流侧线缆选择和敷设方法详见第3.4.4节。

9）确定照明系统：照明系统一般由正常照明、应急照明、障碍照明和景观照明组成。照度标准按现行国家标准《建筑照明设计标准》（GB 50034—2013）执行。应急照明系统设计按现行国家标准《消防应急照明和疏散指示系统技术标准》（GB 51309—2018）执行。照明设计方法详见第7章。

10）确定防雷、接地系统及安全措施：确定项目建筑物防雷等级和防雷击电磁脉冲等级。

11）确定电气系统的环保卫生、绿建要求。

12）确定智能照明、智慧配电、智慧用能系统设计。

13）确定电气火灾监控、消防设备电源监控系统设计。

3.3.2 电气低碳节能技术

国务院2030年前碳达峰行动方案在节能降碳增效行动和城乡建设碳达峰行动提出了"提升建筑能效水平，提高节能降碳要求，推动超低能耗建筑、低碳建筑规模化发展，推进农村建设和用能低碳转型等"和低碳节能有关的要求。

1. 绿色建筑中与电气有关的要求

低碳建筑电气设计需与绿建设计相配合，确保电气设计以下控制项和评分项中的全部或者部分内容。《绿色建筑评价标准》（GB/T 50378—2019）中与电气相关的内容中控制项有8项，电气相关的内容中的评分项有9项，可见，电气设计前，需要明确了解项目的绿建定位和对电气的具体要求，电气系统的设计需满足绿色建筑（简称绿建）的要求。

2. 系统关键节点的能耗分析

电力系统中的能耗分为两部分，即固定损耗与可变损耗。固定损耗就是空载损耗，即发动机、电动机、变压器等磁性设备的铁损和激磁功率损耗，又称铁损，它由容量的大小和额定电压的高低决定，电压越高，容量越大，损耗就越大。可变损耗就是短路损耗，包括线路、绕组中的损耗，又称铜损，它和电流的平方成正比，损耗由负荷的大小决定，负荷越多，损耗越大，其中，线缆和变压器损耗占供电容量的大约7%，其中60%为变压器损耗。系统中的电力电子变换器也会产生开关损耗，变换器效率一般在80%～98%。照明系统能效高低也导致照明系统能耗相差很大。

从系统能耗分析来看，电气存在不少的能耗环节，系统节能空间很大，在低碳建筑中，有必要淘汰落后设备和技术，推动既有设施绿色升级改造，积极推广使用高效低能耗设备、采用智能化用能控制等技术，提高设施能效水平，达到节能降碳增效的目的。

3. 电气节能技术

电气节能主要包含供配电系统节能、用电设备节能以及系统运行优化节能几个方面。

（1）供配电系统节能

变压器节能：变压器能效等级不低于绿建要求，建议选用1级或2级能效标准的变压器，降低变压器损耗。

变换器的节能：低碳建筑电气系统的新能源、储能及柔性负荷接入，离不开变换器。电力电子变换共有4种基本类型，交流变直流（AC/DC）变换（俗称整流）、一种电压的直流变为另一种电压的直流（DC/DC）变换（俗称斩波）、直流变交流（DC/AC）变换（俗称逆变）、交流变交流（AC/AC）变换（又有周波变换和交流调压之分）。变换器功率开关元件以晶闸管、IGBT等为主，其可靠性比变压器稍低，根据目前技术水平，大约5～10年左右需要更换电容器件，10～20年需要更换功率开关元件，所以，主干节点的变换器建议采用模块化设计，如100kW的变换器，可以选用3~6台的变换器组合，实现变换器的 $N+1$ 冗余，避难因为变换器失效导致直流微网整体停电，在低功率情况下也可以适当关断部分变换器模块，降低能耗。变换器短路电流耐受能力也比断路器差，变换器设计需确保故障回路的快速切除和非故障回路的正常工作。目前市面上主流变换器的转换效率差异很大，选型注意选择高转换效率的产品。

线缆选择：合理选择变配电房位置，减少供电半径，优化线缆敷设路径，减少线缆长度，降低线路损耗。在必要时，可以根据用电成本采用经济电流密度法选择线缆截面尺寸。

（2）用电设备节能

用电设备主要有照明灯具、动力设备（如电梯、风机、水泵、制冷主机）、末端用电设备（如家用电器、办公电器、热水器）等。

照明灯具节能：光源选择发光效率高的光源，如LED光源灯具或者其他节能光源；灯具选型透光效率高的灯具。灯具根据现场情况采用就地分组分区控制、定时控制、智能照明控制、物联网灯具等多种控制方式，灵活设置照明场景模式，减少照明系统能耗，提高照明效率和用户满意度。

动力设备节能：电梯、风机、水泵和制冷主机等选择高能效产品，非消防的大功率的常用设备控制方式采用变频控制，电梯考虑能量回馈装置。热水器采用低温热泵形式，尽量少用即热式产品。

末端用电设备节能：家用电器、办公电器等，选用高能效产品，选择智能插座对设备进行智能节电管理。

（3）系统运行优化节能

高能耗建筑设置建筑设备监控系统和设备能效管理系统，对设备运行进行优化管理，降低系统运行能耗。

3.3.3 电能质量与治理

1. 电能质量特点

低碳建筑电气系统电力电子化导致交流系统呈弱容性，功率因素高，单相设备产生的谐波电流次数主要是3、5、7次，其中3次谐波最大；三相变频设备产生的谐波电流主要为 5、7、9、11 次谐波，其中 5 次谐波最大；存在高频变换器的设备还会产生高频次的谐波。电梯等采用带能量回馈装置变频控制时存在较大冲击负荷，可能导致电网电压严重波动、设备损耗发热。需要注意系统内部设备起动或电网电压波动造成的电压扰动对系统中电力电子变换器、变频器的危害，避免出现电梯失控等事故。

2. 无功补偿及谐波治理设备选择

1）在 LED 照明、便携式计算机、变频小家电等单相设备大规模接入场所应注意系统由于功率因素很高，可能存在电容补偿投切不上去情况。此时，电容补偿柜串接的电抗器注意选用 12% ~ 14% 型，并注意在轻载情况下，线缆电压可能偏高，容易烧毁电容。电容电压等级注意选择不低于 525V。

2）在变频风机、水泵、多联机大规模三相负荷接入场所，应注意系统功率因素呈弱容性，功率因素很高，可能存在电容投切不上去情况。此时，电容补偿柜串接的电抗器注意选用 6% ~ 7% 型，并注意在轻载情况下，线缆电压可能偏高，容易烧毁电容。电容电压等级注意选择不低于 480V。

3）系统谐波电流过大可能导致变压器噪声大、线缆过热等情况，此时，需要考虑设置有源或者无源滤波装置，或考虑适当配置 SVG。经济性上无源滤波最好，SVG 其次，有源滤波最贵，灵活性反之。建议在谐波特性明确情况下，优选无源滤波，一般可满足建筑电气系统谐波治理要求。可先预留谐波治理装置安装柜位，根据系统运行情况确定是否增加谐波治理装置。

4）需要明确接入系统的电气设备的谐波发射特性和抗扰度应满足《建筑电气工程电磁兼容技术规范》（GB 51204—2016）现行版本的要求，减少后期系统谐波治理的压力，从根源解决电能质量问题。

3.3.4 专业协同保障设计

1. 装配式建筑电气关键技术

国务院印发的《2030 年前碳达峰行动方案》要求大力发展装配式建筑。《装配式建筑评价标准》（GB/T 51129—2017）提到，装配率按式（3-3-1）计算：

$$P = \frac{Q_1 + Q_2 + Q_3}{100 - Q_4} \times 100\% \qquad (3-3-1)$$

式中　P——装配率；

　　　Q_1——主体结构指标实际得分值；

　　　Q_2——围护墙和内隔墙指标实际得分值；

　　　Q_3——装修和设备管线指标实际得分值；

　　　Q_4——评价项目中缺少的评价项分值总和；

　　　Q_3与电气专业相关的是管线分离率。

　　电气设计开始前需了解项目的装配率要求，根据《装配式混凝土建筑技术标准》（GB/T 51231—2016）现行版本进行设计。

　　装配式建筑的电气设备和管线设置安装应符合以下规定：

　　1）电气系统的竖向干线应在电气竖井内设置。

　　2）配电箱、配线箱不宜安装在预制构件上。

　　3）当大型灯具、桥架、配电设备等必须安装在预制构件上时，须采用预留预埋件固定。

　　4）预制构件上的接线盒以及连接管等应做预留，其出线口及接线盒应准确定位。

　　5）不应在预制构件受力部位及节点连接区域设置孔洞和接线盒，位于隔墙两侧的电气及智能化设备不得直接连通设置。

　　6）当采用预制剪力墙和预制柱内的钢筋作防雷引下线时，作为防雷引下线的钢筋必须在构件接缝处进行可靠电气连接，并应在构件接缝处进行预留出施工空间及条件，连接部位须要有永久性明显标识。

2. 工艺、新能源对接要点

　　低碳建筑电气系统，除了传统的如二次装修、厨房、实验室、医技工艺等需要对接之外，还会有新能源发电系统、储能系统、低压直流系统、空调高效主机房等需要深化的内容出现，智能化专项内容也越来越多，智能化集成商品也进一步细分为基础通信网络系统，安防系统，会议、舞台与扩声系统，智慧建筑系统集成等几个部分。低碳建筑在土建设备用房及管井预留、电气系统接口和基础通信网络路由上，应适当考虑工艺和新能源的对接需求。

3.4 直流配电系统

3.4.1 低碳建筑中引入低压直流配电的意义

低碳建筑中低压直流配电在我国碳达峰路线中有重要意义。预计到 2050 年，电能中新能源占比将达 40% 以上，用户末端用电设备中包括变频设备和 LED 照明等广义直流负荷占比将达 70% 以上，电网也提出了源荷互动、负荷柔性可控的要求，这使得在低压供配电系统中交流电占据绝对地位多年的历史将会改写，低压直流系统将自然而然地在低碳建筑供配电系统中越来越多地被采用。

低压直流配电系统具有以下优势：

1）适应大多数分布式发电、储能系统的接入。

2）减少直流设备的整流环节，提高整体效率，降低成本。

3）可实现快速切换，不需要相位检测、同步等环节。

4）更高的电能质量，消除谐波等问题。

5）更高的传输效率，没有电感损耗与集肤效应。

6）具有更高的安全电压水平，比交流电使用更加安全。

7）便于实现电源协同控制和实现负荷柔性调节。

低压直流配电系统在应用上，也存在一些困难和挑战，主要包括以下几点：

1）缺乏系统的标准体系作为系统实施应用的指引。

2）产品如变换器、断路器、计量仪表等不够丰富，由于变换器固有的电力电子产品特性，在供配电系统结构类似的情况下，直流系统的可靠性比交流系统稍低，对重要负荷供电时，需要考虑改进直流供配电系统结构来弥补这一劣势。

3）接线形式、系统整定和保护等系统内部机理还需要深入研究和明确，提供更多的数据作为系统设备合理选型和系统稳定运行的基础支撑。

4）系统虽然不存在谐波治理和功率因素补偿等电能质量问

题，但直流系统也存在纹波、电压偏压等问题，电能质量参数需要进一步去深入研究，确定其对系统和设备的影响。

3.4.2　直流配电系统接线和接地形式选择

1. 接地形式

在《低压电气装置标准》（IEC 60364-1—2015）给出了直流系统的接地形式，同样分成 TN-S、TN-C、TN-C-S、TT、IT 等接地形式。由于现在电网仍是交流网络，纯直流系统建筑物实际很少，而带隔离的 AC/DC 变换器结构复杂价格贵体积大，能效会降低，无法在建筑低压直流系统中大量应用，低压直流系统不可避免地要和交流电网发生联系，建筑物接地形式实际是交直流混合接地，实际情况比 IEC 60364 给出单纯直流侧的接地形式要复杂。

在建筑物交直流混合系统中，变压器中性点、直流负极、直流中性极（如果配出）及交直流-直流负荷设备外露可导电部分接地可有以下情况，分别以字母 T、I、N、M、Neg 等表示，电气设备接地方式详细含义见表3-4-1。

表3-4-1　电气设备接地方式详细含义表

AC 侧	电源中性点	T:接地 I:绝缘
	设备外露可导电部分	T:通过独立接地系统接地 N-S:通过专用导线(PE)与中性点连接 N-C:通过中性线与中性点连接,也用作保护接地(PEN) [X]:不做讨论(对某个具体案例)
DC 侧	负极	T:接地 I:绝缘
	中性极	T:接地 I:绝缘 N:与 AC 侧的中性线连接
	设备外露可导电部分	T:通过独立接地系统接地 M-S:通过专用线(PE)与中点连接 M-C:通过中线与中点连接,也用作保护接地(PEM) Neg-S:通过专用线(PE)与负极连接 Neg-C:通过负极线与负极连接,也用作保护接地(PENeg)

直流侧系统电源中性点引出中性极时称为三线直流系统，不引出中性极时称为两线直流系统。

　　把系统设备接地情况和直流侧是否引出中性极相结合，给出几种交直流混合接地形式如下：

　　1）T-IIT/I-IIT 三线直流系统如图 3-4-1 所示，AC/DC 变换器引出中性极，但不设接地，直流侧设置负荷保护接地，当合上开关 ST 和 SPE 是 T-IIT 系统；ST 打开而 SPE 闭合是 I-IIT 系统。

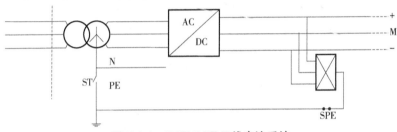

图 3-4-1　T-IIT/I-IIT 三线直流系统

　　2）T-ITM-S/T-ITM-C/I-ITM-S/I-ITM-C 三线直流系统如图 3-4-2 所示，直流侧接地起到工作接地和保护接地功能，系统接地形式转换关系如表 3-4-2 所示。

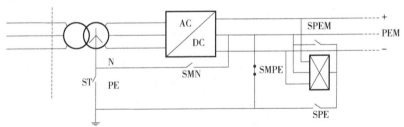

图 3-4-2　T-ITM-S/T-ITM-C/I-ITM-S/I-ITM-C 三线直流系统

表 3-4-2　图 3-4-2 所示系统开关状态与系统接地形式转换关系

系统名称	ST	SMPE	SPE	SPEM
T-ITM-S 系统	闭合	闭合	闭合	打开
T-ITM-C 系统	闭合	打开	闭合	闭合
I-ITM-S 系统	打开	闭合	闭合	打开
I-ITM-C 系统	打开	闭合	打开	闭合

3）T-IIT/I-IIT 两线直流系统如图 3-4-3 所示，此时直流接地仅为保护接地，合上 ST 和 SPE 是 T-IIT 系统；ST 打开而 SPE 闭合是 I-IIT 系统。

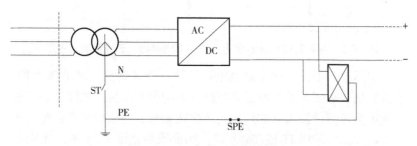

图 3-4-3   T-IIT/I-IIT 两线直流系统

4）I-TINeg-S/I-TINeg-C 两线直流系统如图 3-4-4 所示，直流侧接地仅作为保护接地，ST 和 SPEN 打开而 SPE 闭合是 I-TINeg-S 系统；ST 和 SPE 打开而 SPEN 闭合是 I-TINeg-C 系统。

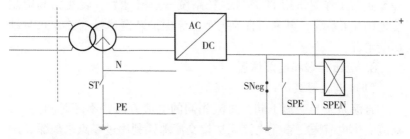

图 3-4-4   I-TINeg-S/I-TINeg-C 两线直流系统

2. 接线形式

两线直流系统如图 3-4-5 所示，包括正极 " + " 和负极 " − "，只能为用电设备提供一种电压 V DC；三线直流系统如图 3-4-6 所示，包括正极 " + "、负极 " − " 和中性极 "M"，可以提供两种电压：单极设备使用 V DC 和双极设备使用的 2V DC。虽然三线系统供电灵活性和效率更高，但两极间存在相互影响，故障分析和排查复杂，由于单极用电设备数量更多，三线系统在降低线路损耗和提供系统能效方面的作用不明显；两线系统结构简单，运维管理难度相对低一点，应用更加方便。

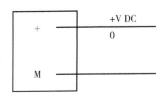

图 3-4-5　两线直流系统示意图

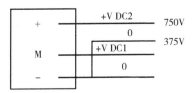

图 3-4-6　三线直流系统示意图

　　实际设计中，需要考虑供电可靠性、设备情况、过电压保护、人身安全、故障保护和电磁兼容性等多种因素及接地故障保护要求来确定选用何种接地形式。从系统架构来看，建筑低压直流配电系统接地方式可采用 IT 或 TN 方式；如果采用直流 IT 系统，则需要采用绝缘电阻检测专用装置。如果采用直流 TN 系统，在直流剩余电流保护器产品还不成熟的情况下，可以尽量选择低接地电阻的 TN 系统，接地故障时用断路器来自动切断电源。考虑到目前变换器短路故障耐受度差，也可以采用可变接地形式，直流侧也可以选择在正常工作时采用 IT 系统，在系统一点接地后，转化为高电阻接地的 TN 系统，再采用直流剩余电流保护装置通过断路器来自动切断电源。

3. 电压等级和电能质量

（1）电压等级

　　直流系统与交流不同，直流相同的电流方向并不随时间变化，幅值变化也有限，直流电流无法像交流那样利用过零点来熄弧，这使得直流电流的分断比交流困难。而且系统电压越高，分断就越困难，因此直流系统电压等级的选取需要综合系统效率、配电设备、电压等级、元器件耐压、配电线路线损以及与储能匹配等几方面因素来考虑。

　　目前，使用直流系统较多的几个行业对直流配电系统的电压等级有不同的规定或习惯，其统计见表 3-4-3 和表 3-4-4。较多采用的直流电压如下：

　　1）光伏行业主流的直流电压等级是 800 ~ 1000V，光伏电站配电系统、光伏组件、汇流箱、逆变器、线缆等产品均基于这个电压等级要求设计和制造。

2）地铁行业 IEC 拟订的电压标准是 600V、750V 和 1500V 三种，我国确定的电压标准是 750V 和 1500V 两种。

3）数据中心大多采用直流 240V 电压向负荷直接供电，336V 直流供电在数据中心应用也越来越广。

4）建筑直流配电系统通常为大功率设备，如中央空调主机、快速充电桩采用的直流电压等级是 750（±375）V，这个电压等级输送能力比交流 380V 大；在人员活动多的区域、高度不低于 2m 时的设备以及中等功率设备，如水泵、风机及大功率家用电器，其主干线电压选用直流 375V 或 220V（优选 375V）；在人员人手可以触碰的，如高度在 2m 以下的场所主要是功率在小功率手持电器和小型家用电器，功率在 700W 以内，可以选用直流 110V 或 48V（优选 48V）。

表 3-4-3　低压直流配电系统电压等级国家标准统计表

标准名称	电压等级（优选）/V	电压等级（备选）/V
《中低压直流配电电压导则》（GB/T 35727—2017）	1500（±750）、750（±375）、220（±110）	100、600、440、400、336、240、110
《直流配电电压》（T/CEC 107—2016）	±1500、±750、±380、±110	±600
《直流照明系统技术规程》（T/CECS 705—2020）	375、220、48	750、400、336、240、110、36、30、24
《电动汽车传导充电用连接装置 第 3 部分：直流充电接口》（GB/T 20234.3—2015）	750、1000	
《电力工程直流电源系统设计技术规程》（DL/T 5044—2014）	110、220	
《消防应急照明和疏散指示系统技术标准》（GB 51309—2018）	≤36	
《建筑照明设计标准》（GB 50034—2013）	375、220、48	

表 3-4-4 低压直流配电系统电压等级行业应用统计表

（单位：V）

电力行业	通信行业	城市轨道交通	舰船供电	航空供电	楼宇供电	电动汽车
110	48	600	750	270	≤36	450
220	240	750	1500			500
	270	1500	3000			750
	336	3000				
	400					

一些国内外直流建筑示范项目电压等级对比见表 3-4-5。

表 3-4-5 一些国内外直流建筑示范项目电压等级对比

项目名称	城市	建筑类型	电压等级
底特律未来屋	底特律	住宅	DC380/24V
底特律未来能源中心大楼	底特律	厂房	DC380/24V
日本东北福石大学直流微电网	仙台	办公	DC400V
荷兰埃因霍温 Strijp-S 区直流公寓	阿姆斯特丹	住宅	DC350V
荷兰银行馆	阿姆斯特丹	办公	DC350V
代尔夫特办公楼	代尔夫特	办公	DC350V
美国本田汽车公司仓库	加利福尼亚州	厂房	DC380V
安创特技术公司总部	伯灵顿	厂房	DC380/24V
智能直流微网生活实验室	奥尔堡	展示、实验	DC380/48V
沼岛直流微网	沼岛	住宅	DC360V
深圳建科院未来大厦直流配电系统	深圳	办公	DC375/48V
北京低碳能源研究所及神华技术创新基地项目	北京	办公	DC375/220V
虹桥基金小镇直流微网	上海	办公	DC532/220V
泰州经济开发区总部经济园综合能源项目	泰州	厂房	DC750/220V
苏州同里湖嘉苑别墅项目	苏州	住宅	DC750/220V
苏州同里综合能源服务中心直流空调照明工程	苏州	办公	DC750/540/220V
大同市国际能源革命科技创新园	大同	办公	DC750V
太原理工大学直流微网实验室	太原	展示实验	DC750/220V
南瑞安徽继远园区直流配电	合肥	办公、实验	DC375/220V
连岛综合能源服务示范岛工程	连云港	展示、实验	DC375V

（2）电能质量

与交流系统不同，直流系统不存在功率因素，也没用谐波问题，但直流系统存在纹波，需要关注直流设备电能质量的发射特性和设备对电能质量的耐受度问题。

电压是直流系统最重要的电能质量参数，在额定电压和功率条件下，线路压降不应大于5%额定电压，直流电气系统运行时电压偏差应控制在 -10% 和 5% 额定电压。两线直流系统没有电压不平衡问题，但三线直流系统需要关注两极电压不平衡问题；大功率设备并网时的电压突变也会对系统和其他设备造成冲击；高频电压型开关元件可能存在高频噪声。

3.4.3 直流配电系统保护

1. 直流配电系统电击防护

（1）直流人体电流和安全电压

直流系统安全电压分析如图 3-4-7 所示。根据《电流对人和家畜的效应 第 1 部分：通用部分》（GB/T 13870.1），直流预期接触电压 U_t 不大于 120V，直流心室颤动与电流方向有关，向上电流更加危险，人体纵向向下的引起心房颤动的电流值是向上的 2 倍，实际工程上采用直流系统不配出负极的方式，对人身安全性更高。预期接触电压可由 120V 提升到 190V。

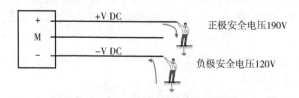

图 3-4-7　直流系统安全电压分析

（2）直流电气系统的电击防护

直流电气系统的电击防护包括基本保护、故障保护和特殊情况下采用的附加保护。除了 48V DC 系统采用安全特低压防护可以不考虑基本防护外，其余系统均应采用基本保护和故障保护兼有的保护措施。

对于建筑物中常用的750V DC、375V DC 等高电压等级，可根据《低压电气装置 第4-41 部分》（IEC 60364-4-41）对接地故障保护时，自动切断电流时间进行了规定，并给出直流系统接地故障保护原则和自动切断电源时间要求。下面以 TN 系统为例，给出其保护条件，如式3-4-1所示：

$$Z_s I_a \leqslant U_0 \tag{3-4-1}$$

式中　Z_s——故障回路阻抗（Ω）；

I_a——在以下表 3-4-6 给出的给定时间内可以自动切断电源的电流（A）。

表 3-4-6　最长的切断电源时间表

系统	$50V < U_0 \leqslant 120V$		$120V < U_0 \leqslant 230V$		$230V < U_0 \leqslant 400V$		$U_0 > 400V$	
	交流	直流	交流	直流	交流	直流	交流	直流
TN	0.8s	a	0.4s	1s	0.2s	0.4s	0.1s	0.1s

注：1. U_0 是指额定 AC 或 DC 相对地电压。

　　2. a 表示非人体电击防护原因切断电源需求。

表 3-4-5 里面定义的时间要求末端回路额定电流不超过以下值：

1）带一个或多于一个的插座回路时不大于 63A。

2）给固定连接电流设备配电的回路不大于 32A。

考虑到直流 IT 系统在第一次接地故障将会转化成 TN 系统，其自动接地故障保护自动切断电流的时间可以按 TN 系统的要求考虑。

2. 直流配电系统过电流保护

（1）过载保护

直流系统的过载保护同交流系统，对 IEC 60364-4-43 定义的导体与保护设备之间配合的原则如下：

保护该导体的断路器脱扣电流应满足下式：

$$I_b \leqslant I_n \leqslant I_z \ \text{且} \ I_2 \leqslant 1.45 I_z \tag{3-4-2}$$

式中　I_b——线路计算负载电流（A）；

I_n——熔断器熔体额定电流或者断路器额定电流（A）；

I_z——导体允许持续载流量（A）；

I_2——保护电器可靠动作电流（A）。

（2）短路保护

IEC 60364-4-43 里面导体的短路保护原则同样适用于直流系统，也是要求保护设备的允通能量（I^2t）小于电缆的允通能量（k^2S^2），即满足下式：

$$I^2t \leqslant k^2S^2 \qquad (3-4-3)$$

式中　S——实绝缘导体的线芯截面面积（mm^2）；

I——短路电流有效值（A）；

t——在达到允许最高持续工作温度导体中短路电流持续的时间（s）；

k——不同绝缘材料的计算系数，这个值和导体温度系数、电阻率、导体材料热容量及最初和最终温度相关。

3. 直流配电系统电压保护

电压是直流电气系统最重要的电能质量指标，系统应针对过压和欠压等电压异常设置保护功能。

当直流母线处于 70%～80% 额定电压范围，且持续时间不超过 10ms 时，直流电气系统应保持运行。当直流母线处于 20%～70% 额定电压范围，且持续时间不超过 10ms 时，直流电气系统应保持运行，不应执行欠压保护，提高供电可靠性。

采用 IT 接地方式的 750V DC 和 375V DC 直流系统应具备绝缘监测功能。绝缘监测对 IT 接地系统用电安全防护至关重要。绝缘监测功能可以由绝缘监测装置（Insulation monitoring device，IMD）完成，由于直流电器系统工作模式多样，系统结构和设备工况可能发生变化，为杜绝监测漏洞，建议直流母线配置独立的 IMD。

当外部交流电压传入窜入直流电气系统时，直流电气系统应能识别并报警。

直流系统必须要考虑雷电冲击过电压的影响，在防雷分区配置浪涌保护器，需要根据直流电压等级，采用直流专用型电涌保护器，低压直流浪涌保护参数见表 3-4-7。

表3-4-7 低压直流涌保护参数表

型号	OVR T1-T2 12.5-275s P QS	OVR T2 2 20-75 P QS	OVR T2 40-150 P QS	OVR T2 40-275 P QS	OVR T2 40-600 P QS	OVR T2 40-1000 P QS
型号-带遥信触点 TS	OVR T1-T2 12.5-275s P'TS QS	OVR T2 2 20-75 P'TS QS	OVR T2 40-150 P'TS QS	OVR T2 40-275 P'TS QS	OVR T2 40-600 P'TS QS	OVR T2 40-1000 P'TS QS
防护等级和试验类别	I级/I类试验(10/350μs)	II级/II类试验	II级/II类试验	II级/II类试验	II级/II类试验	II级/II类试验
保护线路/极数	1P/单极	(正负极线路/正极线和中性线/负极线和中性线)/两极	1P/单极	1P/单极	1P/单极	1P/单极
电流类型	DC/AC	DC/AC	DC/AC	DC/AC	DC/AC	DC/AC
额定电压 U_c/V AC	230/440	57	120	230/400	400/690 或 230/400	1000
最大持续工作电压 U_c/V AC	275	75	175	275	600	1000
额定直流电压 U_n(L-PE)/V AC	320	—	—	320	650	—
最大直流工作电压 U_c(L-PE)/V DC	350	100	225	350	745	1300
冲击电流 I_{imp}(10/350μs)/kA	12.5	—	—	—	—	—
标称放电电流 I_n(8/20μs)/kA	40	10	20	20	20	15
最大放电电流 I_{max}(8/20μs)/kA	80	20	40	40	40	40
标称放电电流 I_n 下的电压保护水平 U_p/kV	1.4/-/1.4	0.5	0.9	1.4	2.3	3.1
放电电流为3kA下的电压保护水平/kV	0.8	0.3	0.7	0.8	1.6	2.0
放电电流为5kA下的电压保护水平/kV	—	—	—	0.85	1.7	—

4. 直流配电系统断路器选型

(1) 保护设备的接线方式的选取

直流断路器接线方式需要根据直流配电网的接地类型选择不同的接线方式。

在三线直流系统中可能发生故障有：①正负极间短路；②正极或负极与中性极短路；③正极或负极接地故障。需要根据不同的电网类型来选择断路器接线方式，断路器不同的接线方式将影响分断能力（表3-4-8）。

(2) 额定电压选取

断路器的额定工作电压选择必须满足直流系统电压保护的要求，即 U_e（与串联的级数有关）$\geq U_n$。

目前在直流750V和1000V这两个电压等级，断路器技术突破的厂家不多，其中，ABB公司的 E_{max} DC 框架断路器和 T_{max} DC 塑壳断路器最大工作电压可以达1000V DC。

(3) 过流脱扣器选取

断路器的过流脱扣器整定电流需要根据负荷的工作电流来确定，脱扣器整定电流应满足式（3-4-2）的过载保护条件。

(4) 分断能力的选取

断路器额定极限短路分断能力 I_{cu} 应满足大于系统短路电流 I_k。

低压直流系统采用的接地形式不同，受故障影响断路器的故障串联极数会不一样，所以在正极短路接地、正负极间短路及负极与地短路接地时，要求的断路器的额定极限短路分断能力 I_{cu} 也不一样。

几个直流常见场景的短路电流计算简化方法如下：

1）变流器稳态短路电流。变流器稳态短路电流可根据下式计算：

$$I_{sc} = \frac{3}{\pi} I_{Gsc} \qquad (3-4-4)$$

式中　I_{sc}——变流器稳态短路电流（A）；

I_{Gsc}——变压器出口短路故障电流（A）。

表 3-4-8 断路器分断能力与接线关系表

DC 系统网络类型及故障类型	接线方式 例如电压等级 U_e ≤750V	断路器极数额定 分断能力 以直流 ACB 为例 型号 E2N PR122	接线方式 例如电压等级 U_e ≤750V	断路器极数额定分 断能力 以直流 ABC 为例 型号 E2N PR122
不接地	LOAD	3 极 I_{cu} =25kA	LOAD	4 极 I_{cu} =40kA
负极接地	LOAD	3 极 I_{cu} =25kA 故障类型①、②	LOAD	4 极 I_{cu} =40kA 故障类型①、②
中间极接地			LOAD	4 极 I_{cu} =40kA 故障类型①、②、③

其二次出口侧短路电流按下式计算：

$$I_n = \frac{S_n}{\sqrt{3}U_{20}} \qquad (3\text{-}4\text{-}5)$$

$$I_{Gsc} = \frac{100 \times C_{max}I_n}{u_k\%} \qquad (3\text{-}4\text{-}6)$$

式中　S_n——变压器额定功率（kVA）；

　　　U_{20}——变压器二次侧线电压（V），交流 380/220V 低压系统为 400V；

　　　I_n——额定电流（A）；

　　$u_k\%$——变压器的短路电压百分比；

　　C_{max}——电压系数，取 1.05。

2）蓄电池短路电流。储能蓄电池短路电流按下式计算：

$$I_{kb} = 0.95E_b/(NR_i) \qquad (3\text{-}4\text{-}7)$$

式中　I_{kb}——蓄电池短路故障电流（A）；

　　　N——电池串联节数（节）；

　　　R_i——内阻电阻（Ω）；

　　　E_b——最大放电电压（V）。

3）光伏系统短路电流。在系统 DC/DC 换流器的输出侧发生短路时，短路电流一般都将被限制在额定电流的 1.5 倍以内。

（5）大电流场合直流断路器的接线方式的选择

在大电流场合，可通过极间并联来获得响应的整定值。极间并联时需考虑瞬时磁脱扣值的降容系数 K，见表 3-4-9。

表 3-4-9　断路器降容系数

并联极数	2	3	4
降容系数 K	0.9	0.8	0.7[注]

注：中性线保护设定为相线的 100%。

（6）保护脱扣器的选择

热磁式脱扣器可以用于直流系统，当采用交流电磁式脱扣器用于直流系统保护时，必须进行校正。直流系统必须采用专用直流电子式脱扣器，交流电子式脱扣器无法采样直流电流，所以不能够用于直流系统保护。

采用热磁断路器进行过载保护，其过载保护动作特性曲线直流和交流完全相同，校验时满足式（3-4-2）的过载保护条件即可。

采用交流热磁断路器对于短路保护，需要注意：断路器磁脱扣整定值必须设置低，因为直流系统短路时没有短路峰值，产生不了足够的电动力让断路器脱扣动作，因此必须采用低整定倍数的交流热磁脱扣器。如果交流热磁脱扣器直接用于直流，其瞬动保护值必须由制造商提供校正系数，例如：不同的断路器的接线方式下塑壳断路器热磁脱扣器阈值需要考虑校正称系数 K_m，见表3-4-10。

表3-4-10 塑壳断路器阈值乘校正称系数

断路器接线方式	校正系数					
	K_1	K_2	K_3	K_4	K_5	K_6
	1.3	1.3	1.3	1.3	1.1	1.1
	1	1.15	1.15	1.15	1	1

要求安装点预期的最小短路电流 I_{sc} 超过 I_3：

$$I_3 = 1.2 \times nI_nK_m \qquad (3\text{-}4\text{-}8)$$

式中　I_3——断路器瞬动整定值；

I_n——断路器额定电流值；

K_m——制造商提供的瞬动校正系数；

1.2——脱扣器动作误差20%。

（7）断路器选型参考

以图3-4-8的系统为例，提供断路器选型参考表3-4-11 ~ 表3-4-13。

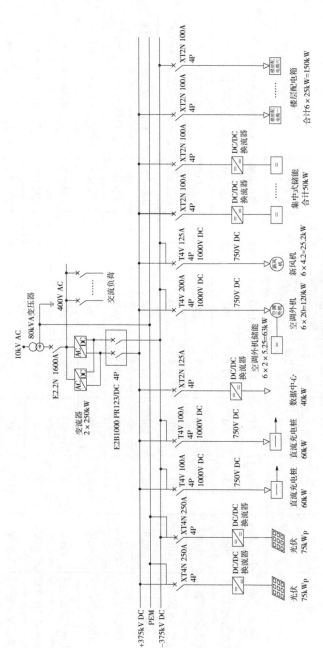

图3-4-8 低压直流系统接线图

表 3-4-11 低压直流系统断路器选型表一

用途	负荷				断路器			
	功率	工作电压 U_n/V (DC)	计算电流 I_n/A	安装点最大短路电流	额定电压 U_n/V (DC)	电流分断能力 I_{cu}/kA	接线型式	选型参数
交流器出线侧	2×250kW	750	667	19.3	1000	25	四极串联	E2B1000 PR123/DC 4P
光伏换流器进线	75kWp	375	200	11.9	500	36	三极串联	T_{max} XT4N 250A 4P
光伏换流器进线	75kWp	375	200	11.9	500	36	三极串联	T_{max} XT4N 250A 4P
直流充电桩分支	60kW	750	80	24.4	1000	40	四极串联	T_{max} XT4V 100A 4P 1000VDC
空调外机分支	120kW	750	160	24.4	1000	40	四极串联	T_{max} XT4V 200A 4P 1000VDC
新风机分支	25.2kW	750	107	24.4	1000	40	四极串联	T_{max} XT4V 125A 4P 1000VDC
数据中心分支	40kW	375	107	12.2	500	36	三极串联	T_{max} XT2N 125A 4P
集中式储能进线	25kW	375	67	9.9	500	25	三极串联	T_{max} XT2N 100A 4P
集中式储能进线	25kW	375	67	9.9	500	25	三极串联	T_{max} XT2N 100A 4P
档层配电分支	25kW	375	67	12.2	500	25	三极串联	T_{max} XT2N 100A 4P

注:kWp 表示光伏发电的峰值功率,后同。

表 3-4-12 低压直流系统断路器选型表二

用途	负荷				断路器			
	功率	工作电压 U_n/V (DC)	计算电流 I_n/A	安装点最大短路电流	额定电压 U_n/V (DC)	电流分断能力 I_{cu}/kA	接线型式	选型参数
交流器出线侧	2×250kW	750	667	19.3	1000	25	四极串联	BM3D-1600
光伏换流器进线	75kWp	375	200	11.9	500	36	三极串联	BM30D-250M/3300 250A
光伏换流器进线	75kWp	375	200	11.9	500	36	三极串联	BM30D-250M/3300 250A
直流充电桩分支	60kW	750	80	24.4	1000	40	四极串联	BM3DP-250/4300 L 100A
空调外机分支	120kW	750	160	24.4	1000	40	四极串联	BM3DP-250/4300 L 200A
新风机分支	25.2kW	750	107	24.4	1000	40	四极串联	BM3DP-250/4300 L 100A
数据中心分支	40kW	375	107	12.2	500	36	三极串联	BM30D-125M/3300 125A
集中式储能进线	25kW	375	67	9.9	500	25	三极串联	BM30D-125M/3300 100A
集中式储能进线	25kW	375	67	9.9	500	25	三极串联	BM30D-125M/3300 100A
楼层配电分支	25kW	375	67	12.2	500	25	三极串联	BM30D-125M/3300 100A

表3-4-13 低压直流系统断路器选型表三

用途	负荷				额定电压 U_n/V (DC)	断路器		
	功率	工作电压 U_n/V (DC)	计算电流 I_n/A	安装点最大短路电流		电流分断能力 I_{cu}/kA	接线型式	选型参数
交流器出线侧	2×250kW	750	667	19.3	1000	36	四极串联	NSX800F 4P DC
光伏换流器进线	75kWp	375	200	11.9	500	36	2P	NSX250DC-F 3P
光伏换流器进线	75kWp	375	200	11.9	500	36	2P	NSX250DC-F 3P
直流充电桩分支	60kW	750	80	24.4	1000	36	四极串联	NSX100DC-F 4P
空调外机分支	120kW	750	160	24.4	1000	36	四极串联	NSX250DC-F 4P
新风机分支	25.2kW	750	107	24.4	1000	36	四极串联	NSX160DC-F 4P
数据中心分支	40kW	375	107	12.2	500	36	2P	NSX160DC-F 2P
集中式储能进线	25kW	375	67	9.9	500	36	2P	NSX100DC-F 2P
集中式储能进线	25kW	375	67	9.9	500	36	2P	NSX100DC-F 2P
楼层配电分支	25kW	375	67	12.2	500	36	2P	NSX100DC-F 2P

双碳节能建筑气电应用导则

3.4.4 直流配电系统线缆选择

1. 直流系统电缆与交流的差异

直流系统电缆的电能损耗主要是导体直流电阻损耗和绝缘损耗，相同结构的电缆在低压直流系统下的直流电阻会比交流系统下的交流电阻小一些，因而相同结构的直流电缆具有较高的载流和过流能力。

电流通过导体时，相同电压情况下，直流电场比交流电场小，由于电场结构的不同，通电时交流电缆通电时电场在导体表面附近，直流电缆的最大电场主要在绝缘表层以内，所以直流情况下电缆更具安全性。

2. 直流系统线缆选型

线缆选型可以参考国家标准《电力工程电缆设计标准》（GB 50217—2018），《低压电气装置 第5-52部分：电气设备的选择和安装 布线系统》（IEC 60364-5-52—2009）和《民用建筑电气设计标准》（GB 51348—2019）线缆的耐压应按照系统中最高电压等级的运行电压选择。

民用建筑直流系统可能存在多个电压等级，电缆敷设时不能杜绝不同电压等级的电缆发生接触，为提高电击防护性能，线缆耐压要求统一按系统最高电压等级设计。对于三线 IT 系统，在一极出现接地故障的情况下，另一极对地电位最高可升至极间电压水平，在选型时，电压应统一按正负两极间电压考虑。

3.4.5 空调共直流母线配电系统

1. 变频控制的原理

变频控制主回路如图 3-4-9 所示。变频器工作时，先通过整流装置将工频交流电源转换为直流电，然后通过逆变装置对直流电进行调制，实现无级调节输出的交流电源的电压和频率。

2. 空调配电系统采用共直流母线的意义

典型空调配电系统结构如图 3-4-10 所示，常见的空调配电系统的结构大致是从交流系统取电，然后通过变频器驱动控制各类电动机负荷。

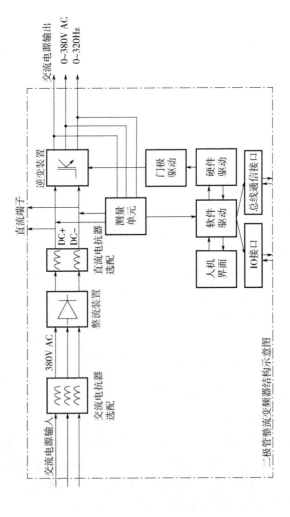

图 3-4-9　变频控制主回路

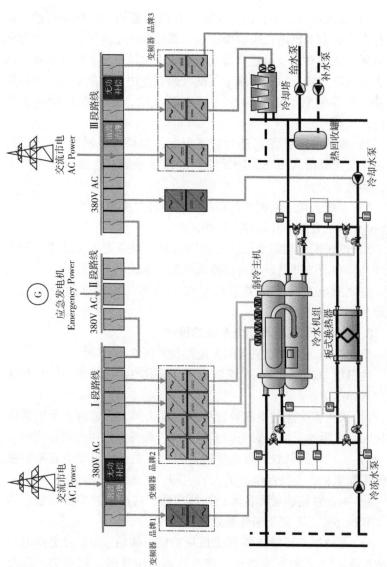

图3-4-10 典型空调配电系统结构

传统空调配电系统虽然已经非常完善，但在应用上有以下的问题：

1）在配电结构上，由于交流的并网需要相位、频率同步，即便存在多路电源供电，也需要通过电源母联做电源切换，切换过程中电压的扰动对设备运行会造成一定的停机风险；常规变频器采用二极管整流方式，对于整流电压没有调节作用，如果交流电源出现扰动，相应的直流电源也会出现电源扰动，影响变频器的正常运行。

2）重要的负荷尤其是大功率负荷，如果需要配置后备电源，需要从交流测接入 UPS，能源需要经过多重路径，效率低，成本高，实施不便。

3）系统会接入新能源的话同样需要经过多重路径。

4）第三方的变频器接入麻烦。

5）低压配电柜需要按照变频器的数量对应配置，还需要配置无功补偿和谐波抑制设备来保障低压配电系统的电源质量。

空调配电系统采用共直流母线的方案，能很好地解决上述问题。

3. 共直流母线空调配电系统的设计

空调配电系统共直流微网配电结构如图 3-4-11 所示。

这里以 Danfoss Vacon® 系统为例介绍共直流微网系统结构和优点，具体如下：

1）采用多个主动整流装置并联形式组网，可以将多个电源同时接入直流系统，实现真正的多源合一，提高系统供电的稳定性。

2）主动整流装置自带低压进线控制开关，可以完全省略以往的低压配电柜，节约配电室的安装空间，简化配电结构。

3）主动整流装置具备无功补偿功能，自动谐波抑制功能，满载 THDi≤5%，不需要额外配置装置。

4）主动整流装置具备直流稳压功能，能将 380V 的交流电转换成 650～750V 的直流电压，提高外部电压跌落抗扰能力，以及提高直流系统在传输过程中的损耗。

5）共直流母线系统可以直接通过配置直流转换器或者转换器

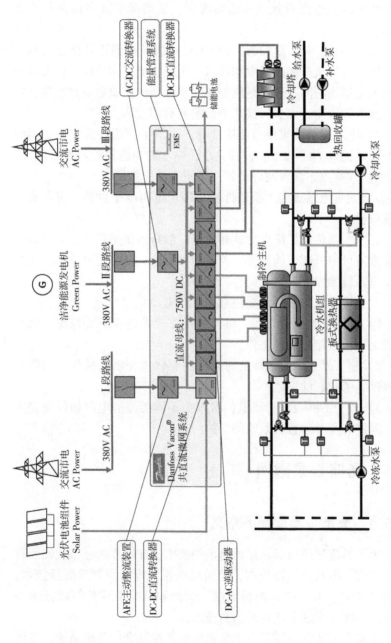

图3-4-11　空调配电系统共直流微网配电结构图

将光伏等绿色电源直接并入直流微网，实现绿能在内部网络直接利用。

6）共直流母线系统可以直接配置直流转换器连接储能电池系统，实现重要负荷的后备电源接入，由于直流并网特性，储能电池的投入无切换时间，通过系统控制实现电池的充放电自动管理；能量从直流到直流，减少转换环节，提高利用效率。

7）电动机负荷采用直流逆变器，取消了整流装置，逆变器的效率可以提升1%～2%，体积更小，驱动的功能和变频器无异。

8）共直流系统可友好地接入第三方的变频器。

9）共直流系统的主要器件都是采用电力电子设备，容易实现可视可控。

总之，与传统的配电方式相比较，制冷系统采用共直流母线的系统方案可以低碳节能增效，符合双碳目标，应该是高效制冷主机房配电系统的发展方向。

共直流母线组网时需要注意以下几点：

1）多电源接入的时候，整流装置需要做电压下垂控制，确保母线上的设备能够正常工作。

2）逆变器接入直流网的时候，需要做预充电的操作，以防止电容低容值状态的短路。

3）较长的共直流母线上，有多个不同类型的电源和设备接入时，同样需要考虑直流系统的保护问题。

3.5　光储直柔微网

3.5.1　光储直柔微网的意义

为了适应建筑内部新能源自消纳要求，友好接入分布式储能装置和实现用电负荷柔性控制，建筑电气系统迫切需要发展新技术，其中"光储直柔"就是把新能源、储能和负荷柔性控制以直流为载体，一体化实现上述目标的新技术。

光储直柔建筑系统是一个自消纳的高度整合的集成系统，方便源、网、荷、储几方设备的友好接入，对内可以灵活实现系统内部资源灵活调节，对外与电网互动。

3.5.2 光储直柔微网的组成

1. 光储直柔微网的组成

"光储直柔"是在建筑领域应用光伏、储能、直流配电和柔性用电四项技术的简称，光储直柔微网系统接线如图 3-5-1 所示。

"光储直柔"中的"光"为分布式光伏，"储"为储能，"直"为直流配电系统，"柔"为柔性用电技术。

2. 光储直柔微网的设计要点

设计光储直柔微网时，先根据项目具体情况，确定光伏发电系统的装机容量，然后做光伏发电量消纳分析，接入系统的设备容量应能够满足光伏发电的自消纳要求，尽量减少余电返送电网；并配置确定适当比例的储能，储能容量选择须确保可以稳定微网内部电能质量。系统内部电压等级根据接入系统的光伏、储能和用电设备综合确定，原则是尽量减少变换次数，提高系统能效。

3.5.3 电能路由器

1. 电能路由器的拓扑结构

电能路由器即能量路由器。能源路由器可以实现不同能源载体的输入、输出、转换、存储，实现不同特征能源流的融合。电能路由器拓扑结构示意图如图 3-5-2 所示。

电能路由器的拓扑结构有多种形式，目前主要拓扑结构有：共交流母线、共直流母线、电力电子高频隔离变压器和多绕组变压器四种。

（1）共交流母线

共交流母线多端口变流器拓扑结构如图 3-5-3 所示，源储荷通过交流母线进行组织，由于交流并网麻烦，系统控制难度大，稳定性差；此外直流设备接入成本和损耗大，该拓扑在技术先进性与经济性上有明缺陷，不宜作为主流拓扑结构。

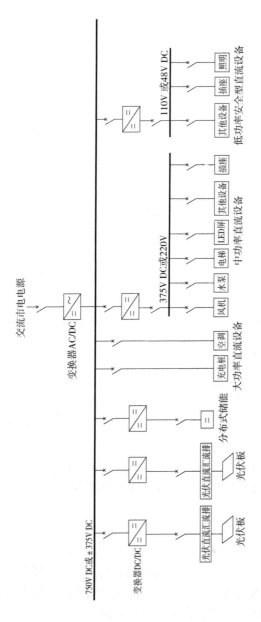

图3-5-1 光储直柔系统微网系统接线

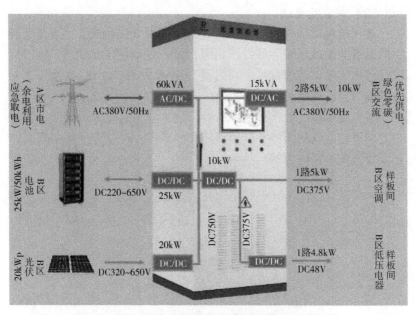

图 3-5-2　电能路由器拓扑结构示意图

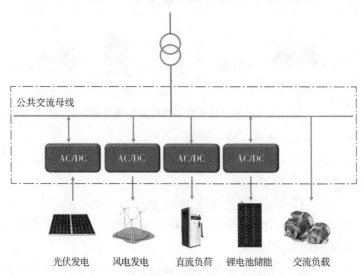

图 3-5-3　共交流母线多端口变流器拓扑结构

（2）共直流母线

共直流母线多端口变流器拓扑结构如图 3-5-4 所示，共直流母线段以直流配电系统为依托，将源、储、荷通过 AC/DC 或 DC/DC 变换器接入公共直流母线，再通过 DC/AC 或者 DC/DC 变换器接入电网或为负荷供电。

共直流母线是目前最简单可靠、成本合适、故障风险低、较适合大规模商业化的拓扑，使用该拓扑的系统，可以方便地实现光储直柔建筑配电系统组网。

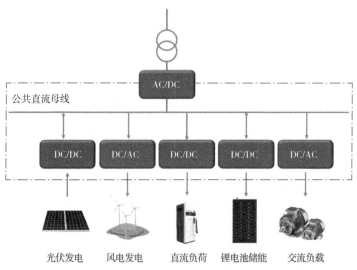

图 3-5-4　共直流母线多端口变流器拓扑结构

2. 电能路由器端口配置原则

1）光伏接入端口：由建筑物本体设计决定；优先自消纳，富余给储能充电，余量上网。

2）市电接入端口：为交流 380V 接口。

3）储能接入端口：容量满足系统稳定要求，并考虑参与电网辅助调频调峰套利。

4）负载接入端口：满足负载接入需求，负载容量以满足光伏自消纳为最优。

3. 电能路由器功能

运行模式有并网和离网模式；并网时，电能路由器采用 PQ 方式运行，储能端口稳定直流母线电压；离网时，电能路由器自动调节源荷功率平衡，保证系统稳定运行，依靠储能端口稳定直流母线电压。

4. 电能路由器的检测

电能路由器需要进行绝缘和电磁兼容等检测，同时对各功能端口进行检测，具体如下：

1）市电接入端口检测：输出应满足新能源并网要求，电能质量需符合规范要求。

2）光伏接入端口检测：满足光伏接入条件，能实现 MPPT 的等功能。

3）储能接入端口检测：满足功率双向流动，电压要在储能的工作范围。

4）负载端口检测：满足负载电压和功率的要求。

第4章 光伏发电系统

4.1 光伏发电的意义

4.1.1 光伏发电的背景

全球气候变化与常规能源的使用使得相关的环境问题越来越多，增加了人们对能源领域结构重新思考的动力。我国一直以来持续实施一系列应对气候变化战略、措施和行动，参与全球气候治理，与国际社会共同努力、并肩前行，履行《巴黎协定》。

近些年，光伏发电产业经历了显著的增长，技术的进步和经济规模、制造经验的增加降低了光伏发电制造的成本，刺激了市场。然而，光伏发电产业的发展和应用仍然需要政策的驱动。国家和地方政府通过各种激励、税收优惠和减免、优惠利率和贷款计划等支持光伏部署。

4.1.2 光伏产业发展情况及预测

1. 资源分布优势

从全球来看，我国地处优势地带，具有发展太阳能利用事业得天独厚的优越条件。

在我国，太阳能资源较好的地区占国土面积2/3以上，主要集中在西北部以及东南地区，其中青藏高原地区的优势尤为突出。

2. 装机容量快速增长

国家能源局发布2021年1~9月全国电力工业统计数据显示，

截至 2021 年 9 月底，太阳能发电装机容量显著增长，2021 年 1～9 月，核电 5842h，比上年同期增加 321h。

3. 光伏发电政策利好

国家能源局发出《关于 2021 年风电、光伏发电开发建设有关事项的通知》，明确 2021 年，光伏发电进入新发展阶段。专家们分析，国家在接下来的工作重点将仍然坚持低碳政策方针不动摇。

4. 投资热情高涨，平价上网时代有望临近

光伏平价上网有望临近，近期光伏龙头企业扩大规模、增产增量，用实际行动拉动产业增长，未来光伏发电在总发电量中的占比有望大幅提升。未来光伏市场的大部分将与建筑应用有关。

4.1.3 光伏建筑在碳达峰、碳中和路径中的重要意义

2020 年 9 月 22 日，我国在联合国大会上郑重承诺，中国二氧化碳排放力争于 2030 年前达到峰值，努力争取 2060 年前实现碳中和。

光伏一体化可以和各个行业相结合，实现就地发电，就地消纳，有效降低建筑能耗，有利于实现零碳家庭、零碳园区、零碳城市。

4.2 光伏发电原理及系统组成

光电效应的太阳能发电是利用太阳电池来吸收 0.4～1.1μm 波长的（针对硅晶）太阳光，并将光能转变成电能输出。

太阳能发电有两种方式，其中一种是光—热—电转换方式，另一种为光—电直接转换方式。前一种方式效率低、成本高，所以一般都采用后一种方式。

4.2.1 光伏电池分类及性能分析

1. 太阳能电池的发电原理

半导体具有吸收光并将所吸收的光子的部分能量传递给电流载体（电子和空穴）的能力。太阳能电池的发电原理如图 4-2-1 所示。半导体二极管能够分离并收集载流子，并且能够优先在特定的

方向上传导所生成的电流。当太阳光照在半导体的 PN 结上，形成了新的电子-空穴对，PN 结内建电场的作用使得光生空穴流向 P 区，而光生电子流向 N 区，在接通电路后就产生电流，这个电流是直流电。

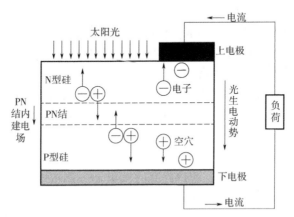

图 4-2-1　太阳能电池的发电原理

2. 太阳能电池的种类及特性

目前来看，光电转换的主要半导体器件是硅。总体来说，太阳能光伏电池分为晶硅太阳能电池和薄膜太阳能电池，其分类如图 4-2-2 所示。对于太阳能光伏电池来说转换效率是最重要的参数。

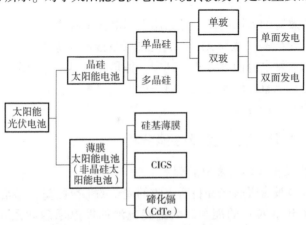

图 4-2-2　太阳能光伏电池分类

（1）单晶硅太阳能电池

采用直拉法拉出的单晶硅是现今光伏产业最常用的，单晶硅电池效率为13%～20%。

（2）多晶硅太阳能电池

多晶硅也是当今较多采用的，和单晶硅相比，多晶硅电池效率为10%～15%，尽管其效率低，但是生产成本低，对原材料的要求不高，所以仍在市场有一定的位置。

（3）非晶硅太阳能电池

不同于晶硅，有些非晶硅半导体也有不错的导电特性，可制作成薄膜太阳能电池，薄膜太阳能电池具有制造工艺简单，方便制成各种曲面形状的优点，CIGS薄膜电池效率可达到10%～13%，CdTe薄膜电池效率可达到7%～11%，非晶硅（无定形硅）薄膜电池的效率大约是5%～15%。

太阳能电池分类及优缺点见表4-2-1。

表4-2-1　太阳能电池分类及优缺点

常见光伏电池种类			光电转化效率	优缺点
硅基光伏电池	晶体硅	单晶硅电池	13%～20%	转化率高、寿命长、硅耗大、成本高
		多晶硅电池	10%～15%	硅耗小、成本低、寿命长、转化率低
	非晶硅	非晶硅薄膜电池	5%～15%	硅耗小、成本低、光吸收率高、转化率低、稳定性差
多元化合物薄膜电池	二元素	碲化镉薄膜电池	7%～11%	转化率更高、稳定性好、成本高、有污染
	四元素	CIGS薄膜电池	10%～13%	

（4）光伏组件

单个太阳能电池功率较小，需要将一些电池片连接起来使用，达到实际发电目的。在光伏组件中，电池通常采用串联方式，锡铜带焊接在电池正面的主要栅上，通过这种方式形成9～12个电池串。光伏组件需要可靠的在室外长时间使用，所以光伏组件需要考虑机械强度、抗潮气能力，为用户安全做好保护措施。目前，大批量生产的光伏组件的功率一般在 150～400Wp，电流为 5～10A，电压为 20～40V。

现有的光伏发电已经是"双碳"下重要的清洁能源来源，安全、可靠和高效的光伏发电系统将是未来发展的方向。

4.2.2　光伏发电系统的形式

在实践应用里，根据应用场合的不同，光伏发电系统可分为离网光伏发电、并网光伏发电、并离网光伏发电、并网储能光伏发电以及多能互补能源微网系统这几种。

1. 离网光伏发电系统

离网光伏发电系统主要用在偏僻山区、无市电区、海上孤岛、通信基站以及路灯等。系统主要由太阳能电池组件、控制器、蓄电池组成，可以分为直流离网系统和交流离网系统，直流离网系统没有逆变器和交流负荷。这种系统需要配置较大容量的蓄电池以维持系统内部电压稳定，确保系统负荷能够正常工作，所以这种系统配置经济性价比低。发电系统在有阳光照射情况下把太阳能转换为电能，给负荷供电，有多余电量时给蓄电池充电；当无阳光照射时，由蓄电池给负荷供电。离网光伏发电系统原理如图 4-2-3 所示。

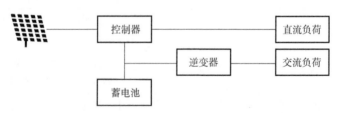

图 4-2-3　离网光伏发电系统原理

2. 并网光伏发电系统

并网光伏发电系统主要用在公共电网电力供应正常、并网方便的场所，光伏发出来的电可向公共电网出售。系统所发电量上网主要有两种模式，一是"全部上网"模式，二是"自发自用、余电上网"自消纳模式。前者随着新能源大规模接入电网可能会出现电网稳定性难以确保的情况，所以推荐采用后者，尽量减少新能源发电对电网的冲击。在自消纳模式下，太阳能电池所发电量优先给内部负荷，负荷用不完的多余的电送入电网，当光伏发电量不足以供给负荷时，由电网和光伏发电系统同时给负荷供电。并网光伏发电系统一般由光伏组件、光伏电表、并网逆变器、负荷、双向电表、并网点及电网组成。并网光伏发电系统原理如图4-2-4所示。

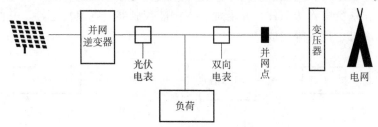

图4-2-4　并网光伏发电系统原理图

3. 并离网光伏发电系统

并离网光伏发电系统适合用在经常停电，或不能余电上网、自用电价比上网电价贵很多、峰电价比谷电价贵很多的场所。该系统的好处是当公共电力断电时系统可以独立发电供电。系统在有阳光照射时将太阳能转换为电能，给负荷供电，余电给蓄电池充电；在无阳光照射时，由蓄电池给负荷供电。与并网发电系统相比，系统增加充放电控制器和蓄电池，电网停电时，系统还可以切换成离网工作模式继续工作，给不停电负荷供电。采用并离网光伏发电系统原理如图4-2-5所示。系统可由太阳能并离网一体机、光伏组件、蓄电池、一般负荷等构成。

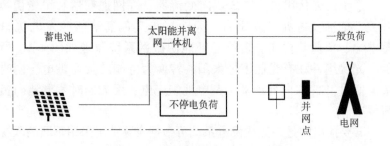

图4-2-5　并离网光伏发电系统原理

4. 并网储能光伏发电系统

并网储能光伏发电系统应用广泛，可在民用工业等场所采用。系统在并离网光伏发电系统基础上增加储能，可以利用储能提高系统自消纳能力，削峰填谷，参加电网辅助调频，提高系统收益和稳定性。采用并网储能机的并网储能光伏发电系统原理如图4-2-6所示，系统由光伏组件、蓄电池、太阳能控制器、电流传感器、并网储能机、负荷等构成。

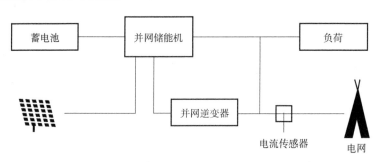

图4-2-6　并网储能光伏发电系统原理

5. 多能互补能源微网系统

多能互补能源微网系统适用于智慧城市、智慧园区等应用场景。微电网由分布式电源、储能系统、负荷和控制柜构成配电网络。将分散能源就地转为电能，就近供给本地负荷。微电网是能够实现自我保护、控制和管理，既可与电网并网运行，也可孤立运行。

系统由光伏组件、PCS双向变流器、并网逆变器、智能切换开关、柴油发电机（或风力、天然气等其他清洁能源发电机）、蓄电池、负荷等构成。多能互补能源微网系统原理如图4-2-7所示，光伏组件在有光照下把太阳能转换为电能给负荷供电，同时余电通过PCS双向变流器为蓄电池组充电；无光照时蓄电池向负荷供电。

需要指出的是，光伏发电系统可根据实际情况采用不同的系统运行模型来运行，在设计初期，需要根据实际使用需求来确定系统的形式和运行模式。

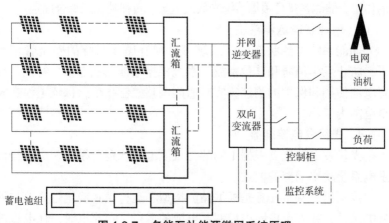

图4-2-7　多能互补能源微网系统原理

4.2.3　光伏发电系统的其他关键设备

1. 逆变器

逆变器的基本功能是将光伏组件产生的直流电转成交流电，为系统交流负荷供电。按目前市场价格，逆变器在并网系统中通常占总成本的5%～10%，在离网系统中占15%～25%。

太阳能逆变器的分类如下：

（1）离网系统中的逆变器

离网系统中的逆变器电源来自蓄电池，系统通过控制逆变器出口电压维持系统内部电压稳定，所以逆变器可以看作一个电压源。

（2）并网系统中的逆变器

并网逆变器把电能直接送到电网上，所以要跟踪电网的频率、相位，此时逆变器相当于一个电流源。现在也有部分逆变器具有低压穿越能力，可以做PQ调节。并网逆变器可直接作为离网逆变器使用。

2. 储能装置

储能装置在离网系统中是必不可少的，储能用于维持系统内部电压和夜间给负荷供电。储能装置也可以用在并网系统中，将光伏发电电能在供负荷使用后的余电或晚上谷电价时的电能储存在储能装置中，在白天峰电价时放电，起到参与电网削峰填谷等辅助调节服务的作用。储能容量可根据系统光伏发电量、负荷特点来综合确定。

3. 电池状态监测系统

储能系统电池状态监测系统可以提升储能系统的安全管理水平，防止发生消防和其他事故，系统根据电池的状态参数特性，设置电池使用和保护的阈值，实时监测调整控制指令，保证电池在安全范围内工作。

4. 光伏发电控制器

光伏发电控制器根据不同的光伏发电系统运行模式，决定光伏发电系统功率潮流的模式。

控制器的基本任务是根据储能类型和运行模式确定过充电与深放电条件，在安全极限内控制蓄电池的运行。在充电时，让电流进入蓄电池，当负荷发出指令时，允许电流流向负荷，控制器可以断开充电回路防止蓄电池过放电。控制器应当装有显示装置。

4.3 建筑光伏发电系统设计要点

4.3.1 建筑与光伏一体化的定义

建筑与光伏一体化可以分为"BIPV"和"BAPV"两大类。BIPV（Building Integrated Photovoltaics）：与建筑物同时设计、同时施工和安装并与建筑物形成完美结合的太阳能光伏发电系统。BAPV（Building-attached Photovoltaics）：指的是附着（安装）在建筑物上的太阳能光伏发电材料。

4.3.2 建筑与光伏一体化的特点

BIPV 既可以作为建筑物功能的一部分，又可以实现发电的功能更适用于新建建筑。随着技术的发展 BIPV 发电成本将逐步降低，未来将具有更广阔的市场前景。

BAPV 的优点是不破坏或削弱原有建筑物的功能，缺点是需要考虑它的安装、支撑系统的安全性以及对整体建筑效果的影响。因此 BAPV 更多地运用于对既有建筑的改造。

4.3.3 系统设计步骤及内容

1. 设计流程

光伏建筑一体化系统设计根据建筑物的可安装条件、功能确定光伏系统的形式，结合当地的气候条件以及建筑物条件确定光伏组件的安装位置、数量以及角度等参数，最终达到设计的协调与统一。

具体设计步骤如下：

1）结合当地天气特征、太阳能资源以及建筑物的功能、当地电网条件、负荷性质等因素，确定光伏发电系统的类型和设计方案。

2）根据上述信息选择合适的光伏组件，确定合适的安装倾角和间距等因素。

3）计算光伏发电系统的装机容量。

4）计算光伏发电系统发电量。

5）若系统装有储能装置，则需要进行储能环节（蓄电池）的设计。

6）进行光伏接线箱、光伏配电箱（柜）、并网配电箱（柜）、交直流线缆、光伏发电系统保护等供配电设计。

7）进行光伏发电系统的防雷设计。

设计过程中需要暖通、给水排水诸专业人员的积极协作，以保证方案完成后的后续设计和施工工作的顺利开展。设计结束后，应考虑光伏建筑一体化的维护，并遵循《光伏建筑一体化系统运行与维护规范》（JGJ/T 264—2012）进行设备维护。

2. 设计要点

（1）建筑

结合建筑的外形选择最优的安装位置和安装面积，在满足建筑外形和功能要求的情况下，注意保温、隔热、防水以及设备的检修维护等。建筑设计从以下几个方面考虑分析：

1）建筑物的环境条件以及建筑物的形体、朝向的影响。

2）与建筑物的外装饰的协调，例如薄膜光伏组件的透光率、颜色的多元化等和建筑设计的结合。

3）光伏组件对于建筑物本身温度效应的影响。

（2）结构

考虑增加光伏发电系统后对建筑结构安全性的影响。根据建筑上光伏组件的各种安装形式，需要结构专业根据其安装部位和荷载，完成结构设计。

1）屋面结构设计。

①建筑主体的安全性。光伏组件的增加意味着增加了建筑物的荷载，因此需要重新计算负荷，保证建筑物的安全。

②光伏系统结构的安全性。不同的安装形式的光伏组件有不同结构安全性的考虑，因此要根据不同的安装形式考虑其系统的安全性。

2）附加型屋顶结构设计。从现有情况看，附加型光伏系统占光伏设计的89%。一种是不破坏屋面防水，用压重增加支架稳定性方式。工程安装示意如图4-3-1所示，另一种是在屋面采用植筋方式。工程安装示意如图4-3-2所示。有些建筑物会采用钢排架结构，如大型共建如火车站、厂房等，如图4-3-3所示。

a）常州某建筑   b）米其林工厂

图4-3-1　工程安装示意一

图4-3-2　工程安装示意二

图 4-3-3　工程安装示意三

3）幕墙结构设计。幕墙安装有两种结构形式，一种是光伏组件作为建筑玻璃幕墙，具有所有建筑玻璃幕墙功能，同时具有发电功能。组件的透过率可以根据需要选择（如 5%、10%、20%……），结构形式完全同玻璃幕墙。幕墙工程安装示意如图 4-3-4 和如图 4-3-5 所示。另一种是外挂式，将安装光伏组件的支架与房屋结构圈梁连接。工程安装示意如图 4-3-6 所示。

a）建筑物外貌

b）建筑物内部

图 4-3-4　工程安装示意四

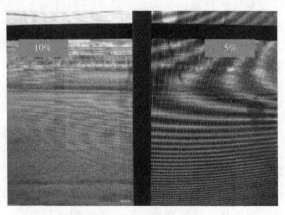

图 4-3-5　工程安装示意五

4）建筑雨篷、遮阳棚结构形式。在建筑上做雨篷、遮阳棚，结构形式基本同幕墙外挂，即安装光伏组件的支架与房屋结构圈梁连接。工程安装示意如图 4-3-7 所示。

图 4-3-6　工程安装示意六　　　　图 4-3-7　工程安装示意七

（3）暖通专业

光伏系统安装在建筑立面时，需考虑光伏系统围护结构对空调专业的影响。

（4）给水排水专业

光伏系统安装在屋面（紧贴屋面和支架上安装）时，考虑屋面排水措施等。

（5）电气

首先确定系统的类型，在满足上述条件的情况下尽可能让光伏发电系统发电量最大，例如为使太阳能电池板获取最大太阳辐射量，要考虑太阳能电池方阵的朝向、角度、遮挡情况、降温措施、逆变器合理配置等，同时要特别做好防雷接地设计。

建筑光伏一体化电气系统设计步骤如图 4-3-8 所示。系统设计是建筑一体化光伏系统设计的一部分，需要根据建筑物光伏安装条件，核算光伏发电量；根据当地供电条件以及建筑物功能等因素确定光发电伏系统的类型；根据项目变电所分布及容量确定并网点；根据光伏分布及并网点确定逆变器安装位置和容量；确定并网母线；核算年发电量及资金回收期；和建筑、结构等相关专业密切配合，在系统方案选择、组件布置、设备选型时需要进行经济技术比

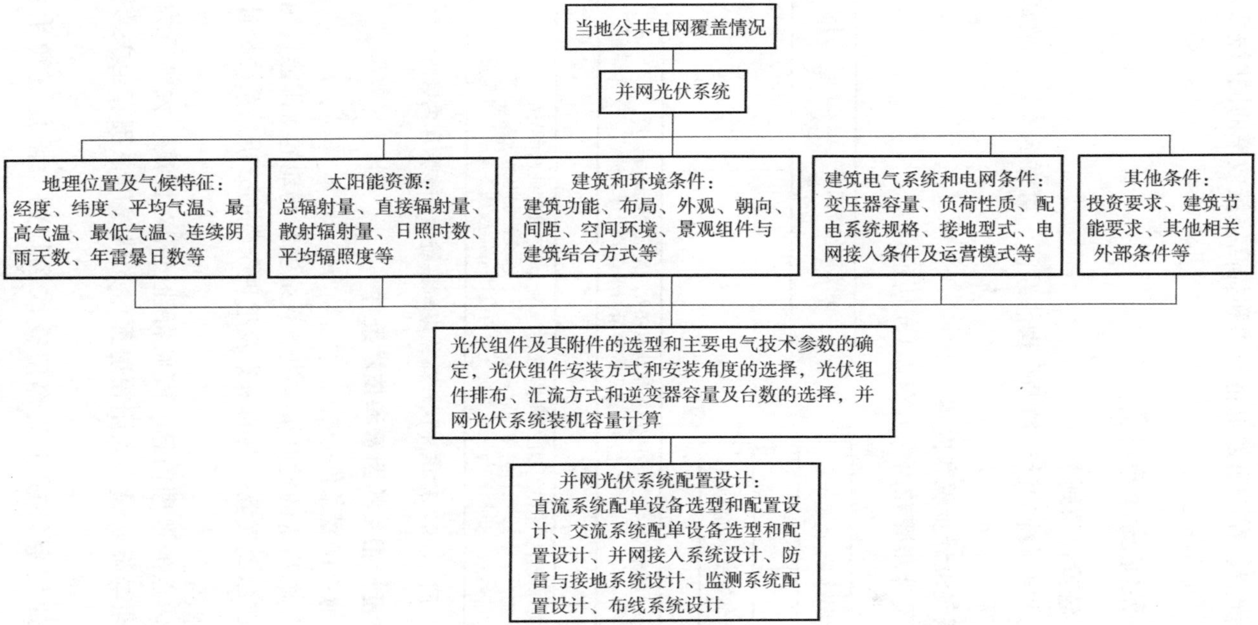

图4.3-8 建筑光伏一体化电气系统设计步骤

当地公共电网覆盖情况

并网光伏系统

太阳能资源：
总辐射量、直接辐射量、散射辐射量、日照时数、平均辐照度等

地理位置及气候特征：
经度、纬度、平均气温、最高气温、最低气温、连续阴雨天数、年雷暴日数等

建筑和环境条件：
建筑功能、布局、外观、朝向、间距、空间环境、景观组件与建筑结合方式等

建筑电气系统和电网条件：
变压器容量、负荷性质、配电系统规格、接地型式、电网接入条件及运营模式等

其他条件：
投资要求、建筑节能要求、其他相关外部条件等

光伏组件及其附件的选型和主要电气技术参数的确定、光伏组件安装方式和安装角度的选择、光伏组件排布、汇流方式和逆变器容量及台数的选择，并网光伏系统装机容量计算

并网光伏系统配置设计：
直流系统配单设备选型和配置设计、交流系统配单设备选型和配置设计、并网接入系统设计、防雷与接地系统设计、监测系统配置系统设计、布线系统设计

较，合理配置，在满足发电量要求和提高系统效率的同时做到和建筑形式较好的结合。

4.3.4 系统设计与计算

1. 系统设计原则

光伏发电系统的设计遵循合理、经济、可靠的原则，做到与建筑物协调统一。

2. 系统设计步骤和内容

系统设计步骤和内容如图4-3-9所示。

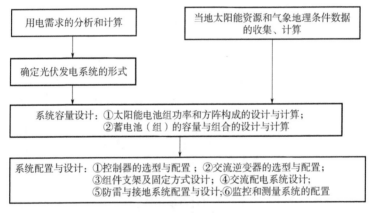

图4-3-9 建筑光伏一体化电气系统设计步骤和内容

3. 与设计相关的因素和技术条件

（1）地点位置条件分析

光伏发电系统的发电量取决于系统安装场地的太阳能资源以及地理条件，因此气象资料的采集及地理条件的分析是系统设计中的重要步骤。

建设地点的地理信息、气候特性、相对湿度、大气压力、风速、降雪量与降雨量、太阳辐射都对光伏发电系统有至关重要的影响。

从当地气象站或相关部门获取场地的太阳能资源数据见表4-3-1。

表 4-3-1　太阳能资源数据

等级	资源带号	年总辐射量/ （MJ/m²）	年总辐射量/ （kWh/m²）	平均日辐射量/ （kWh/m²）
最丰富带	I	≥6300	≥1750	≥4.8
很丰富带	II	5040～6300	1400～1750	3.8～4.8
较丰富带	III	3780～5040	1050～1400	2.9～3.8
一般	IV	<3780	<1050	<2.9

　　太阳能资源数据：主要包括各月的太阳总辐射量（辐照度）或太阳总辐射量和辐射强度的每月、日平均值。

　　气候状况的数据主要包括：各月的月平均温度、月平均风速、年平均气温、年最高气温、年最低气温、一年内最长持续阴天数。其中，太阳总辐射量是最为重要的。

　　（2）方向和倾角

　　1）方位角。太阳能电池方阵方位角是方阵的垂直面与正南方向的夹角（向东偏设定为负角度，向西偏设定为正角度）。

　　2）倾斜角。倾斜角是太阳能电池方阵平面与水平地面的夹角。一年中的最佳倾斜角和当地的地理纬度有关，当纬度较高时，相应的倾斜角也大。

　　光伏阵列通常采用最佳倾角和方位角进行安装，有别于电站，与建筑形态、屋面及一体化结合的形式多样性相关，光伏组件的朝向和倾角有各种可能，故需结合建筑的朝向、整体美观度要求、光伏组件安装的复杂程度等因素，做合理的设计，增大光伏组件在建筑物上的发电量。

　　以北京（高纬度地区）、广州（低纬度地区）为例，光伏组件朝向正南最优倾角安装，以其所接受到的年辐射量为100%，仿真计算结果。北京、广州辐射量对比见表4-3-2。

表 4-3-2　北京、广州辐射量对比

地区	方位角	倾斜角	年辐射量
北京	正南	最优	100%
		90°	66%
		0	90%
	0 ~ ±45°	最优	94%
		90°	60%
		0	90%
	0 ~ ±90°	最优	83%
		90°	44%
		0	90%
广州	正南	最优	100%
		90°	49%
		0	98%
	0 ~ ±45°	最优	99%
		90°	68%
		0	98%
	0 ~ ±90°	最优	96%
		90°	40%
		0	98%

注意：太阳辐照数据宜采用当地实测值，没有实测值时，可采用邻近城市数据。

总结：平铺时发电量的损失和纬度的高低有关，纬度低的地方平铺时发电量损失小，纬度高的地方垂直放置发电量损失少。高纬度地区，降低倾角，虽然会使发电量小幅降低，但装机容量会有较大增加；在纬度很低的地方并不适用。

虽然国家规范中对全国各大城市光伏阵列最佳倾斜角均已给出参考值，但在项目的运用中需根据实际情况确定。

（3）遮光

遮光对光伏输出有不成比例的影响，阵列上少 5% ~ 10% 的遮光可减少超过80%的输出。

遮光可以分为附近物体的部分遮光和整体水平线的遮光，附近物体的遮光简称近场遮光，它仅仅影响这列的一部分，但是整体水平线的遮光则会影响整体的全部阵列或是全部阵列均不影响。

（4）灰尘

光伏组件表面的污物、灰尘、树叶等都会影响光伏发电系统的发电量，这些影响也会随季节的变化而改变，灰尘较多时是否需要及时清洗也取决于清洗预期增加的发电量带来的经济效益。

（5）维护通道

光伏发电需要的维护费用较少，但是需要预留维护通道来对光伏组件进行维护和检修。

1）光伏板铺装距离。按照图集《建筑一体化光伏系统电气设计与施工》（15D202-4）规定，组件连续布置的长度大于40m的时候应当预留通道，并且检修通道不小于0.8m。假设建筑物屋面为规整形状、屋面面积均可铺装光伏板，粗略计算平铺时光伏板铺设面积是有角度安装时铺设面积的1.0～1.6倍左右。

2）光伏板实际铺装面积。考虑到建筑物屋面会有各种造型，建筑物屋面面积不可能为光伏板铺设的有效面积，参照一个实际工程大概计算实际铺装面积占屋面总面积的80%，因此实际工程中铺装面积与可利用的有效面积还有一定的占比。

在实际工程当中，光伏板铺装面积应根据所需发电量反算出有效铺装面积，结合实际工程中屋面的造型、屋面可利用面积及实际铺装时预留检修通道距离等因素，反算出实际需要的屋面面积。铺装面积确定如图4-3-10所示。

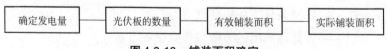

图4-3-10　铺装面积确定

（6）衰减

光伏发电系统会随着时间的推移和使用衰减。一般分以下三类：

1) Staebler-Wronski（S-W）效应：发生在薄膜硅组件中的衰减，在 1000h 日照后一般会导致 15% ~25% 的功率降低。虽然这种类型的衰减在温度较高时可以部分恢复，但是当太阳光再次辐照组件时，衰减仍会发生。

2) 光致衰减：在晶硅组件中不可逆的约 1% ~3% 的功率损失。

3) 长期衰减：大多数在 0.3% ~1% 范围内。

4. 光伏发电系统的容量计算

（1）太阳能光伏发电系统容量的计算

考虑建筑一体化设计大多数采用并网光伏系统，故只做并网光伏发电系统总功率的概算。

光伏系统的装机容量按式（4-3-1）计算。

$$P = N_S N_P P_m \qquad (4\text{-}3\text{-}1)$$

式中　P——光伏系统装机容量（kWP）；

　　N_S——并网发电量（kWh）；

　　N_P——光伏组件并联数（取整）；

　　P_m——单块光伏组件峰值功率（KWp）。

并网光伏系统发电量估算按式（4-3-2）计算。

$$E_P = \frac{H_A}{E_S} PK = H_A A \eta_i K \qquad (4\text{-}3\text{-}2)$$

式中　K——光伏系统综合效率系数；

　　H_A——水平面太阳总辐照量（kWh/m²），计算月发电量时，应为各月的日均水平面太阳总辐照量和每月天数的乘积；

　　E_p——并网发电量（kWh）；

　　E_S——标准条件下的辐照度（常数），1kW/m²；

　　A——计算范围内的方阵组件总面积（m²）；

　　η_i——组件转换效率（%），由制造商提供的数据确定。

其中，光伏发电系统的效率系数见表4-3-3，光伏方阵以最佳倾角安装时，一般可取 0.75 ~0.85。

表4-3-3 光伏发电系统的效率系数

系数	系数名称	影响因素	取值方式
K_1	光伏方阵的安装倾角和方位角修正系数	将水平面太阳能总辐射量转换到光伏方阵陈列面上的折算系数	根据组件的安装方式,结合所在地纬度、经度确定,一般可采用相应的设计软件进行计算
K_2	光伏组件衰减修正系数	组件功率的衰减是指随着使用时间的增长,组件输出功率逐渐下降的现象	晶体硅光伏组件可按年衰减0.8%计算或根据产品手册确定,其他类型的组件衰减率可参考相关产品手册
K_3	光伏组件温度修正系数	光伏组件的输出功率随温度变化而不同,由光伏组件的峰值功率温度系数和当地平均气温决定	可由式 $K_3 = 1 + K_p (t_{avg} - 25)$ 计算 式中 K_p——光伏组件峰值功率温度系数(%/℃)。可依据厂家提供的参数确定 t_{avg}——当地平均气温(℃),计算月发电量时,应取当地月平均气温
K_4	光伏组件表面污染及遮挡修正系数	光伏组件表面由于灰尘或其他污垢蒙蔽而产生的遮光影响,以及由于障碍物对投射到组件表面光照的遮挡及光伏方阵各方阵之间的互相遮挡而产生的遮光影响	该系数的取值与环境的清洁度和组件的清洗方案以及由于遮挡后的光照利用率有关,一般可取0.9~0.95
K_5	光伏组串适配系数	由于光伏组件输出电流及电压的不一致而导致的光伏方阵输出的衰减	由光伏组串的电压、电流离散性确定,可取0.95~1.0
K_6	光伏系统可利用率	由于光伏发电系统检修维护及故障而对发电量造成的影响,其值为全年总小时数与光伏系统的检修维护及故障小时数的差值除以全年总小时数	$K_6 = \dfrac{8760 - (故障停用小时数 + 检修小时数)}{8760} \times 100\%$ 一般可取0.99

系数	系数名称	影响因素	取值方式
K_7	逆变器平均效率	是逆变器将输入的直流电能转换成交流电能在不同功率段下的加权平均效率	可由逆变器制造商提供的数据确定
K_8	集电线路损耗系数	包括光伏系统直流侧的直流电缆损耗、逆变器至计量点的交流电缆损耗等	一般可取 $0.95 \sim 1.0$
K	光伏系统综合效率系数	是考虑了上述各因素影响后的综合修正系数	$K = K_1 K_2 K_3 K_4 K_5 K_6 K_7 K_8$ 光伏方阵在以最佳倾角安装时，一般可取 $0.75 \sim 0.85$

（2）太阳能电池组件及方阵的设计方法

选定符合要求的电池组件并进行设计计算。计算方法见式（4-3-3）：

$$电池组件的并联数 = \frac{负载日平均用电量（Ah）}{组件日平均发电量（Ah）} \quad (4\text{-}3\text{-}3)$$

其中，组件日平均发电量 = 组件峰值工作电流（A）× 峰值日照时数（h）

系统负荷所需要的电流就是这些组件并联输出的电流。

电池组件的串联数计算公式见式（4-3-4）：

$$电池组件的串联数 = \frac{系统工作电压（V）×1.43}{组件峰值工作电压（V）} \quad (4\text{-}3\text{-}4)$$

式中 1.43——系数。

电池组件的总功计算公式见式（4-3-5）：

电池组件（方阵）总功率（W）= 组件并联数 × 组件串联数 ×
$$选定组件的峰值输出功率（W） \quad (4\text{-}3\text{-}5)$$

（3）蓄电池和蓄电池组的设计方法

计算公式见式（4-3-6）：

$$蓄电池容量 = \frac{负荷日平均用电量（Ah）× 连续阴雨天数}{最大放电深度}$$

$$(4\text{-}3\text{-}6)$$

上述公式只是一个对于蓄电池容量的基本估算公式，实际工程当中蓄电池的容量还受到其他因素的影响，例如环境天气、蓄电池的质量，蓄电池的使用时长等因素。

5. 系统配置设计

根据实际情况选择和设计容量匹配的设备和设施，选择太阳能电池组件或方阵的形状、尺寸，进行直流接线箱的选型、光伏控制器的选型等。

6. 经济学与设计

年度发电量最大化是一般设计遵循的原则，但是实际情况中并不总是按最佳系统进行设计。不同光伏发电系统是有区别的。对于并网系统，系统的激励机制、政策鼓励对系统的设计有很大的影响。对于离网发电系统，则是以年度发电量为代价，使其冬季输出最大化，夏天往往能量过剩，侧重点应当是尽量减少停电时间或者降低发电机的运行时间。

7. 回收与污染整治

在光伏发电系统使用寿命结束后需要考虑环保和财务，光伏发电系统被广泛推广还有部分原因是因为它提供电力时没有有害气体的释放，拆除光伏发电系统对于环境不会造成影响。随着光伏发电系统应用的发展，人们意识到组件中仍然有一些可以利用回收价值的材料，它们的回收再利用不仅不会对环境造成污染，还会有一定的经济效益。它们的组件的大部分材料可进行废物利用。

4.4 建筑光伏发电系统施工要点

4.4.1 主要设备施工与安装

太阳能光伏发电系统的安装组成主要包括图4-4-1中所列的几点。

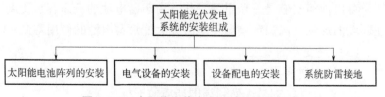

图4-4-1 太阳能光伏发电系统的安装组成

安装时需要考虑安装地点以及太阳能电池组件的样式等因素，具体注意事项如下：

1）检查机房条件是否满足要求。

2）检查设备器材是否符合要求。

3）安装人员提前做好安全准备并在安装前了解现场环境条件。

4）安装结束做好测试和检查。

5）做好系统的防护装置。

（1）光伏支架的安装

光伏支架的安装见表4-4-1。

表4-4-1　光伏支架的安装

安装方式	固定	单轴跟踪		双轴跟踪	
		平单轴	斜单轴	普通	聚光
发电效率	一般	较高	较高＋	高	高
结构	简单	较简单	较复杂	复杂	复杂
占用面积	小	较小	较大	大	大
系统成本	低	较低	较高＋	高	很高
维护量	小	较小	较小＋	大	大

注：表中"＋"表示发电效率和系统成本更高。

注意事项：

1）聚光系统必须采用全跟踪方式。

2）在荒漠，各种方式都可以选择；若在建筑屋顶，则固定安装方式比较常用。

（2）蓄电池的安装

蓄电池组安装是一项重要工作，由于蓄电池的寿命容易受到所在环境的影响，高温和潮湿环境会大大缩短蓄电池的使用寿命。

（3）逆变器的安装

1）检查逆变器的完整性。

2）安装时检查是否受到周围环境的干扰。

3）断开直流侧断路器后再进行安装。

4）线缆做可靠连接。

5）注意逆变器热表面。

4.4.2　光伏发电系统的调试

二次系统的调试检测应由多家单位配合进行，对各个相关系统进行检测分析。

4.4.3　光伏发电系统的维护

1. 光伏组件的维护

1）保持光伏板的清洁。

2）定期检查光伏组件板间连线的可靠性。

3）检查方阵支架间的连接的可靠性。

2. 蓄电池的维护

蓄电池的暴露、过充电、过放电通常会降低其使用寿命，因此要定期关注和维护。

3. 逆变器的维护

1）对系统大致运行状态及环境进行检测。

2）对系统进行清洁。

3）检查功率变换电路连接。

4）对断路器进行维护。

实际维护应结合产品的具体安装环境而合理定制，若运行环境风沙较大或灰尘较多，有必要缩短维护周期，增大维护频率。

4.4.4　光伏发电系统验收要点

1. 验收原则

光伏与建筑一体化发电系统验收应作为建筑工程质量验收的建筑节能部分的分项工程进行验收。

2. 验收的程序和组织

光伏与建筑一体化发电系统验收的程序和组织应符合《建筑工程施工质量验收统一标准》（GB 50300—2013）的要求。既有建筑安装的光伏与建筑一体化发电系统工程验收应由建设单位此项目负责人主持，其他参加人员应符合前款要求。

3. 验收工作内容

1）检查是否按照设计文件进行建设。

2）检查设计、施工、设备安装等过程中相关资料的收集、整理和归档情况。

3）检查是否具备运行条件。

4）做出验收评价和结论。

5）指定完整的后期维护管理规定。

4. 分项验收

光伏与建筑一体化发电系统验收按照结构相关工程验收、电气工程验收、光伏与建筑一体化发电系统整体验收三个分项进行。

5. 竣工验收

竣工验收应向使用者提交下列资料。

1）经批准的设计文件、竣工图及相应的工程变更文件。

2）屋面防水检漏记录。

3）系统调试和运行记录。

4）系统控制、运行管理维护说明书。

6. 消防验收

相关消防工程的验收，应由消防部门组织实施。

4.5 建筑光伏发电系统其他重点问题

4.5.1 电缆失配的影响

逆变器设置位置的不合理会导致整体输出降低，可以采取以下解决措施：

1）尽量保证逆变器的安装位置居于所连光伏阵列的中心。

2）满足光伏组串到逆变器的电压下降率不超过 2% 的同时，选择合理规格的电缆降低失配对运行造成的损失。

4.5.2 光伏发电对供电安全造成的影响

光伏发电具有间歇性、波动大的特点，按照现有的系统配置及电站自身的调控能力，渗透率达到一定程度后，确实会对供电安全造成威胁。可以采取以下解决办法：

1）光伏发电优先自发自用，所发电量先供建筑物自己内部使用。

2）光伏发电优先用于照明设备，例如建筑物的照明设备、市政的路灯等设备，这样其自身间歇性及波动性大的特点对动力设备的损害可以降低到最低。

4.5.3 光伏组件温度效应问题

光伏发电组件受温度影响较大，温度高效率会降低，因此从光伏发电角度，应当尽量增强光伏组件的通风。

解决办法：建筑光伏设计，首先考虑的是建筑的设计和节能，考虑绿建节能的要求，以25℃平衡理论为准则。

4.5.4 光伏组件光污染问题

光污染正在威胁着人们的健康。安装光伏组件是否有光污染是大家关心的问题。普通钢化玻璃的可见光反射系数为9%～11%。随着科技创新，现在很多光伏建材都可以做成磨砂面，可以降低可见光的反射。但是由于材料变为磨砂面，光伏板的发光效率是否会降低有待实验数据探讨。

4.5.5 光伏组件清洗问题

光伏组件的发电效率受清洁度的影响。

解决方法：

1）定时定期清洗，每年春季4～5月，秋季8～9月，进行两次集中清洗。

2）特殊天气人工及时有针对性地清理。

3）采用机器人清洗或大型清洗机器喷枪清洗。

4.6 光伏发电在建筑中的应用

4.6.1 太阳能光伏发电在公共建筑上的应用

1. 项目概况

北京至雄安城际铁路雄安站站房屋面分布式光伏发电项目,位于雄安高铁站站房屋顶,如图4-6-1所示。规划建设容量合计约为5.97MWp。考虑该光伏电站发电效率为82%,故该光伏电站峰值发电出力约为4.92MW。

图4-6-1 雄安高铁站站房屋面分布式
光伏发电项目

该电站预期采用多晶硅组件,组件安装于高铁站屋面,安装容量为5.97MWp,预计安装17808块335Wp太阳能电池板,24台225kW组串式逆变器(1500V)。项目年平均发电量约为580万kWh,所发电能自发自用、余量上网。

2. 电站电量测算与消纳

该项目拟建设光伏系统总容量约为5.97MW,考虑光伏系统发电效率、太阳能电池转换效率、年利用小时数、年发电量等数据,同时结合日间不同时段光照强度变化等自然因素,光伏系统日间实时平均输出功率约为4.9MW。根据高铁站配电室所用电设备的配备容量估算,光伏站接入后所发电量首先在京雄场配电室实现消纳,负荷低谷时刻部分电力上送至公用电网,在公用电网侧进行消纳。

3. 雄安新区太阳能资源

雄安新区地处中纬度地带,属于温带大陆性季风气候,全年平均气温为11.9℃,详细气候参数见表4-6-1。

表 4-6-1 雄安新区的气候参数

月份	参数			
	空气温度/℃	相对湿度(%)	大气压力/kPa	风速/(m/s)
一月	-4.5	51	102.69	2.4
二月	-0.8	60	102.27	2.8
三月	4.7	53	102.11	3.4
四月	11.5	48	101.68	4.1
五月	21.4	53	100.75	3.2
六月	25	64	100.69	2.7
七月	28.4	72	100.35	2.4
八月	25.4	79	100.76	2
九月	20.8	75	101.36	2.1
十月	14	64	102.04	2.2
十一月	6.6	54	102.06	2.4
十二月	-0.6	47	101.98	2.8
年平均	12.7	60	101.56	2.7

站址所在地太阳能资源代表年太阳能年总辐射量为 $4820.4MJ/m^2$，即 $1339kWh/m^2$，场址所在地太阳能资源属于 3 类地区，适合建设光伏发电项目。月辐射量多年平均值如图 4-6-2 所示。

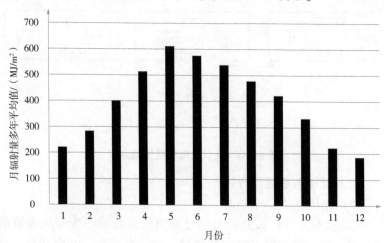

图 4-6-2 月辐射量多年平均值

4. 系统接入方案

正常运行方式下，该项目光伏发电、供电范围为京雄场配套配电室 10kV Ⅰ段母线所带负荷。若该段母线所带负荷消纳后仍有剩余电量，则经 10kV 开关站供京雄国铁、津雄场配套配电室内Ⅰ段母线所带负荷消纳。根据用户提供的有关资料，该光伏项目规划容量共计 5.97MWp。光伏电站按照并网功率是光伏发电功率的 82% 计算，光伏峰值发电出力约为 4.92MW。运营方式为自发自用、余电上网。根据收集现状资料，10kV 津雄场配套和 10kV 京雄场配套Ⅰ段母线上均预留光伏接入接口柜。根据周边电网和收集资料情况，接入方式中考虑本期将 5.97MW 容量光伏电站以 10kV 电压等级接入京雄场配套配电室Ⅰ段母线，该段母线已预留光伏接入并网柜。光伏发电系统接线方案如图 4-6-3 所示。

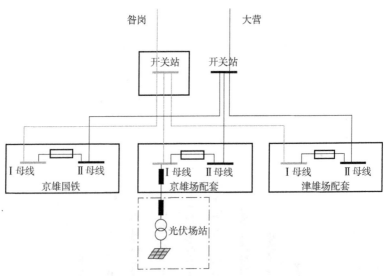

图 4-6-3　光伏发电系统接线方案

5. 光伏接入后运行方式

（1）光伏电站运行方式

正常运行方式：该光伏电站经并网点至京雄场配套配电室的 10kV 侧母线，后并网至站内开关站。光伏电站通过并网开关、京雄场配套配电室的开关接入电网，光伏所发电力除自用部分，余电通过京雄场配套配电室供电线路上送至站内开关站10kV母线。光伏电站所发电力可由1#开关站带的10kV母线负荷进行消纳。

Ⅰ段电源进线故障下运行方式：当站内开关站母线、10kV站内1#开关站至配电室线路或京雄场配套配电室Ⅰ段母线故障时，待光伏电站并网点退出运行后，闭合京雄场配套配电室母线分段开关，由110kV大营站为京雄场配套配电室Ⅰ段母线及Ⅱ段母线供电。待确认光伏电站具备并网条件时，手动恢复光伏电站并网点的运行。所发电力可由京雄场配套配电室、2#开关站带的10kV母线负荷进行消纳。

（2）雄安高铁站站内开关站、配电室

正常运行方式：2座雄安高铁站站内开关站分别由昝岗站及大营站供电，开关站分别供配电室Ⅰ段母线及Ⅱ段母线。

单回供电线路故障运行方式：当昝岗站至开关站或大营站至开关站线路故障时，可通过高铁站配电室内分段开关合闸运行，保证配电室内供电。

6. 光伏组件的选型

薄膜与晶硅组件的对比如图4-6-4所示。

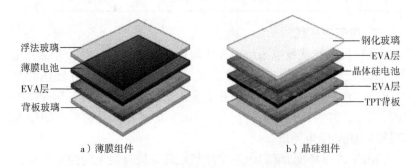

浮法玻璃　钢化玻璃
薄膜电池　EVA层
EVA层　晶体硅电池
背板玻璃　EVA层
　　TPT背板

a）薄膜组件　　　　　　b）晶硅组件

图4-6-4　薄膜与晶硅组件的对比
注：现在的工艺中晶硅组件背板可以采用玻璃。

结合该光伏发电场区组件布置情况，考虑到不同规格组件的价格和效率，针对该工程的建设优质且经济工程的目标，拟采用组件：

355Wp 多晶硅电池组件（1500V），太阳能电池组参数见表4-6-2。

表4-6-2 太阳能电池组参数

序号	太阳能电池种类	多晶硅电池
1	太阳能电池组件规格	350W
2	峰值参数	
2.1	峰值功率/Wp	355
2.2	开路电压/V	46.7
2.3	短路电流/A	9.71
2.4	工作电压/V	37.9
3	组件尺寸/mm	2024×1004×35
4	重量/kg	22.8
5	峰值功率温度系数（%）	−0.38
6	开路电压温度系数（%）	−0.31
7	短路电流温度系数（%）	0.05
8	太阳能电池组件效率（%）	17.2%
9	10年功率衰减（%）	≤10
10	20年功率衰减（%）	≤20

7. 电气主接线

该项目的光伏发电系统由光伏组件、组串式逆变器、升压变压器、10kV开关柜等设备及电缆组成。太阳能经光伏组件转化为直流电能，由组串式逆变器汇集并逆变为交流电，然后由升压变压器进行升压，并经过光伏项目配套的10kV汇集站，最后以1回接入高铁站10kV配电系统。

10kV津雄场配套和10kV京雄场配套Ⅰ段母线上均预留光伏接入接口柜。考虑雄安站房建设时序及客流量等预期情况，为缓解供电压力，该工程选在京雄配套配电所（4区配电所）接入光伏电源。

主要设备选择：该项目主要电气设备有组串式逆变器、升压变压器、10kV开关柜等设备及电力电缆。

（1）组串式逆变器

该项目拟选用 225kW（1500V DC）组串式逆变器，共计 24 台。

（2）升压变压器

该项目拟配置 4 台容量为 1250kVA 的升压变压器，户内布置，柜式。

（3）10kV 开关柜

该项目 10kV 光伏汇集站内拟配置 7 面 GIS 开关柜，分别为光伏进线柜（2 面）、母线设备柜（1 面）、无功补偿进线柜（1 面）、隔离柜（1 面）、出线开关柜（1 面）和出线计量柜（1 面）。

（4）10kV 无功补偿装置

为保障并网点的功率因数水平，提高电能质量，该项目计划在光伏发电系统的 10kV 母线侧配置 1 套 SVG 型无功补偿装置，容量暂按交流侧安装容量的 20% 考虑，即 ±1.0Mvar，共计 1 套。

（5）电力电缆

光伏组串之间以及光伏组串至组串式逆变器之间：H1Z2Z2-K-1X4。

逆变器至 10kV 升压变的低压侧：WD-NHZB-YJY-0.6/1.0-3X95，10kV 升压变连接电缆：WD-NHZB-YJY-8.7/15-3X50

10kV 出线电缆：WD-NHZB-YJY-8.7/15-3X240。

8. 防雷接地、站用电

（1）防雷

光伏区域不需要单独避雷带。组件边框、檩条等金属构件作等电位连接并与接地引下线连接。

（2）站用电

一路 380V 电源来自 10kV 升压变的自用变，需扩大容量。另一路 380V 电源来自就近配电系统。双电源切换，互为备用。

光伏组件、组串式逆变器和环境监测仪均安装于站房屋顶上，其中逆变器和环境监测仪将布置于 14 轴和 25 轴开孔区域的立柱上。10kV GIS 开关柜和无功补偿装置等电气设备安装于高铁站首层的 10kV 汇集站内，4 台 10kV 升压变压器则分散布置于高铁站首层的 4 个指定房间（京雄场的 2 间光伏配电所，津雄场的 2 间光伏变压器室）。

（3）监控系统

屋顶每个组串式逆变器的发电量及各类装置故障信号、环境检测仪检测的气象数据信息均通过 RS485 通信电缆连接至升压变内的箱变测控装置中，然后通过光缆敷设至 10kV 汇集站内的核心以太网交换机。

无功补偿装置、10kV 开关柜及二次系统的相关信息将由公用测控装置采集，并最终汇集至汇集站内的核心以太网交换机中。

运营数据上传至站房主监控系统和城市智慧能源管控系统。

（4）总平面图布置

结合在建雄安高铁站的施工图，雄安高铁站光伏组件总敷设面积约为 4.2 万 m^2，组件总安装数量为 17136 块，规划总装机容量约为 5997.6kWp。高架候车厅顶部两侧区域、站台弧形部分采用直立锁边屋面系统，屋面板类型为锤纹铝镁锰金属板、TPO 防水卷材、保温棉、吸声棉和波形铝板微穿孔组成，光伏板采用可旋转的专用固定夹具安装在金属板上。防水方式采用直立锁边防水 + TPO 防水。站台平屋面采用阳光板屋面系统，屋面板类型为聚碳酸酯中空板，在平屋面靠近高架候车厅的区域布置光伏板，光伏板通过铝合金扣件和氟碳喷涂钢龙骨与屋面结构相连，与中空板之间防水密封。防水方式采用构造式防水。

（5）屋顶光伏组件安装方法

对于高架候车厅、站台弧形部分，屋面板为直立锁边屋面系统，板型典型尺寸为 410mm 宽直立锁边铝镁锰板，主檩条采用热镀锌工字型檩条，在直立锁边处有螺栓与檩条连接，可旋转固定夹具安装在锁边的凸起上，另一侧与光伏组件的边框相连接，或通过铝合金压块与无边框组件连接，不影响屋面防水。对站台平屋面阳光板屋顶，光伏组件通过连接在主檩条上的 U 形氟碳喷涂钢龙骨，以及倒扣在聚碳酸酯中空板上的 U 形连接件与屋面连接，U 形件与中空板之间用密封胶防水，形成阳光板 + 光伏组件的屋面系统。太阳能板块缝隙采用铝合金扣盖装饰。上述连接方式具有施工方便、安全可靠且不破坏屋顶防水等优点。光伏电池组件结合屋面金属板或阳光板的大小布置，配合夹持夹具，可最大限度地保护屋面完整性。

（6）经济效益分析

电价计费标准：按项目所在地 2020 年国家电网同时段（峰平）工业电价 90% 计算。计算方式：当期甲方使用电量的电费（元）=［当期甲方使用波峰电量(kWh)×项目所在地国家电网波峰电价(kWh) + 当期甲方使用平段电量(kWh)×项目所在地国家电网平段电价(kWh)］。采用工商业及其他用电两部制电价 1～10kV 电压等级电价，平段 0.5629 元/kWh，高峰 0.7784 元/kWh，自用电比例 80%，电价按 90% 计算，上网电比例 20%，按河北省脱硫标杆电价 0.3644 元/kWh，则加权电价为 0.5247 元/kWh，以此电价进行经济评价。

4.6.2　太阳能光伏发电在民用建筑上的应用

光伏发电系统属于绿色建筑中可再生能源利用得分项，在此政策推动下，光伏发电系统被广泛用在各类型建筑中。例如，第 10 章所列案例展示了光伏发电系统在不同类型民用建筑中的应用。

光伏发电技术也较适用于人烟稀少、人口比较分散的地区，例如家用太阳能系统（SHS）就是光伏应用中较为广泛的一种，光伏发电系统是农村用能电气化的强有力支持。保守估计，全世界农村地区已经安装了 50 万～100 万个这样的系统。在发展中国家的农村地区，光伏发电应用去开展生产活动的可能性是可以预期的，如小工艺商品店、磨面、灌溉等用电相对少的活动，利用太阳能光伏来供电从而提高生产效率，促进经济的发展。

以下是国外农村光伏应用实例：

（1）阿根廷

政府制定了向农村和人口系数地区的供电计划（PAEPRA），这个计划的目的是向尚未接入电网的地区提供电力，并向公共服务设施供电。

（2）玻利维亚

成立全国农村电气化计划（PRONER）来促进农村经济的发

展，改善人民的生活质量。

（3）巴西

农村光伏电气化项目开始于 1992 年，它是政府和当地的电力公司合作安装大量的太阳能光伏发电系统。多年来，巴西和许多国外的机构合作，制定了大量的离网光伏计划和项目，刺激偏远地区电力需求的增长。

不只是上述国家，墨西哥也有利用公共基金来维护光伏发电装置和实施项目，斯里兰卡有家用太阳能系统的商业普及，非洲萨赫勒地区有抽水系统及区域太阳能计划（RSP）等。我国也有类似的实施计划研究和小范围应用，目标都是利用光伏发电满足电力需求。农村电气化问题正在通过传统手段和光伏发电相结合的道路来解决，在这个过程中会有许多困难，需要人们共同努力解决一些关键技术，走可持续发展之路。

第5章 低碳储能系统

5.1 储能系统技术

5.1.1 储能的意义及发展趋势

1. 储能在低碳建筑产业的意义

储能作为能源存储与释放的重要媒介，是新能源浪潮下建筑能源结构调整、电力系统低碳转型升级的关键支撑技术。

2. 储能在低碳建筑产业的发展趋势

用户侧能源需求是能源消费的重要组成。随着近年来建筑能源系统中可再生能源的大量接入，配置储能作为一种必要的低碳建筑解决方案，已成为改善能源结构、实现低碳发展的关键技术路线。

5.1.2 储能技术分类

储能是指通过一种介质或设备，将某种能量形式进行存储或转换成另一种能量形式存储后，再基于应用需要以特定能量形式释放的循环过程。根据能量存储形式的不同，储能技术可分为多种类型，如图 5-1-1 所示。

5.1.3 物理储能

物理储能主要包括以下几种类型：

1. 飞轮储能

飞轮储能是将电能转化为旋转动能进行存储。它是一个机电系

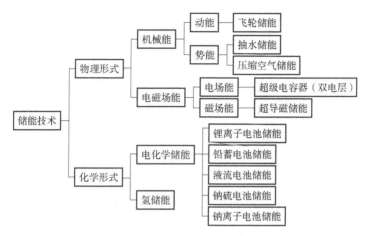

图 5-1-1 储能技术分类

统，主要由电动机、轴承、电力电子组件、旋转体和外壳构成。通过电动机带动飞轮转动将电能转化为动能，而电动机也可充当发电机，将动能转化为电能释放。

2. 抽水储能

抽水蓄能是将电能转化为水的势能进行存储，基本组成包括两处位于不同海拔的水库、水泵、水轮机及输水系统等。当电力需求低时，利用电能将下水库的水抽至上水库，将电能转化成势能存储；当电力需求高时，释放上水库的水，推动水轮机发电。

3. 压缩空气储能

压缩空气储能是一种基于燃气轮机发展而来的储能技术，主要由压缩系统、发电机、膨胀系统、离合器和储气罐等构成。当电能富余时，利用电能驱动压缩机，将空气压缩并存储于腔室中；当需要电能时，释放腔室中的高压空气，驱动发电机发电。

4. 超级电容器储能

超级电容器中属于物理储能形式的为双电层电容器，它可利用电极和电解质间的界面双电层来存储能量。当电极和电解液接触时，由于库仑力、分子间力或原子间力的极化作用，形成符号相反的稳定双电荷，从而实现储能，而通过改变电解液的极化方向可实现释能。

5. 超导磁储能

超导磁储能是目前唯一可将电能直接无损耗地以电磁能形式存储的技术，它在超导状态下，无焦耳热损耗，几乎实现电流零损耗。当需要电能时，可通过变流器馈网。

5.1.4 化学储能

化学储能主要包括以下几种类型，且主要是电化学储能。

1. 锂离子电池储能

以锂离子电池作为储能载体，锂离子电池以碳材料、钛酸锂等作为负极，锰酸锂、磷酸铁锂、镍钴锰酸锂等作为正极，含锂盐作为电解液。当电池充电时，锂离子从正极脱出，嵌入负极材料中。放电时，锂离子从负极脱出，嵌入正极材料中，实现能量转移。

2. 铅蓄电池储能

以铅蓄电池作为储能载体，铅蓄电池以二氧化铅作为正极活性物质，高比表面多孔结构的金属铅作为负极活性物质，硫酸溶液作为电解液。充电时，电解液主要成分发生反应，生成正负极活性物质，实现电量转化成化学能。放电时反之。

3. 液流电池储能

以液流电池作为储能载体，典型代表为全钒液流电池，其正极活性物质为 V^{5+}/V^{4+} 电对，负极活性物质为 V^{2+}/V^{3+} 电对。充电过程，正极活性物质价态升高，负极活性物质价态降低。放电过程反之，从而实现能量的存储与释放。

4. 钠硫电池储能

以钠硫电池作为储能载体，钠硫电池以钠和硫分别用作正极和负极，氧化铝陶瓷作为隔膜和电解质，通过充放电过程中的电化学反应实现电能与化学能的相关转化。

5. 钠离子电池储能

以钠离子电池作为储能载体，钠离子电池与锂离子电池构成类似，是基于钠离子的一种"摇椅电池"。充电时，Na^+ 从富钠态的正极经钠盐电解液，穿过隔膜，进入贫钠态的负极。放电时反之，从而实现能量的存储与释放。

6. 氢储能

氢能源可实现气、液、固三态存储，存储过程自耗少，能量密度高，生产方式多样，目前广泛推广的氢储能是指氢气通过氧化还原反应释放能量。

5.2 储能电池的选择

目前，众多储能应用技术中，电化学储能的应用最为广泛，其中，锂离子电池储能呈现较快的发展趋势。

5.2.1 储能电池的发展

2018 年以来，由于锂离子电池成本不断下降及综合性能快速提升，锂离子电池储能已占据我国电化学储能的主导地位（图5-2-1）。

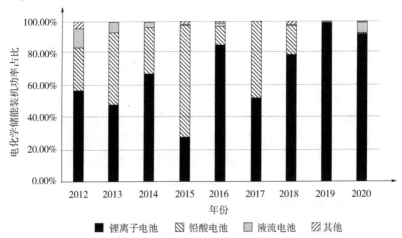

图 5-2-1　我国电化学储能装机功率占比

目前市场上主流的储能电池，性能指标对比见表 5-2-1。由表可知，钛酸锂电池作为锂离子电池的一种，不仅具有自放电率低、工作温度范围宽的特点，而且在安全性能上尤为突出，可通过枪击、针刺、电钻等苛刻的电池安全性能测试，与目前大规模储能电站日渐提高的安全要求相符合，并且凭借其优异的倍率、循环性能等特点，在某些功率型场景下应用有明显的优势。

表 5-2-1　各类储能电池性能指标对比

电池分类	铅蓄电池	锂离子电池				钠硫电池	液流电池（钒）	钠离子电池
		锰酸锂	三元锂	磷酸铁锂	钛酸锂			
重量能量密度/（Wh/kg）	25～30	70～160	180～300	100～180	80～110	150～340	10～30	80～120
功率密度/（W/kg）	75～300	300～500	300～500	300～500	1000～2000	150～230	—	200～400
工作温度/℃	-20～60	放电：-20～55 充电：0～40	放电：-20～60 充电：0～60	放电：-20～60；充电：0～60	-40～65	300～350	5～45	-20～60
自放电率/（%/月）	5	1～3	1～3	1～3	≤0.1	<0.01	<0.01	—
倍率性能（C）	0.1～0.2	0.25～4	0.25～1	0.25～3	1～20	0.1～0.3	0.5～1.4	0.25～3
寿命（次）	200～300	800～1500	500～2000	500～5000	≥25000	≤2500	1000～13000	2000
能量效率（%）	70～90	≥95	≥95	≥95	≥95	70～90	60～85	—
安全性	优	良	差	良	优	良	优	良
成本	低	低	较高	较低	较高	较高	高	较低

5.2.2　储能电池的类型及性能

1. 储能电池分类

根据不同储能应用需求，储能电池可分为功率型电池和能量型电池。

功率型电池是以小于或等于 1 小时率（1P）额定功率工作的电池，主要以钛酸锂电池（LTO）为代表，"零应变"钛酸锂材料由于其特殊的三维结构，组成电池后表现出优异的倍率和循环性能，在功率型储能应用中占比巨大。

能量型电池是以大于 1 小时率（1P）额定功率工作的电池，主要以磷酸铁锂电池（LFP）为代表，磷酸铁锂原材料储量丰富，因此成本较低，同时具有良好的安全和循环性能，广泛应用于能量型储能。

2. 储能电池的电性能

一般情况下，功率型电池的倍率性能和循环寿命优于能量型电池，在 25℃ 的标准测试条件下，常规磷酸铁锂电池仅支持 2C 倍率下运行，而钛酸锂电池在 10C 倍率放电时，能量效率仍大于 90%；此外，大倍率与长循环兼顾一直是锂离子电池行业的技术瓶颈，磷酸铁锂电池以 2C 倍率充放电 2800 次后，放电容量保持率已至 80%，而钛酸锂电池以 2C 倍率循环 35000 次后，放电容量保持率仍未低于 90%，大倍率充放电循环寿命性能优异。

3. 储能电池的安全性能

储能电池本体作为储能系统的核心，电池本体安全是储能系统重点考虑因素，电池安全性能测试项目分为常规安全测试和特殊安全测试。目前，常规的电池安全测试包含挤压、过充电、过放电、短路、加热等。有研究表明，在过充电测试中，磷酸铁锂电池出现明显的鼓胀，而钛酸锂电池无明显形变。在包含针刺、切割、电钻、枪击等项目的特殊安全测试中，磷酸铁锂电池在针刺测试出现明显的鼓胀，而钛酸锂电池无明显形变，且在做切割、电钻、枪击等极端测试时，仍无明显鼓胀等的形变出现。钛酸锂电池安全性能表现上优于磷酸铁锂电池。

5.2.3 储能电池的成本

在满足性能要求的基础上，成本是储能电池应用于系统重要因素，储能系统成本按照功率和电量，可以分为里程成本和度电成本。

里程成本是指在功率型调频储能系统生命周期内，平均到单位调频里程（指响应 AGC 控制指令结束时的实际出力值与响应指令时的出力值之差的绝对值）的系统投资成本，即储能系统总投资/储能系统总调频里程，单位为元/MW。不同常见储能电池系统里程成本如图 5-2-2 所示。由图中可以看出，钛酸锂电池系统里程成本与其他几类储能电池系统相比具有明显优势。

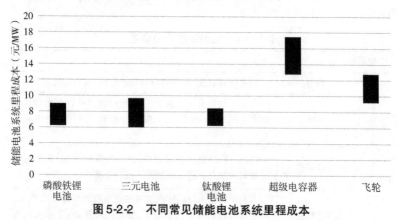

图 5-2-2　不同常见储能电池系统里程成本

度电成本是指在能量型储能系统生命周期内，平均到每千瓦时的电站投资成本，即储能电站总投资/储能电站总存储电量，单位为元/kWh。不同常见能量型储能电池系统全生命周期度电成本如图 5-2-3 所示。钛酸锂电池全生命周期度电成本与其他几类储能电池相比，同样具有明显优势。

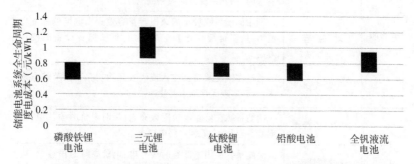

图 5-2-3　不同常见能量型储能电池系统全生命周期度电成本

5.3　储能系统设计要点

根据储能系统在用户侧低碳建筑领域的应用需求，储能系统设计主要涉及电气结构设计、电池系统设计、电池监测管理系统设计，热管理系统设计以及系统安全和消防设计等方面。储能系统应用场景见表5-3-1。

表5-3-1　储能系统应用场景

应用领域	应用场景	储能效果或功能
电源侧	调峰	用电谷时蓄能,用电高峰时释放电能,实现削峰填谷
	调频	电化学储能系统调频速度快,可以灵活地在充电和放电状态之间转换,维持用电侧和发电侧的平衡,平衡频率波动
	备用容量	在满足预计负荷需求以外,针对异常情况,为保障电能质量和系统安全稳定运行而预留的有功功率储备
	容量机组	①利用储能系统的替代效应将煤电机组容量释放出来,从而提高火电机组的利用率,增加经济效益;②降低或者延缓对新建发电机组容量的需求
	可再生能源并网	①平抑可再生能源出力波动;②减少弃风弃光
	电压支撑	通过储能在负荷端释放或吸收无功功率,调整电压
电网侧	缓解输配电阻塞	将储能系统安装在线路上游,当发生线路阻塞时,可将无法输送的电能存储到储能设备中,待线路负荷小于线路容量时,储能系统再向线路放电
	动态扩容	利用储能系统较小的装机容量有效提高电网的输配电能力,从而延缓新建输配电设施,延长原有设备的使用寿命
	无功支撑	通过在输配线路上注入或吸收无功功率来调节输电电压,从而实现无功动态补偿
用户侧	分时电价管理	储能系统在低谷电价时段充电,峰时电价时段放电,实现峰谷套利,降低客户用电成本
	容量费管理	储能系统在用电低谷时段充电,电价高峰时段放电,从而降低最高用电负荷,实现降低容量费用
	电能质量改善	通过储能调节用户侧电压、频率等,提高电能质量
	备用电源	通过储能进行备电,市电异常时提供电力支撑
	海岛微网储能	形成独立微网系统,为偏远岛屿用电设备提供电能
	家庭储能	①降低客户用电成本;②提高电能质量;③实现可靠备电

5.3.1 储能系统集成技术

储能系统集成技术作为储能系统的设计核心，直接决定了储能系统的性能，如何通过各种不同的技术手段来提高储能设计指标，是储能系统集成的关键。

1. 储能系统构成

如图 5-3-1 所示，锂离子电池储能系统基本组成包括：电池系统，电池管理系统（BMS），功率系统，能量管理系统（EMS），以及消防、温控、计量和配电等辅助系统。

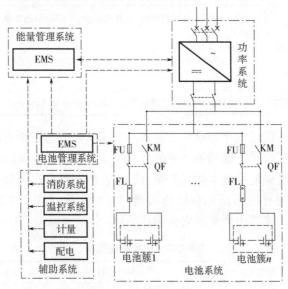

图 5-3-1　储能系统基本组成

2. 关键设计指标

储能系统集成设计核心指标包括：系统安全、功率密度和能量密度、转换效率、使用寿命和集成成本。系统集成设计应结合项目需求对核心指标进行针对性的设计，提出合理的集成方案。

（1）系统安全

系统安全是储能系统集成的红线指标，影响因素主要包括电池本体、电池成组、系统保护、热管理设计、电气设计、消防设计、通信和能量管理等方面，需要进行系统、全面的安全设计，才能保证储能系统安全，储能系统安全设计要点见表 5-3-2。

表 5-3-2　储能系统安全设计要点

影响因素	设计要点
电池本体	①高安全电池选型；②安全测试；③筛检标准
电池成组	①一致性控制；②高效均衡管理；③安全防护
系统保护	①保护逻辑；②安全预警机制；③保护参数
热管理设计	①热仿真；②均温风道设计；③温控逻辑
电气设计	①电气间隙；②短路保护；③继电保护；④绝缘耐压和接地；⑤高低压控制
消防设计	①灭火剂选择；②消防方式选择；③排烟、通风、泄压；④消防技术选择
通信和能量管理	①通信设计规范；②调度控制策略；③高内聚，低耦合；④视频监控

　　储能系统的安全标准仍不完善。我国只在电池方面有较为完善的安全认证体系，而储能系统的其他组成部分尚无安全标准可以遵循。为提高储能系统本体的安全性，应在编写符合国内新标准的同时，引入现有国际标准和较新的测试评估标准（表 5-3-3），对大规模储能系统提出严格的安全测试要求。

表 5-3-3　测试评估标准

标准类别	标准号	标准名称	更新年份
安装	NFPA 855	储能系统安装（Installation of energy storage systems）	2019 年
安全	IEC 63056	电能存储系统用锂二次电池和蓄电池的含碱性或其他非酸性电解质的二次电池和蓄电池安全要求（Secondary cells and batteries containing alkaline or other non-acid electrolytes-Safety requirements for secondary lithium cells and batteries for use in electrical energy storage systems）	2020 年

标准类别	标准号	标准名称	更新年份
安全	IEC 62933-5-2	电能存储系统（ESS）-第5-2部分：基于电化学系统的电网集成ESS系统的安全要求（Electrical energy storage（ESS）systems-Part 5-2：Safety requirements for grid-integrated ESS systems-Electrochemical-based systems）	2020 年
安全	UL 9540	储能系统及设备安全标准（Standard for safety for energy storage systems and equipment）	2020 年
消防	UL 9540A	评估电池储能系统中热失控火蔓延的测试方法（Test Method for Evaluating Thermal Runway Fire Propagation in Battery Energy Storage Systems）	2019 年
储能电池	GB/T 36276—2018	电力储能用锂离子电池（Lithium ion battery for electrical energy storage）	2018 年

（2）功率密度和能量密度

功率密度和能量密度也是储能系统集成中的重要设计指标，反映了储能系统的集成度，能量密度是指储能系统单位质量或单位体积空间里所具有的最大有效存储能量，包括质量能量密度和体积能量密度。功率密度是指储能系统单位质量或者单位体积内所具有的最大有效存储功率，包括质量功率密度和体积功率密度。

提高储能系统功率密度和能量密度涉及单体电池、电池模块及电池系统各层级，设计要点见表5-3-4。

表5-3-4　提高储能系统功率密度和能量密度的设计要点

设计要点	展示说明	
合理的电池选择（减少成组电池数量，提高电池单体在电池包空间占比）	能量型储能系统选择大容量电池	功率型储能系统选择大倍率电池

设计要点	展示说明
简化电池包(减少模块结构件对空间的影响,提高电池模块空间利用率)	
非步入式设计(提高系统空间利用率)	

（3）转换效率

储能系统额定功率下的能量转换效率是体现系统集成能耗高低的指标，主要包括充、放电过程中电池自身和线路损耗，空调、照明等辅助系统用电，以及系统二次配电耗电等。

转换效率计算公式如下：

$$\eta = \frac{E_D - W_D}{E_C + W_C}$$

式中　η——为能量转换效率；

　　　E_C——充电能量（Wh）；

　　　E_D——放电能量（Wh）；

　　　W_C——充电过程中的辅助能耗（Wh）；

　　　W_D——放电过程中的辅助能耗（Wh）。

根据储能系统运行数据，储能系统耗电90%以上都来源于温控系统，因此，提高储能系统转换效率，主要设计要点是合理设计温控系统，降低温控系统耗电，具体如下：

1）优化控制策略，通过电池温度来控制温控系统的开启，降低温控系统能耗等。

2）储能系统优化设计，如引用新风系统，利用环境温度来实现散热，降低空调使用。

3）采用高压设计方案，减小电流，降低线路损耗和发热量。

4）优化风道设计，提高散热效率，确保通过不同电池模块的风量一致，降低系统温差。

（4）使用寿命

储能系统的使用寿命直接决定了储能收益。在储能系统全生命周期中，除由于电池本体容量衰减外，系统集成过程中的一致性对系统的寿命也有重要影响。系统的一致性主要包括容量一致性、电压一致性和温度一致性。如图 5-3-2 所示，储能系统不一致性最终导致电池的衰减速度不一致，直接影响系统使用寿命。

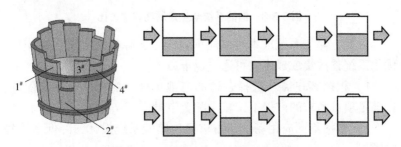

图 5-3-2　储能系统不一致性原理图

提高储能系统循环寿命，主要有以下设计要点：

1）选用长循环寿命的储能电池。

2）制定合理的筛选标准、优化工艺流程，提高电池成组一致性。

3）设计合理的温控系统，控制电池系统温升温差，确保电池处于最佳工作环境。

4）电池系统实行一包一优化，一簇一管理，功率系统模块化设计，在电池的每个集成环节都进行优化控制。

5）采用大电流、多路均衡方式等高效均衡方式，提高均衡效率，提高系统一致性。

（5）集成成本

当前阶段市场环境下，储能系统是一种特殊的工程产品。储能系统全生命周期成本构成包括储能系统本体成本、施工成本、运维成本和财务成本等各部分，如图 5-3-3 所示，根据彭博新能源财经数据，储能系统全生命周期成本中占比最大的是储能系统本体成本。

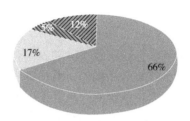

■储能系统本体成本 □施工成本 ◪运维成本 ▨财务成本

图 5-3-3　储能系统全生命周期成本占比

因此，储能系统成本对储能项目能否实际实施有决定性作用，优化系统首次集成成本，可通过以下方式：

1）根据客户需求选择合适的电池单体，优化电池系统配置，在满足项目需求的前提下，减少配置电量。

2）根据不同应用场景和需求简化储能系统设计，降低系统集成成本。

3）采用无过道设计等方式，提高系统能量密度，均摊设备成本。

4）系统集成采用标准化、模块化设计。

5.3.2　电池状态监测及管理技术

储能系统电池状态监测与管理的首要目的是提升储能系统的安全管理水平，防止发生事故，主要通过电池管理系统，针对不同电池的状态参数特性，设置使用和保护阈值，并实时监测调整控制指令，保证电池在安全范围内工作。

1. 电池系统状态参数

为提高可靠性，电池系统状态的监控应设置为分级告警机制，见表 5-3-5。

表 5-3-5　电池系统告警设置及处理方法

故障名称	故障等级	放电处理方法	充电处理方法
总电压过压（充电）	一级故障	—	停止充电
	二级故障	—	停止充电
	三级故障	—	停止充电,切断充电继电器
总电压欠压（放电）	一级故障	告警	—
	二级故障	告警,降功率	—
	三级故障	告警,放电功率降功率,5s后请求切断放电继电器	—
电压不均衡(充放电)	一级故障	告警	告警
	二级故障	告警、开启均衡	告警、开启均衡
	三级故障	告警、开启均衡、限功率	告警、开启均衡、限功率
温度过低	一级故障	告警	加热
	二级故障	告警,降功率	加热
	三级故障	告警,断开放电继电器	加热
温度过高	一级故障	发出"温度一般过高"告警	停止充电
	二级故障	发出"温度一般过高"告警,降功率模式	停止充电
	三级故障	发出"温度严重过高"告警,停机模式,请求断开放电继电器	停止充电,切断充电继电器
温度不均衡（充放电）	一级故障	告警	告警
	二级故障	告警、开启热管理均温	告警、开启热管理均温
	三级故障	告警、开启热管理均温、限功率	告警、开启热管理均温、限功率
单体过压（充电时）	一级故障	告警	停止充电,校正 SOC100%
	二级故障	告警,降功率模式	停止充电
	三级故障	告警,发停机模式,请求切断继电器	停止充电,切断充电继电器

故障名称	故障等级	放电处理方法	充电处理方法
单体欠压（放电）	一级故障	发出"单体电压一般过低"告警	—
	二级故障	请求限功率,发出"单体电压一般过低,降功率模式"告警	—
	三级故障	放电功率降功率,发出"单体电压严重过低,强制停机模式"告警,延时后申请切断放电继电器	低于放电截止电压不允许充电
充电过流	一级故障	—	告警
	二级故障	—	告警,请求停止充电
	三级故障	—	告警,请求停止充电,切断充电继电器
放电过流	一级故障	告警	—
	二级故障	告警,降功率50%	—
	三级故障	告警,降功率80%	—
SOC过低	一级故障	告警	—
	二级故障	告警,降功率	—
	三级故障	告警,停止放电	—
SOC过高	一级故障	—	—
	二级故障	—	—
	三级故障	—	告警
绝缘检测故障	一级故障	告警	告警
	二级故障	告警	告警
	三级故障	告警,请求下高压,停止放电	告警,请求下高压,停止充电

2. 电池管理系统架构

储能系统主要通过电池管理系统（BMS）对电池状态进行监测及管理，多采用三级管理架构，如图5-3-4所示；三级架构BMS主要包括从控采集均衡模块（BSU）、主控模块（BMU）和电池堆控制模块（BDU），BMS 各级模块功能见表5-3-6。

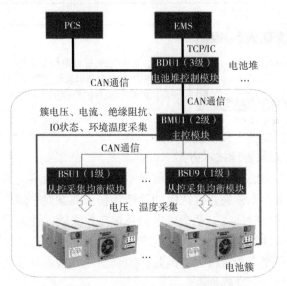

图5-3-4 BMS 三级管理架构

表5-3-6 BMS 各级模块功能

BMS 各级模块	功能
 从控采集均衡模块（BSU）	BSU 实时采集单体电压和温度，同时具备热管理和双向主动均衡能力，通过 CAN 总线与主控模块互联互通
 主控模块（BMU）	BMU 集成电池簇总电压/总电流采集、充放电管理、绝缘检测、从控管理等功能，主要实现电池 SOC、SOH、均衡策略、绝缘电阻检测、数据交换、故障诊断等

BMS 各级模块	功能
 电池堆控制模块（BDU）	BDU 处于三级架构最上层，主要负责对BMU 的实时数据采集、实时计算、性能分析、告警处理、保护处理及记录存储

3. 监测及管理技术方案

目前，储能系统监测及管理技术方向和措施众多，其中最难处理的是对电池本体突发性故障的诊断预警。突发性故障是指无明显征兆或出现短时征兆，便造成电池系统突然失效或性能明显下降的故障。突发性故障早期诊断难度高，中期诊断时间窗口小，发展到后期，潜在安全危害极大，因此必须全面提升监测及预警管理的实时性、全面性和准确性。

基于此现状，行业中以格力钛新能源为代表的厂商提出一种新型的监测及管理技术，即通过将储能能量管理系统（EMS）的一部分计算和简单的分析功能下放到实时性更高的 BMS 控制器，实现多层级联动分析响应，极大地提高故障诊断、预警的分频率，最小更新周期达到 0.2～0.5s，能实现全面实时监测及管理，保障系统高安全运行（图 5-3-5）。

5.3.3　储能系统热管理设计

储能系统充放电时，来自电池自身的产热造成电池温度升高，而由于组成电池的各部件材料的物化性质对温度敏感，且电池化学反应易受温度的影响，使得温度成为影响储能系统性能发挥、循环寿命和安全性的重要因素，因此需要进行合理的热管理设计选型，使电池系统在适宜的温度范围内工作。

1. 热管理技术分类

储能系统热管理设计需综合考虑空间尺寸、防护等级、散热功耗及成本等因素，常见的散热方式包括自然冷却、强制风冷和液冷

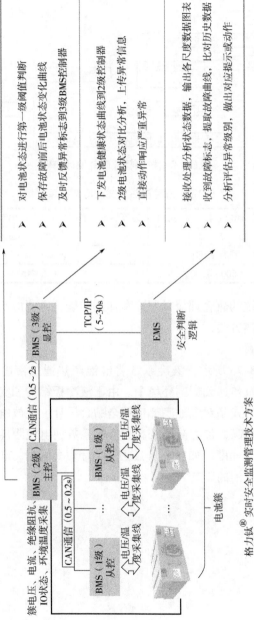

图5-3-5 新型监测及管理技术方案

（图5-3-6），冷却效率依次增强，可通过对流换热系数表征（表5-3-7）。

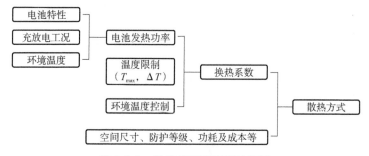

图5-3-6　散热管理研究设计步骤

表5-3-7　三种散热方式的冷却效率对比

冷却方式	对流换热系数/（W/cm^2）	表面热流密度（与环境温差10℃）/（W/cm^2）
自然冷却	5 ~ 25	0.005 ~ 0.025
强制风冷	25 ~ 100	0.025 ~ 0.15
液冷	500 ~ 15000	0.5 ~ 15

　　储能系统的热管理兼具制冷和加热功能，主要应用强制风冷和液冷两种换热方式。

　　（1）液冷

　　如图5-3-7a所示，液冷系统将电池产热通过液冷板导出，由冷却机将热量传递到周围环境中。由于液冷板结构和支路流通性的原因，常规形式是对电池底部进行全贴合设计，充放电时电池顶部极柱处温度较高，加之液冷较高的换热系数使电池距离液冷板由近及远呈现温度梯度，如图5-3-7b所示，但总体的冷却温度可以控制在较低的范围内。

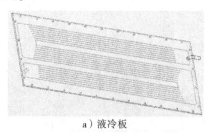

a）液冷板

图5-3-7　液冷系统

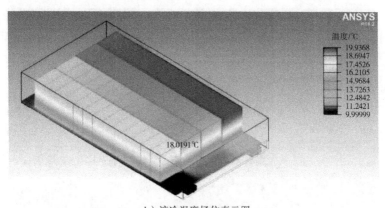

b）液冷温度场仿真云图

图 5-3-7　液冷系统（续）

（2）强制风冷

图 5-3-8a 所示为散热风道，强制风冷使用风扇对电池进行换热，并通过空调系统进行温度控制。强制风冷可以对电池进行全包覆换热，有利于减小电池温差，如图 5-3-8b 所示，但换热系数不及液冷高，表现为对于较大倍率的电池充、放电工况，换热达到热平衡的时间长，相应的散热功耗大。

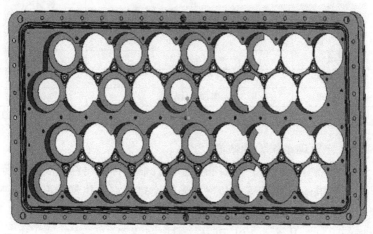

a）散热风道

图 5-3-8　风冷系统

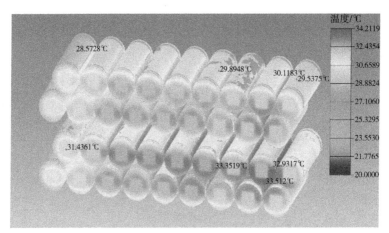

b）强制风冷温度场仿真云图

图 5-3-8　风冷系统（续）

　　热管理技术路线的选择优先基于储能系统的使用工况，通过对不同工况下系统产热特性的计算评估，采用满足性能和成本需求的热管理设计方案（表 5-3-8）。

表 5-3-8　强制风冷与液冷方案对比

项目	液冷	强制风冷
冷却介质	液体(乙二醇与水混合液、空调剂)	空气
设计	复杂	简单
成本	较高	较低
散热效率	高	中
制热模式	需加热片辅助	空调制热
推荐使用场景	大倍率充、放电工况	一般倍率充、放电工况

2. 热管理系统设计依据

　　进行热管理设计，先要明确温度控制目标，再结合实际运行工况，计算电池换热量需求并选择满足换热需求的热管理设备。研究表明，从图 5-3-9a 可知，当温度高于 45℃时，锂电池的容量、寿命降低明显，从图 5-3-9b 可知，温度过高易引发热失控，危害系统安全，一般情况下，适宜工作温度为 25±10℃。

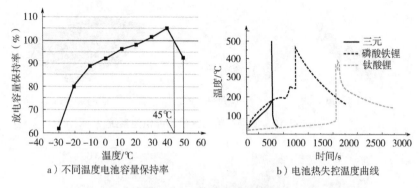

a）不同温度电池容量保持率 b）电池热失控温度曲线

图 5-3-9　热管理设计依据

散热制冷量需求计算：

$$电池发热功率 P = I^2(R_1 + R_2)$$

式中　R_1——电池直流内阻（Ω）；

　　　R_2——连接件接触电阻（Ω）。

电池直流内阻的计算可参照《Freedom CAR 电池测试手册》中的 HPPC 测试方法。

在常温环境（25 ±5℃）下：

$$P_x T = cm\Delta t + PT$$

式中　P_x——等效散热功率（W）；

　　　Δt——电池温升（℃）；

　　　m——电池质量（kg）；

　　　c——电池等效比热容［J/(kg·℃)］；

　　　T——单位时间（s）。

进而可计算出电池单体单位时间内等效散热功率需求 P_x，即需要配置的最大制冷量，另考虑设计裕度、空调或制冷机的效率等，确定最终的制冷量需求。

3. 热管理技术应用及发展

储能系统热管理技术的应用，一般分为自然散热、强制风冷和液冷等形式，如图 5-3-10 与图 5-3-11 所示，小容量低倍率储能电池系统产品一般采用自然散热，大容量高倍率一般采用强制风冷和液冷，且需配套空调系统或制冷机。

a）自然冷却   b）强制风冷   c）液冷

图 5-3-10 不同散热方式的储能电池系统

a）风冷   b）液冷

图 5-3-11 不同散热方式的集装箱式储能系统

随着储能电池的性能、寿命对于温度控制、自耗电及综合效率等技术要求的不断提高，更加高效的热管理技术也正逐渐应用于储能系统中，包括相变技术、热管技术等。

5.3.4 储能系统消防安全设计要点

1. 系统安全

安全是储能系统集成的红线要求，其影响因素包括电池本体、系统保护、电池成组、热管理设计、电气设计、消防设计、通信及能量管理等方面，需要进行系统、全面的安全设计。储能系统设计要点见表 5-3-9。

表 5-3-9 储能系统安全设计

影响因素	设计要点
电池本体	高安全电池选型,安全测试,筛选检验标准
电池成组	一致性控制,高效均衡管理,安全防护
系统保护	安全预警机制,保护逻辑,保护参数
热管理设计	热仿真,均温设计,温控逻辑
电气设计	电气间隙,短路保护,继电保护,绝缘耐压和接地,高低压控制

影响因素	设计要点
消防设计	消防方式选择,排烟、通风、泄压,消防联动
通信及能量管理	通信可靠,调度控制策略,高内聚/低耦合

在保证基本的储能系统安全设计外,还需要经过严格的安全测试来评估系统安全性,包括电池系统本体、内外部关键设备以及储能系统运输、安装和运维等方面的安全标准规范,相关国内外测试评估标准可参考表 5-3-2。

2. 消防设计

消防是安全的最后一道防线,但其实际作用往往也体现在前期的预警阶段。如图 5-3-12 所示为消防系统逻辑图,常规的消防系统架构在预警、联动、灭火三个层级均具有清晰的布局,重点设计内容在于灭火剂选择,消防最小防护单元确定,防复燃、防爆等方面。

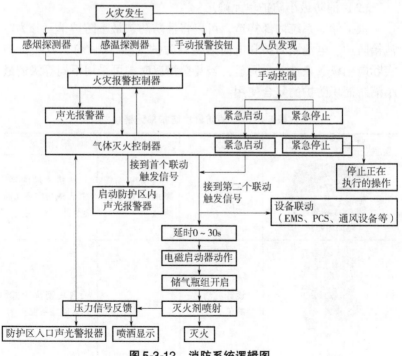

图 5-3-12 消防系统逻辑图

（1）灭火剂选择

针对电池火灾的灭火剂，以水、七氟丙烷、全氟己酮、气溶胶灭火剂为主，其特点见表5-3-10。

表5-3-10　各类灭火剂特点

灭火剂	优势	劣势	适合范围
水	无毒、无环保问题、持续抑制复燃	加剧电气短路、破坏被保护物体	A类火灾、电池防复燃
七氟丙烷	低毒、不导电、不污染、扑灭明火	无法抑制电池复燃	B、C类火灾、电气火灾及部分电池明火火灾
全氟己酮	无腐蚀性、无残留	有部分抑制复燃效果	B、C类火灾、电气火灾，电池明火火灾及复燃抑制
气溶胶	长时间抑制复燃、成本低	起动温度高、洁净度差	A、B、C类火灾电气火灾及电池火灾

（2）消防最小防护单元确定

根据储能系统内部构造，可以将消防防护最小防护单元分为电池箱防护、电池簇防护和电池集装箱防护（表5-3-11），其设计与实际应用场景条件关系明显，当复杂情况时，可采用不同等级的最小消防面积防护的复合使用。

表5-3-11　消防最小防护单元确认

消防防护最小单元	优势	劣势	适合情况
 电池箱防护	精准灭火、安全性高	成本高、防震要求高、维护困难	站房式储能系统、人流量密集、电池性能一致性差
 电池簇防护	设计灵活、安装简单	维护简单	密集型集中式户外储能系统

消防最小单元	优势	劣势	适合情况
电池集装箱防护	成本低、设计简单	电池层级异常影响面大	稀疏型分布式储能系统

3. 防复燃、防爆

目前已有的单一消防灭火剂无法完全处理全过程的火灾，需要在消防后期的防复燃、防爆方面增加多级消防设计（表5-3-12）。

表5-3-12 防复燃、防爆多级消防设计

类别	项目	设计要点
防复燃	加入消防水	①设置消防栓、消防水池 ②储能系统预留消防水标准接口 ③储能系统内部塑料件全部使用达到阻燃 UL-V0 级别
	接入消防总机	①储能系统应接入专门的消防控制室 ②异常时应断开储能外部并网开关
防爆	加入泄压阀	①设置主动泄压口 ②泄压口应设置在防护区下部 ③电池承载物的外壳需承受 1200Pa 以上

5.4 储能系统施工要点

5.4.1 选址施工

储能系统选址应根据电力系统规划设计的网络结构、负荷分布、应用对象、应用位置以及城乡规划、征地拆迁等要求进行，并且应满足防火、防爆、防腐蚀等要求，并且应通过技术经济对比进行接入点和基建位置选择。

1. 接入点选择

储能系统接入点的选择应遵循以下原则：根据配电变压器容量、负荷历史数据和预测值，储能系统安装在易出现过载的配电变压器低压侧；根据线路载荷量，储能系统应安装在易出现过载的线路下游；根据配电网的电源、网架和负荷进行计算，储能系统应安装在易出现过压和低压问题的节点；若无特殊要求，储能系统应优先安装在电压灵敏度高的节点；用户侧储能系统应选择交流进线电压等的下一等级电压母线接入。储能系统接入电网应满足《电化学储能系统接入电网技术规定》（GB/T 36547—2018）的相关要求。

2. 基建位置选择

储能系统基建位置选择应该遵循以下原则：

1）因地制宜，提高土地利用率，降低施工难度和施工量。

2）选择便于运输和施工的地方；不应选择地震区、存在泥石流和滑坡等地质灾害地区、爆破危险区、水库和湖泊下游、水资源保护区以及文物保护区。

3）远离潮湿、有腐蚀性气体以及粉尘严重区域。

4）园区内及靠近建筑物的地区应尽量避开绿化带，储能系统防火间距应满足《电化学储能电站设计规范》 （GB/T 36547—2018）的相关要求。

5）站房式储能系统应独立空间放置，并且安装位置应满足储能系统防火、防爆、通风要求。

6）用户侧储能系统放置位置应靠近配电房，降低施工成本。

5.4.2 设备安装

1. 安装形式

储能系统安装形式主要有预制舱式和站房式两种，对应的是户内与户外布置两种方式。目前采用较多的是预制舱式储能系统。如图 5-4-1 所示，预制舱式储能系统常见的有落地式安装和叠层式安装两种安装形式。站房式储能系统应用相对较少，具有代表性的有深圳宝清站、晋江储能站等，站房式储能系统有柜式安装和机架式安装两种形式。预制舱式安装和站房式安装各有优势，两种形式储能系统优缺点见表5-4-1。

a）落地式安装   b）叠层式安装

图5-4-1   预制舱式储能系统

表5-4-1   预制舱式和站房式储能系统优缺点

安装形式	优点	缺点
预制舱式	①行整体运输和安装，安装运输方便 ②现场施工周期短，项目周期可控 ③标准化产品，设计生产周期短，成本较低	①需要单独的放置场地，需要考虑维护空间等，储能系统空间利用率较低 ②集装箱设计需要考虑防腐、防紫外线、隔热等，设备成本较高
站房式	①安装灵活，可根据室内布局灵活设计，不需专门的安装场地 ②空间灵活，运行维护方便 ③无集装箱，设备成本相对较低	①需要现场安装，运输和安装复杂，现场施工量大 ②储能系统需要根据现场情况设计，增加设计难度 ③建筑物内安装，消防与安全设计等级更高

2. 线缆敷设

电缆敷设方式选择和敷设要求应视现场施工条件和环境特点以及电缆类型、数量等因素，以安全、可靠、维护方便、经济性为原则进行敷设，具体要求应满足《电力工程电缆设计标准》（GB 50127—2018）相关规范，常见的线缆敷设方式为线缆沟敷设和桥架敷设，如图5-4-2所示。

a）线缆沟敷设　　　　　　　b）桥架敷设

图 5-4-2　线缆敷设照片

3. 系统安装

（1）设备安装

对于预制舱式储能系统，整体吊装运输至项目现场。对于站房式储能系统，使用叉车进行安装（图 5-4-3）。储能设备吊装或叉运完成后，设备应与底座或基础进行固定。

a）预制舱吊装　　　　　　　b）电池柜叉运

图 5-4-3　储能设备安装

（2）电缆接线

储能设备安装完成后，需要根据电气图要求进行接线操作，接线需注意，接线作业前检查上级配电开关，确保上级配电开关处于分闸状态，接线作业时须在配电柜和设备侧设置"严禁合闸"等安全警示牌，接线完成后进行绝缘安全检查，确认接线正确，并做好防鼠、防虫措施，储能系统安装接线应满足《电气装置安装工程高压电器施工及验收规范》（GB 50147—2010）等相关要求，储能设备接线如图 5-4-4 所示。

（3）防雷接地

储能系统作为一个大型的电源系统，系统的防雷接地需满足《建筑物防雷设计规范》（GB 50057—2010）、《交流电气装置的接地设计规范》（GB/T 50065—2011），以及GB 14050《系统接地的型式及安全技术要求》相关要求，图 5-4-5 所示为储能系统接地现场图片。

图 5-4-4　储能设备接线

a）接地排　　　　　　　b）接地连接

图 5-4-5　储能系统接地现场图片

5.4.3　验收

1. 验收要求

储能系统验收主要包括工程验收、设备验收和系统验收。具体验收要求如表 5-4-2 所示，全部验收合格后方可进行交付运行。

表 5-4-2　储能系统验收

分类	验收标准
工程验收	①GB 51048—2014 电化学储能电站设计规范 ②Q/GDW 11265—2014 电池储能电站技术规程 ③GB 50217—2018 电力工程电缆设计标准 ④GB 50016—2014 建筑设计防火规范(2018 年版) ⑤GB 50057—2010 建筑物防雷设计规范 ⑥GB 14050—2018 系统接地的型式及安全技术要求 ⑦GB/T 50065—2011 交流电气装置的接地设计规范

分类		验收标准
设备验收	集装箱或电池柜	①GB/T 5338—2002 系列1 集装箱 技术要求和试验方法 第1部分：通用集装箱 ②GB/T 4208—2017 外壳防护等级（IP代码） ③GB/T 9286—2021 色漆和清漆划格试验 ④YD/T 1537—2015 通信系统用户外机柜 ⑤YD/T 5186—2010 通信系统用室外机柜安装设计规定
	配电设备	①GB 50147—2010 电气装置安装工程 高压电器施工及验收规范 ②GB 26164.1—2010 电业安全操作规程 第1部分：热力和机械 ③DL 5009.3—2013 电力建设安全工作规程 第3部分：变电站 ④GB 50150—2016 电气装置安装工程 电气设备交接试验标准 ⑤GB 51048—2014 电化学储能电站设计规范 ⑥GB 50169—2016 电气装置安装工程 接地装置施工及验收规范 ⑦GB 50054—2011 低压配电设计规范
	电池系统（含BMS）	①GB/T 36276—2018 电力储能用锂离子电池 ②NB/T 42091—2016 电化学储能电站用锂离子电池技术规范 ③GB/T 34131—2017 电化学储能电站用锂离子电池管理系统技术规范
	储能变流器	GB/T 34120—2017 电化学储能系统储能变流器技术规范
	消防系统	①GB 50263—2007 气体灭火系统施工及验收规范 ②GB 4717—2005 火灾报警控制器 ③GB 50116—2013 火灾自动报警系统设计规范
	温控系统	GB 50243—2016 通风与空调工程施工质量验收规范
系统验收		①GB/T 36558—2018 电力系统电化学储能系统通用技术条件 ②GB/T 36547—2018 电化学储能系统接入电网技术规定 ③技术协议要求的使用要求、控制策略、保护逻辑等

2. 运维

储能系统运行维护是储能系统全生命周期中十分重要的部分，通过运行维护，及时发现故障、隐患，确保储能系统稳定运行，对于提高储能系统安全和延长储能系统使用寿命具有重要意义。储能系统运维应遵循《储能电站运行维护规程》（GB/T 40090—2021）的相关规定和要求。

5.5 储能系统专项及典型案例

储能系统的核心需求为高安全、长寿命、低成本、高可靠，典型案例方案贯穿设计、建设和运行直至寿命终止的全生命周期，包括设计需求的精准解读，选型建设的评价标准，运行维护的管理控制以及寿命终止的回收处理，并结合针对性设计的工程实施方案，实现储能系统较优的平准化储能成本（LCOS）。

5.5.1　储能全生命周期运维管理

储能系统全生命周期运维管理主要涉及设计、建设、运维三个主要阶段，需要明确关键的性能和功能要求，提前故障预警，并针对实际应用痛点提供对应解决方案。

1. 全生命周期健康状态评估

储能系统全生命周期健康状态评估体系如图 5-5-1 所示，主要包含系统安全、系统性能、环境符合性等维度，各维度又包含多项关键内容。

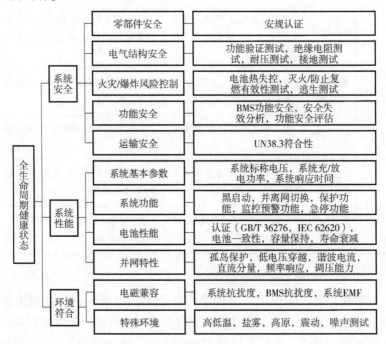

图 5-5-1　储能系统全生命周期健康状态评估体系

2. 常见故障类别及原因

储能技术虽然持续发展，但仍存在瓶颈问题有待突破，反映在运行过程中常常表现出共性异常故障。常见故障类别及原因分析见表 5-5-1。

表 5-5-1　常见故障类别及原因分析

版块	类别	现象	原因
电池	电压跳变	单体电压跳变、相邻单体电压镜像、单体电压压差过大	电压采集有干扰、采集回路电气连接存在问题、电气设计缺陷
	充高放低	个别电池在充、放电时均最先到达截止电压，且时间较短	初始或运行老化的电池特性不一致、电池连接件接触不良
	电池失效	充放电过程中的过热、电池变形漏液、产气、容量不足	过充电或过放电、制造缺陷、电池老化引起的内部短路，电池变形或失效
电池管理系统	电压数据丢失	单体自检失效、模块自检失效、从控丢失、电池簇无法投入运行	从控采集的单体电压未及时更新或采集线路中断、接触器本体故障
	电池温度跳变	电池温度跳变、温差过大、电池极限温度过高或过低	温度采集线路相互干扰或感温装置接触不良
	电压异常	电池簇计算电压、测量电压异常	从控采集上传或者主回路采集电路偏差
系统	局部过热	局部区域电池温度超过设置阈值	极柱焊接缺陷、热管理设计缺陷、电池内阻异常
	充、放电中断	充放电过程中，系统充、放电中断	功率系统与控制系统通信断线、动力线路异常

3. 全生命周期运维管理平台

储能系统实际应用的主要痛点在于可用电量较标称电量差距大，系统效率低，寿命衰减快以及潜在的安全问题，因此需对应设计运维管理策略，通过有效的"能量—信息管理平台"，实现储能系统全生命周期的安全可靠运行（图 5-5-2）。全生命周期能量管

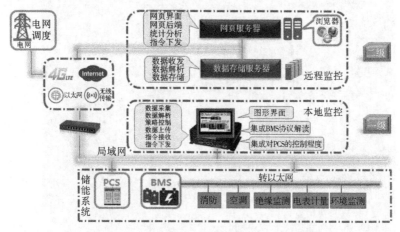

图 5-5-2 典型全生命周期能量管理平台架构

理平台界面示例如图 5-5-3 所示。

全生命周期能量管理平台主要功能如下：

1）多套储能系统远程集中监控、协同。

2）定制化的多种工作模式。

3）集成视频监控画面。

4）集成数据可视化看板等其他网页应用。

5）数据采集、解析、分类、计算、转换等。

6）数据多形式展示。

7）手动遥调遥控、自动执行调峰策略。

8）计划曲线设置、通信配置、协议录入。

9）报警监测、事件记录、安全保护策略。

10）数据储存、查询、报表导出、历史数据图表。

5.5.2 储能系统评价指标

储能系统的运行评价主要针对额定功率不小于 500kW 且额定能量不小于 500kWh 的电化学储能，评价维度主要包括充放电能力、综合能效和设备运行状态，评价宜以年为周期。关键评价指标的计算方法如下：

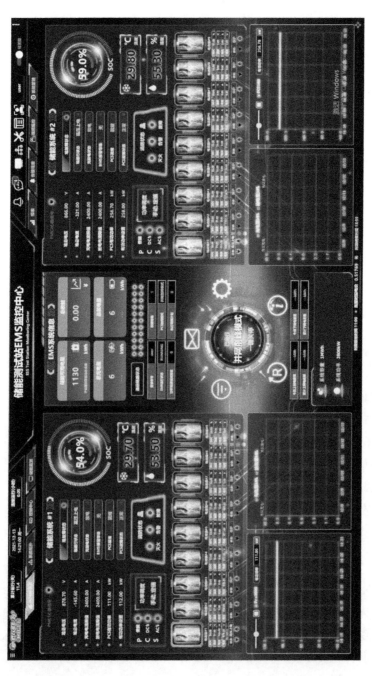

图5-5-3　全生命周期能量管理平台合界面示例

（1）充放电能力评价指标

主要包括：实际可充放电功率，实际放电量及储能系统能量保持率。

1）实际可充放电功率应为实际可连续运行 15min 及以上的最大功率值。

2）实际放电量的测定应符合《电力系统电化学储能系统通用技术条件》（GB/T 36558—2018）的规定。

3）能量保持率 η 应为评价周期内，储能系统实际放电量 E_p 与储能系统铭牌标识的额定电量 E_i 的比值（式5-5-1）：

$$\eta = E_p/E_i \qquad (5\text{-}5\text{-}1)$$

（2）综合能效评价指标

主要包括储能系统综合效率、储能损耗率和自用电率。

1）综合效率能量保持率 η_{EESS} 应为评价周期内，储能系统运行过程中上网电量 E_{on} 与下网电量 E_{off} 的比值（式5-5-2）：

$$\eta_{EESS} = E_{on}/E_{off} \qquad (5\text{-}5\text{-}2)$$

上网电量和下网电量应从储能系统与电网之间的关口计量表计取。

2）储能损耗率 R_{ES} 应为评价周期内，储能系统充电、放电和能量存储过程总的电能损耗与下网电量 E_{off} 的比值（式5-5-3）：

$$R_{ES} = \left(\sum E_C - \sum E_D \right)/E_{off} \qquad (5\text{-}5\text{-}3)$$

式中　$\sum E_C$——评价周期内充电量总和；

　　　$\sum E_D$——评价周期内放电量总和。

3）自用电率 R_S 应为评价周期内，储能系统运行过程中自用电量 E_s 占下网电量 E_{off} 的比值（式5-5-4）：

$$R_S = \sum E_s/E_{off} \qquad (5\text{-}5\text{-}4)$$

式中　$\sum E_s$——自用电量，包括消防、空调/制冷机、照明、通信等辅助系统能耗。

（3）设备运行状态评价指标

主要包括调度响应成功率、等效利用系数、非计划停运系数、可用系数，各项指标的测定应符合《电化学储能电站运行指标及评价》（GB/T 36549—2018）的规定。

5.5.3　电池本体回收

近些年，储能行业迎来了爆发式增长，虽然目前储能电池未到达使用寿命期限，但是从长期发展角度考虑，储能电池回收仍是需要考虑的一个问题。储能电池回收处理方法按照提取工艺分类可分为干法回收、化学方法和生物方法，其对比见表 5-5-2。

表 5-5-2　电池回收方法对比

方法	工艺	优点	缺点
干法回收	破碎分选	回收效率高，无药剂，避免二次污染	设备动力成本高，需要除尘装置
	超声再生	工艺流程短，降低了化学试剂的使用	正极材料剥离效果较差，推广困难
	机械研磨	环境友好，工艺操作性强	预处理过程中高温会使隔膜分解，产生有毒气体；球磨能耗大
	破碎浮选	环境友好，工艺操作性强，推广性好	铜和铝等金属回收困难
	火法冶金	工艺操作简单，速度快，效率高，适合大规模废旧锂电池回收处理	会产生有毒气体，需严格控制处理温度，加装气体处理设备，成本高
化学方法	湿法冶金	工艺纯熟，产品纯度高	反应时间长，处理量小，试剂消耗量大，成本高，且废水处理困难
	熔岩化学焙烧	避免浸出酸使用，简化工艺流程	产生的硫化物种类较多，不利于后续金属的分离
生物方法	生物浸出、生物淋滤	成本低，污染小，能耗低	微生物培植困难，生化反应周期长，处理效率低

以钛酸锂电池回收为例，钛作为一种稀有金属，具有较高的回收价值，其回收流程如图 5-5-4 所示。

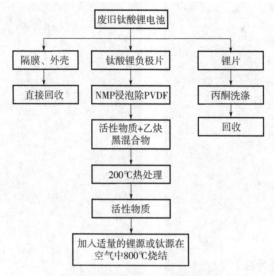

图5-5-4　钛酸锂电池回收流程

5.5.4　储能典型实施案例

1. 用户侧工业园区削峰填谷储能项目

项目位于珠海市，受该市错峰用电影响，用电限制，导致生产停工，因此项目计划采用储能系统进行供电，解决限电问题带来的影响，此外储能系统在低谷电价时段给储能系统充电，在电价高峰时段进行放电，实现削峰填谷，降低用电成本。

用电负荷曲线如图5-5-5所示。厂区用电最大负荷基本在1000～1200kW之间，园区所在地（珠海）用电峰时段在早上9:00—12:00，晚间19:00—22:00，储能系统电量按照3h配置，另考虑充放电效率等因素，储能系统配置为1000kW/3289kWh，保证可以在峰时段窗口期完全放完电，效益最大化。另根据业主单日用电功率，以及当地限电政策，评估存在约400kW的供电缺口，如果配置的3289kWh储能电量全部用于解决供电缺口问题，可支撑约8h，能够满足业主正常白天工作时间的生产用电需要。

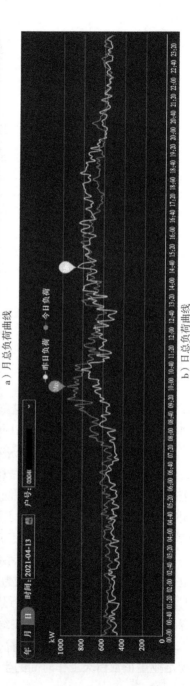

a）月总负荷曲线

b）日总负荷曲线

图5-5-5　用电负荷曲线

业主现场两台变压器中，1#变压器整体负荷较大，用电占比为月68%，且用电高峰期集中在9:00—16:00，不占用储能系统谷时充电的变压器功率，因此将储能系统接入1#变压器，同时，在1#变压器与2#变压器之间增加联络开关柜，可以实现当有一路变压器由于故障关停时，闭合联络开关，储能系统可以同时为两台变压器下的负荷进行供电（图5-5-6）。

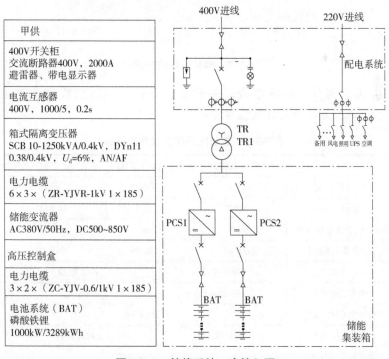

图5-5-6 储能系统一次接入图

根据业主用电情况，该项目1000kW/3289kWh储能系统在用电高峰进行放电，低谷时段进行充电，解决客户错峰用电的同时能够实现削峰填谷，赚取工业用电峰谷差价，从而降低客户用电成本。根据项目所在广东地区大工业电价政策，设计储能系统运行逻辑为一天两次充、放电（图5-5-7），分别套利峰谷和峰平电费差利益。

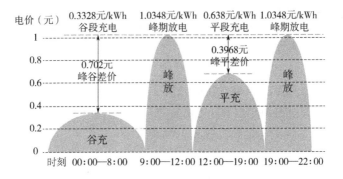

图 5-5-7 储能系统运行策略

对应每日的储能削峰填谷收益以及每年累计的收益测算见表 5-5-3，其具有良好的收益表现。

表 5-5-3 储能削峰填谷收益测算表

1MW/3.289MWh 储能系统收益测算			
时段	峰时	平时	谷时
电价（元）	1.0348	0.638	0.3328
单次充（放）电量/kWh	2605	2960	2960
电费（元）	2695.65	1888.48	985.09
一天两次充放	峰谷收益		峰平收益
日收益（元）	1710.42		903.42
合计日收益（元）	2613.84		
年收益（元）	564437.55		298129.43
合计年收益（元）	862566.98		

注：年运行天数以 330 天计。

2. 北京首都国际机场光储充一体化项目

2020 年 5 月，北京首都国际机场光储充一体化电站项目正式投入使用，项目主要通过配置光储充系统，解决首都机场现有配电不足，无法支撑飞行区内日益增加的摆渡车、地勤车等新能源汽车的充电需求。首都机场飞行区 1 号门、2 号门、T3D 南端、T3E 南端 4 个区域，拟建设区域处的市电低压开关可提供电流分别为

100A、250A、300A、400A，1号门充电桩负荷的总需求功率为315kW，2号门充电桩负荷的总需求功率为300kW，T3D的充电桩负荷的总需求功率为345kW，T3E的充当桩负荷总需求功率为360kW，市电供应功率严重不足，故配置储能系统进行动态增容，不需要新报装变压器，大幅节省改建投资资金和时间，项目在车位棚顶的面积铺设光伏组件，构成光储充一体化系统。该光储充一体化电站采用钛酸锂储能方案，分别部署在上述4个区域，总计798.3kWh电池储能，200.88kW的车棚光伏，20个双枪充电桩，22个单枪充电桩，可支撑62个充电车位，有效缓解首都机场配网增容0.53MW，可满足所有车位的充电桩满功率运行时的电力供应。北京首都国际机场光储充一体化项目现场照片如图5-5-8所示。该项目集光伏发电、储能、微网控制、电动汽车充电、多能互补调度协调于一体，通过能源互联云平台进行实时调度管理，合理匹配终端用电需求，实现了清洁发电、安全储电、高效用电的节能低碳能源综合管理应用。

图5-5-8　北京首都国际机场光储充一体化项目现场照片

第6章 电动汽车充电设施系统

6.1 电动汽车对于"双碳"战略的意义

6.1.1 汽车电动化与能源变革

1. 电动汽车与"双碳"战略

根据分析，2020 年全球交通运输领域碳排放量近 85 亿 t，占碳排放总量的 25%。我国交通运输领域是仅次于工业领域和建筑领域的第三大碳排放源，占碳排放总量的 10% 左右。

作为全球汽车保有量最大的发展中国家，国务院办公厅印发《新能源汽车产业发展规划（2021—2035 年)》的通知中明确表示：发展新能源汽车是应对气候变化、推动绿色发展的战略举措，是我国从汽车大国迈向汽车强国的必由之路。电动汽车辐射产业广、带动能力强，具有全生命周期低排放的特点。截至 2022 年 1 月 11 日，国家监管平台累计接入新能源汽车突破 700 万辆，行驶里程 2235 亿 km，推动汽车电动化转型对实现"双碳"战略目标意义重大。

2. "双碳"战略对电动汽车的要求

日前，国务院印发的《2030 年前碳达峰行动方案》和《新能源汽车产业发展规划（2021—2035 年)》明确指出：

1）要推动交通运输工具装备低碳转型，推动新能源汽车产业发展，逐步提升新能源汽车在新车产销和汽车保有量中的占比，计划到 2025 年，将新能源汽车新车销量提升至汽车新车销售总量的 20% 左右。

2）加快绿色交通基础设施建设，有序推进充电桩等基础设施建设。作为"新基建"的重要组成部分，建设用户居住地、单位内部、公共服务领域、城市和城际间充电设施和充电网络，优化充电设施使用环境，是推动汽车电动化转型的重要保障。

3）积极推动"新能源＋储能"多能互补产业发展，建立分布式新能源合理配置储能系统。充分利用峰谷电价政策，引导电动汽车充电网络参与电力系统调节，降低车主用电成本，提升电网安全保障水平。

6.1.2 电动汽车的发展现状及趋势

1. 国际电动汽车发展概况

根据 EV-volumes 数据显示，2020 年全球新能源汽车销量达到 328 万辆，相较于 2019 年增长了 43.9%，历年销量如图 6-1-1 所示。

图 6-1-1　全球新能源汽车历年销量

"碳中和"战略背景下，推动汽车电动化转型已成为世界共识。国际各国也陆续发布禁燃时间表，详见表 6-1-1。

表 6-1-1　国际各国禁燃时间表

禁燃国家/区域	提出时间	提出方式	实施时间	禁售范围
挪威	2016 年	国家计划	2025 年	汽油、柴油车
荷兰	2016 年	议案	2030 年	汽油、柴油乘用车
巴黎、马德里雅典、墨西哥	2016 年	市长签署行动协议	2025 年	柴油车
美国加利福尼亚州	2018 年	政府法令	2029 年	燃油公交车
德国	2016 年	议案	2030 年	内燃机车
法国	2017 年	官员口头表态	2040 年	汽油、柴油车
英国	2017 年	官员口头表态	2040 年	汽油、柴油车
英国	2018 年	交通部门战略	2040 年	汽油、柴油车
英国	2020 年	政府文件	2030 年	汽油、柴油车
印度	2017 年	官员口头表态	2030 年	汽油、柴油车
爱尔兰	2018 年	官员口头表态	2030 年	汽油、柴油车
以色列	2018 年	官员口头表态	2030 年	进口汽油、柴油乘用车
意大利罗马	2018 年	官员口头表态	2024 年	柴油车
日本	2020 年	政府文件	2035 年	汽油车

　　各大传统车企也加快了汽车电动化转型步伐，纷纷提出各自碳中和目标，如图 6-1-2 所示。

戴姆勒	2030年左右，在市场条件允许的地方实现全电动化，最终在未来20年内建立一支碳中和的新汽车车队
沃尔沃	2019年起，不再推出燃油车；到2025年要售出100万辆电动化汽车到2040年之前将公司发展成为全球气候零负荷标杆企业
本田	力求在汽车整个生命周期内实现CO_2零排放，2030年完成全球纯电和燃料电池车销量占比40%的目标，2040年该占比将达到100%
比亚迪	2030年之前实现零排放中、重型卡车的销售占比达到30%2040年之前实现零排放中、重型卡车的销售占比达到100%，以促进2050年实现零碳排放
长城汽车	2023年，实现长城汽车首个零碳工厂，建立汽车产业链条的循环再生体系；2025年实现全球年销量400万辆的目标，其中80%为新能源汽车；到2045年，全面实现碳中和
日产	2050年，车辆生命周期"碳中和"
福特	欧洲的乘用车将在2030年前实现全电动化
大众汽车	最迟在2030年将实现所有车型电动化，传统燃油车将彻底停止销售
吉利汽车	到2025年，吉利汽车集团新能源销量将达到90万辆，占比30%
江淮汽车	制定了"2025年新能源车型占比30%"的发展规划
斯巴鲁	2020年全面停止生产柴油引擎车款与销售
捷豹、路虎	2020年起，新发布车型均将实现电动化，包括纯电动、插电混动和轻度混动

图 6-1-2　各车企碳中和目标

2. 国内电动汽车发展概况

我国新能源汽车市场经历了由政策驱动到"政策 + 市场"双轮驱动的转变，新能源汽车产业结构日趋成熟，产业发展高速增长，如今中国已成为全球新能源汽车的第一市场。

据公安部数据显示，截至 2022 年 1 月中旬，我国新能源汽车保有量突破 700 万辆，占全国汽车总量的 2.28%。这其中纯电动汽车保有量达 552 万辆，占新能源汽车总量的 81.53%。2011—2020 年我国新能源汽车产、销量数据如图 6-1-3 所示。

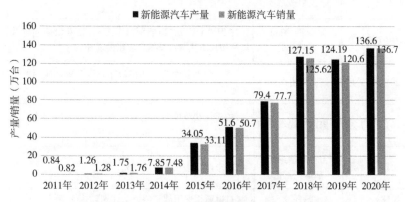

图 6-1-3　2011—2020 年我国新能源汽车产、销量

3. 国内电动汽车推广政策

自 2009 年"十城千辆"工程开展以来，从中央到地方，相关部门陆续出台多项政策推动新能源汽车产业化发展，为新能源汽车的发展营造了良好的政策环境。国家部委主要相关政策见表 6-1-2。

表 6-1-2　国家部委主要相关政策一

发布时间	发布部门	文件名称
2009 年 1 月	财政部、科技部	《关于开展节能与新能源汽车示范推广试点工作的通知》
2010 年 5 月	财政部、科技部、工业和信息化部、国家发展改革委	《关于扩大公共服务领域节能与新能源汽车示范推广有关工作的通知》《关于增加公共服务领域节能与新能源汽车示范推广试点城市的通知》《关于开展私人购买新能源汽车补贴试点的通知》

（续）

发布时间	发布部门	文件名称
2012 年 6 月	国务院办公厅	《节能与新能源汽车产业发展规划(2012—2020 年)》
2013 年 9 月	财政部、科技部、工业和信息化部、国家发展改革委	《关于继续开展新能源汽车推广应用工作的通知》
2014 年 11 月	财政部、科技部、工业和信息化部、国家发展改革委	《关于新能源汽车充电设施建设奖励的通知》
2016 年 1 月	财政部、科技部等部门	《关于"十三五"新能源汽车充电,基础设施奖励政策及加强新能源汽车推广应用的通知》
2014 年 7 月	国务院办公厅	《国务院办公厅关于加快新能源汽车推广应用的指导意见》
2017 年 1 月	国家能源局等部门	《关于加快单位内部电动汽车充电基础设施建设的通知》
2017 年 4 月	工业和信息化部等三部门	《汽车产业中长期发展规划》
2018 年 6 月	国务院	《打赢蓝天保卫战三年行动计划》
2019 年 3 月	财政部等四部门	《关于进一步完善新能源汽车推广应用财政补贴政策的通知》
2019 年 5 月	财政部等四部门	《关于支持新能源公交车推广应用的通知》
2020 年 4 月	财政部等四部门	《关于完善新能源汽车推广应用财政补贴政策的通知》
2020 年 4 月	财政部等三部门	《关于新能源汽车免征车辆购置税有关政策的公告》
2020 年 11 月	国务院办公厅	《关于印发新能源汽车产业发展规划(2021—2035年)的通知》
2020 年 12 月	财政部等四部门	《关于进一步完善新能源汽车推广应用财政补贴政策的通知》
2021 年 2 月	国务院	《关于加快建立健全绿色低碳循环发展经济体系的指导意见》
2021 年 10 月	国务院	《关于印发 2030 年前碳达峰行动方案的通知》
2021 年 11 月	交通运输部	《综合运输服务"十四五"发展规划》

6.1.3 电动汽车充电设施的相关政策

1. 国际电动汽车充电设施发展概况

根据国际能源署（IEA）公布数据显示，2015—2020 年，全球电动汽车公共类充电设施由 2015 年的 18.43 万台增长至 2020 年的 130.79 万台，建设规模持续上升。预计到 2025 年，全球充电桩保有量将达到 6500 万台，其中公共类充电设施保有量达 830 万台。

全球各个国家纷纷出台电动汽车充电桩相关补贴政策，推动电动汽车充电设施的建设。美国政府投资 24 亿美元用于促进电动汽车、电池组件及配套基础设施发展；法国政府投资 20 亿欧元用于支持公共基础设施建设及电池组件的研发，且所有设有停车场的新建公寓截取必须设置充电站；德国投入 5 亿欧元用于支持电动汽车相关产业研发，包括充电设施建设；日本分别投资 26 亿日元和 124 亿日元用于电动车和混合动力车充电站建设。

2. 国内电动汽车充电设施发展概况

据中国电动汽车充电基础设施促进联盟数据显示，截至 2021 年年底，全国已累计建成各类充电基础设施 261.7 万台，公共充电桩保有量 114.7 万台。其中，直流充电桩 47 万台、交流充电桩 67.7 万台、交直流一体充电桩 589 台，我国充电基础设施建设总体规模处于世界领先位置。2018 年 9 月—2021 年 9 月公共类充电桩保有量如图 6-1-4 所示。

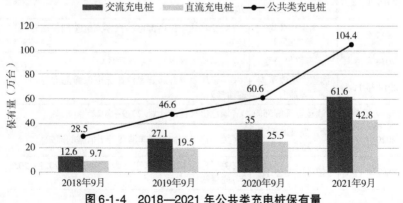

图 6-1-4　2018—2021 年公共类充电桩保有量

2014 年 5 月，国家电网开放了电动汽车充换电市场，鼓励社会资本积极投资。截至 2020 年年底，全国换电站保有量 555 座，主要集中于出租车、网约车运营市场。

3. 国内电动汽车充电设施推广政策

自 2014 年国务院办公厅发布《关于加快新能源汽车推广应用的指导意见》以来，电动汽车充电基础设施有了明确的政策方向。随后，国家部委陆续出台了多项针对性政策，涉及充电基础设施技术标准、发展规划、配建比例、建设用地、电价指导，通过对充电桩运营企业进行政策补贴，有利引导了充电基础设施行业发展，提升用户充电便利性。国家部委主要相关政策见表 6-1-3。

表 6-1-3　国家部委主要相关政策二

发布时间	发布部门	文件名称
2015 年 9 月	国务院办公厅	《关于加快电动汽车充电基础设施建设的指导意见》
2015 年 10 月	国家发展改革委等四部门	《电动汽车充电基础设施发展指南（2015—2020 年）》
2015 年 12 月	住房和城乡建设部	《住房城乡建设部关于加强城市电动汽车充电设施规划建设工作的通知》
2016 年 1 月	财政部、科技部等部门	《关于"十三五"新能源汽车充电,基础设施奖励政策及加强新能源汽车推广应用的通知》
2016 年 7 月	国家发展改革委等部门	《关于加快居民区电动汽车充电基础设施建设的通知》
2016 年 12 月	国家发展改革委等部门	《关于统筹加快推进停车场与充电基础设施一体化建设的通知》
2016 年 12 月	国家发展改革委等部门	《关于印发电动汽车充电基础设施接口新国标实施方案的通知》
2017 年 1 月	国家能源局等三部门	《关于加快单位内部电动汽车充电基础设施建设的通知》
2018 年 6 月	国务院办公厅	《打赢蓝天保卫战三年行动计划》
2018 年 11 月	国家发展改革委等部门	《关于印发提升新能源汽车充电保障能力行动计划的通知》
2019 年 5 月	交通运输部等部门	《绿色出行行动计划（2019—2022 年）》
2020 年 4 月	国家发展改革委等部门	《关于稳定和扩大汽车消费若干措施的通知》
2020 年 11 月	国务院办公厅	《关于印发新能源汽车产业发展规划（2021—2035 年）的通知》

发布时间	发布部门	文件名称
2020 年 12 月	财政部等部门	《关于进一步完善新能源汽车推广应用财政补贴政策的通知》
2021 年 2 月	国务院办公厅	《关于加快建立健全绿色低碳循环发展经济体系的指导意见》
2021 年 9 月	交通运输部	《交通运输领域新型基础设施建设行动方案（2021—2025 年）》
2021 年 9 月	国家发改委、住房和城乡建设部	《关于加强城镇老旧小区改造配套设施建设的通知》
2021 年 10 月	国务院	《关于印发 2030 年前碳达峰行动方案的通知》
2021 年 11 月	交通运输部	《综合运输服务"十四五"发展规划》
2022 年 1 月	国家发展改革委、工业和信息化部、住房和城乡建设部、商务部、市场监管总局、国管局、中直管理局	《促进绿色消费实施方案》

2020 年，充电基础设施被纳入"新基建"范围，在新一轮产业政策指导作用下，充电基础设施将迎来新的发展机遇。

6.2 充电设施系统设计要点

6.2.1 负荷分级与计算

1. 负荷分级

充电设施是为电动汽车充电提供电能的设施，对于普通家用、商用的电动汽车，平时充电以交流充电桩为主，没有直接涉及人身、生产安全等问题，故大多数民用建筑配套建设的充电设施均可设为三级负荷。

随着汽车电气化进程加速，出现一些特殊用途的电动汽车。故对于影响公共安全、社会秩序的电动汽车（如保障一方平安的公安电动巡逻车、涉及城市交通秩序的电动公交车、涉及人身安全的救护车等）快速充电设施，可适当提高其负荷等级。充电设施的负荷等级见表6-2-1。

表6-2-1　充电设施的负荷等级

负荷等级	负荷名称	应用示例
不低于二级	中断供电在公共安全方面造成较大损失，或对公共交通、社会秩序造成较大影响的快速充电设施	用于电动公安巡逻车、电动公交车、电动救护车等的非车载充电机
三级	其他场所的一般充电设施	用于居住小区、商场、办公等的快充或速慢充电设施

2. 负荷计算

充电设备的负荷计算宜按充电设备类型进行分组，并利用需要系数法进行计算。不同充电设备的需要系数可参考表6-2-2。

交流充电桩、非车载充电机等可用公式（6-2-1）进行分组计算。

$$S_{js} \approx K_t \left[K_{d1} \sum \left(\frac{P_1}{\eta_1 \cos\varphi_1} \right) + K_{d2} \sum \left(\frac{P_2}{\eta_2 \cos\varphi_2} \right) + K_{d3} \sum \left(\frac{P_3}{\eta_3 \cos\varphi_3} \right) + \cdots \right] \tag{6-2-1}$$

式中　　　　S_{js}——计算容量（kVA）；

K_t——同时系数，一般取 $0.8 \sim 0.9$；

K_d——需要系数，不同充电设备的需要系数见表6-2-2，7kW单相交流充电桩需要系数如图6-2-1所示；

P_1，P_2，P_3——各类充电设备的额定功率（kW）；

η_1，η_2，η_3——各类充电设备的工作效率，非车载充电机一般取 0.95，交流充电桩取 1.0；

$\cos\varphi_1$，$\cos\varphi_2$，$\cos\varphi_3$——各类充电设备的功率因数，一般大于 0.9。

表 6-2-2　不同充电设备的需要系数

充电设施类型		需要系数	应用场景
交流充电桩	单台交流充电桩	1	家用、公共场所
	非运营场所 2 台及以上单相交流充电桩	0.28 ~ 1	住宅小区停车场(库)、公共场所停车场(库)
非车载充电机	1 台	1	公共场所停车场(库)
	2 ~ 4 台	0.8 ~ 0.95	
	5 台及以上	0.3 ~ 0.8	
	运营单位专业	≥0.9	运营单位
充电主机系统	社会公共停车场(库)	0.45 ~ 0.65	公共场所停车场(库)
	运营单位专用	≥0.9	运营单位

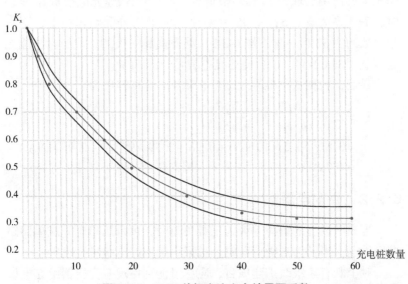

图 6-2-1　7kW 单相交流充电桩需要系数

　　需要注意的是，图 6-2-1 表示单相交流充电桩的数量，当实际应用中的单相交流充电桩平均分布到三相线路上时，其充电桩数量可为图示数量的三倍。

3. 计算示例

【例 6-2-1】重庆市某新建绿建二星办公楼，规划 300 个停车位，问：计算电动汽车充电设备总容量有多大？

答：首先，需要查阅重庆市当地是否有充电桩建设的相关标准、规定。经查，重庆市地方标准《电动汽车充电设施建设技术标准》（DBJ 50 218—2020 中规定主城区的办公建筑一次配建比例不小于 30%。

同时，根据上述标准中绿色建筑评价表可得分要求：电动汽车充电车位建成数量在国家和本地有关文件规定的最低要求的基础上至少提升 5 个百分点。故该项目充电车位数量为 300 个 × 35% = 105 个。

接着，根据《电动汽车充换电设施系统设计标准》（T/ASC 17—2021）中交流充电桩与非车载充电机推荐配置比例，将快慢速充电的比例选取为 1：10。根据表 6-2-2，当快速充电数量 $N_1 = 10$ 时，需要系数取 0.5；将 95 台慢速充电平均分配到每相上，则每相台数约为 32 台，根据图 6-2-1，需要系数取 0.39。设单台快速充电容量 $P_1 = 60\text{kW}$，单台慢速充电容量 $P_2 = 7\text{kW}$。

最后，根据式（6-2-1），充电设备的计算容量为

$$S_{js} = K_t \left(\frac{K_{d1} N_1 P_1}{\cos\varphi_1} + \frac{K_{d2} N_2 P_2}{\cos\varphi_2} \right)$$
$$= 0.8 \times (0.5 \times 10 \times 60 \div 0.98 + 0.39 \times 95 \times 7 \div 0.98)\text{kVA}$$
$$= 457\text{kVA}$$

6.2.2　供电电源

当充电设施的负荷等级为三级负荷时，可采用单电源或单回路进行供电；当其为二级负荷时，可采用两回路电源进行供电。

对于既有建筑改扩建项目，应尽可能利用现有变压器给充电设施进行供电，以提高变压器的利用率。通过对各类民用建筑长年变压器运行指标进行分析，目前大多数已建成的民用建筑变压器利用率普遍偏低，所以鼓励既有建筑采用充电设施与其他用电负荷共用变压器的方案。当计入充电设施容量后，变压器的最大负载率超过 85% 时，宜设置专用变压器。

对于新建建筑，当充电设施的计算负荷大于 500kVA 时，建议

采用在充电设施附近设置专用变压器的供电电源方案。

6.2.3 配电系统

充电设备的配电系统一般为二级或三级配电系统，各级的配电保护装置设置应相互配合。

充电设备的低压配电自成系统，这样便于后期运维管理和电能计量。对于单相7kW交流充电桩可采用放射式、树干式或两种组合的供电方式，一般来说会在充电设备相对集中的区域设置总配电箱（图6-2-2）。

7kW交流充电桩也可采用三相树干式供电，这时，单相充电桩数量不宜超过6个，并均匀分接到三相上（图6-2-3）。

对于30kW、45kW、60kW集中布置的非车载充电机，既可采用单独低压回路供电方式，也可设区域配电总箱，由总箱进行供电。

对于120kW及以上的单桩充电设备，宜由变压器低压出线侧的单独低压回路进行供电。

给充电设备供电的电线、电缆，其中性线截面面积不应小于相线截面面积。

6.2.4 消防系统

1. 电动汽车火灾特性

电动汽车火灾隐患来自于动力电池系统、充电系统和高压动力总线。目前，电动车动力电池主要为锂离子电池，锂离子电池的热失控是动力电池着火的主要原因。电动汽车燃烧速度快，主要原因是电池内部的化学反应不需氧气助燃，可在短时间内释放出巨大的能量，发生爆燃现象，这使得外部灭火设施的作用微乎其微。

2. 消防设计依据与原则

在民用建筑中，充电设施的消防设计主要参考《电动汽车分散充电设施工程技术标准》（GB/T 51313—2018）和《电动汽车充换电设施系统设计标准》（T/ASC 17—2021）相关规定。但就目前锂离子电池极易发生热失控的情况，从消防方面考虑，充电设施布

充电桩配电柜

$P_e=140kW$
$K_x=0.75$
$P_{js}=110.3kW$
$cos\varphi=0.95$
$I_{js}=176.4A$

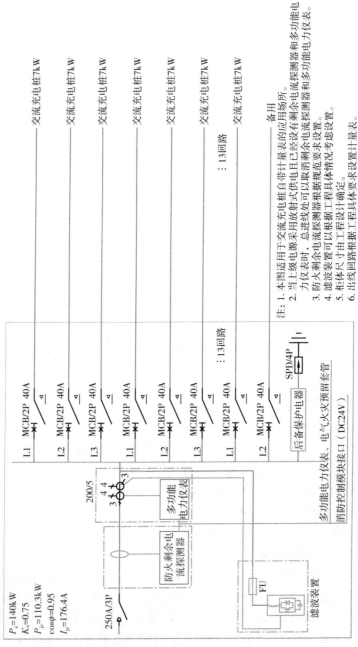

交流充电桩7kW
交流充电桩7kW
交流充电桩7kW
交流充电桩7kW
交流充电桩7kW
交流充电桩7kW
交流充电桩7kW
：13回路
备用

注：1. 本图适用于交流充电桩自带计量表的应用场所。
2. 当上级电源采用放射式供电且已经设有剩余电流探测器和多功能电力仪表时，总进线处可以取消剩余电流探测器和多功能电力仪表。
3. 防火剩余电流探测器可以根据规范规定考虑选设置。
4. 滤波装置根据工程具体情况确定。
5. 柜体尺寸由工程设计确定。
6. 出线回路根据工程具体要求设置计量表。

图6-2-2 充电桩总电箱示意图

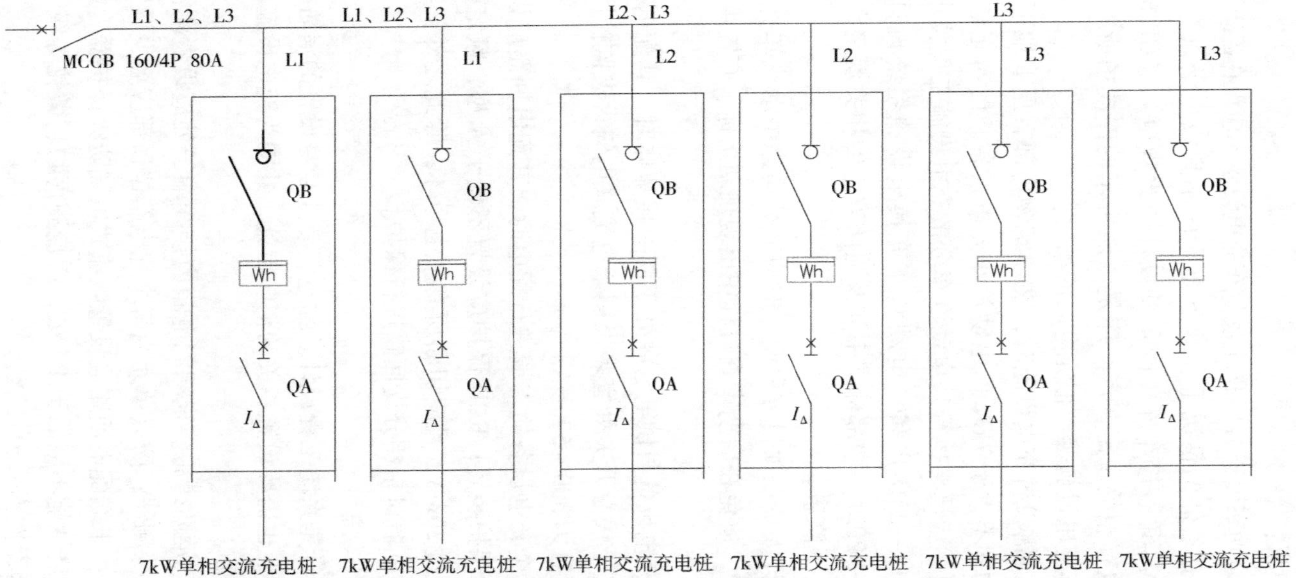

图6-2-3　树干式供电示意图

第6章　电动汽车充电设施系统

置有如下建议：

1）额定功率大于 7kW 的电动汽车充电设备不应设在建筑物内。

2）在有条件的情况下，地下车库内不宜设电动汽车充电设施。在《汽车库、修车库、停车场设计防火规范》（GB 50067—2014）中也有相关规定，汽车库是内燃机车的停放场所，不应设置电动汽车充电设施等类似充电间的场所。

3）当确需设置充电设施时，在建筑物内部首层或地下一层可设置额定功率不大于 7kW 的电动汽车充电设备。但当充电设施进入建筑物时，应严格执行《电动汽车分散充电设施工程技术标准》（GB/T 51313—2018）和《电动汽车充换电设施系统设计标准》（T/ASC 17—2021）两部标准中涉及消防安全的相关规定，确保没有较大的安全隐患。

4）设计人员在项目方案设计时应充分考虑电动汽车充电设施的规划布置，避免在后期审查过程中出现规划指标、布置难以合规等问题。

5）当充电设备与供电电源处于同一接地体时，其配电系统的干线或者支干线总开关处宜装设剩余电流式电气火灾监控探测器，其报警阈值宜为 300～500mA。

当给单个充电设备的末端进行配电时，其配电回路应设过载、短路和故障保护装置；RCD 保护应设置不低于 A 型，额定剩余动作电流不超过 30mA，且应切断所有带电导体；除此之外，不应采用三相保护电器对单相分支回路进行保护。

3. 具体做法

消防设计是系统工程设计。除电气专业自身设置的消防措施以外，其他专业也需要设置相关的消防措施，共同为充电设施的消防安全保驾护航。

1）电气消防措施。末端配电箱内接线端子处应设置测温式电气火灾监控探测器；防火单元内每个充电车位顶部应至少设置 1 个感烟探测器；末端配电回路应设置限流式电气防火保护器；配电线路的线缆燃烧性能不应低于 B2 级，燃烧滴落物、微粒等级不低于 d1 级，产烟毒性不低于 t1 级。

2）设置防火单元。防火单元出入口不应正对车辆；防火单元内的行车通道应采用具有停滞功能、耐火极限不低于 2h 的防火卷帘作为防火单元分隔，且采用不低于 2h 耐火极限的隔墙和楼板，持续喷淋时间和消防水枪持续出水时间均不小于 2h；防火单元应设置水喷淋自动灭火系统，每个车位上部应至少设置 2 个喷头，每个防火单元内应设置覆盖到每个车位的 2 只消防水枪，且应设置事故后清洗与污水排放系统；防火单元应设置独立的排烟系统，相邻的防火单元可共用一套排烟系统，但不应与建筑物其他排烟系统共用和混用。

6.2.5 监控及管理系统

1. 监控系统的结构及内容

监控系统是通过应用传感器、计算机、网络通信技术等途径，实现监视、控制和管理的系统，可提高充电设施的可视化水平及可追溯能力，从而保证充电设施的安全性、可靠性和管理效率。

监控系统的结构通常由控制层、网络层及间隔层构成，如图 6-2-4 所示。

监控内容应具备充电监控、供电监控以及安防监控等功能。其中，安防监控可利用建筑物的安防监控系统，供电监控、充电监控系统的检测内容见表 6-2-3 和表 6-2-4。

2. 计量计费

充电设施的电能计量分为两个层面：第一个层面是公共电网与充电设备电源分界点上的电能结算计量；第二个层面是安装在充电设备与电动汽车之间对电能与服务费用进行的结算计量。对于第一个层面的计量只需要由供电单位按国家标准实施即可，第二个层面则需要符合《电动汽车交流充电桩电能计量》（GB/T 28569—2012）和《电动汽车非车载充电机电能计量》（GB/T 29318—2012）相关要求。其主要措施如下：

1）在供电设施产权分界处设置电能计量装置。

2）在每个充电终端配置电能计量装置。

3）充电终端处的电能计量装置应设有通信接口，且具备数据实时传输功能。

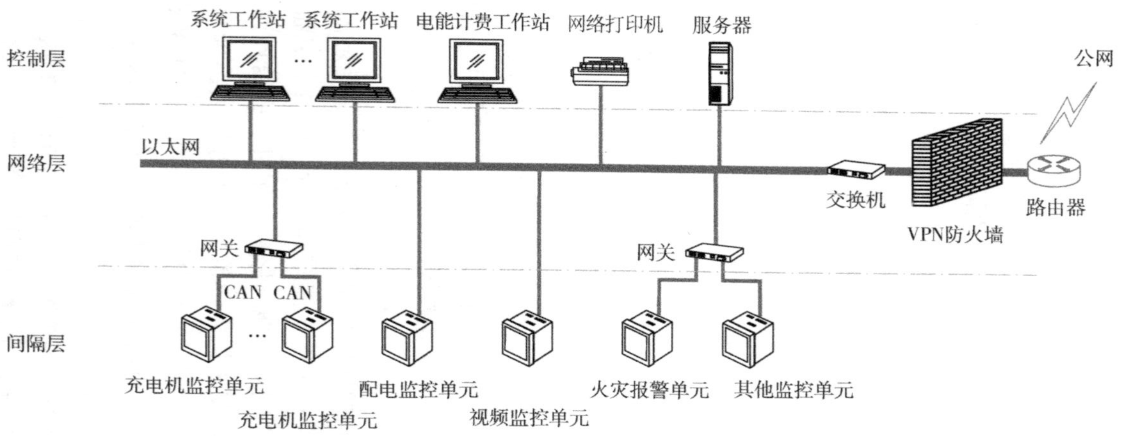

图6-2-4 典型充电设施监控系统结构

表 6-2-3　供电监控系统的检测内容

类别	监测内容
电能质量	电压、频率、功率因数、谐波、三相不平衡度
开关状态	开、关
保护信号	短路、过载、剩余电流
监测参数	电压、电流、有功功率、无功功率、功率因数、谐波、电能计量信息
超限报警	火灾漏电报警
事件记录	上述信息分类记录
故障统计	短路、过载、漏电等故障

表 6-2-4　充电监控系统的检测内容

分类	监测类别	监测内容				
		共有内容 必选项	交流充电桩专有		非车载充电机专有	
			必选项	可选项	必选项	可选项
充电设备	充电机运行状态	—	—	车载充电机的充电、空闲、离线、故障、可选预约	充电、空闲、离线、故障	枪头温度、柜体内部温度
	充电枪状态	已与车辆连接、未与车辆连接	—	—	—	—
	充电状态	正在充电、停止充电	—	—	已充满	待机,充电百分比
	充电起动模式	手动、顺序起动、定时起动等	—	预约起动	预约起动	多枪智能分配、负荷管理
	输入、输出参数	电能量	电压、电流、功率	相数、频率	输出电压、输出电流、输出功率	输入电源相数
储能单元	BMS请求	—	—	—	请求电压、请求电流	—
	BMS监测	—	—	—	监测电压、监测电流	—
	电池组	—	—	—	最高温度、最低温度	—
	单个电池	—	—	—	最高电池电压、电池SOC	—
其他	车辆信息	—	—	—	—	VIN码
	故障信息	急停、漏电超限、短路、过载	—	—	过压、充电枪和电池温度过高、连接失败	欠压

未来人们致力于打造充电桩智慧管理系统。在此平台下，汽车制造商、充电运营商、电网公司和车主用户之间互联互通、数据共享，根据各方需求响应，优化充、放电控制策略，平衡公共资源，增加各方收益。本章6.4.1节对交易平台进行了探讨。

6.3　充电设施的布置与安装要点

6.3.1　一般要求

电动汽车充电设施的总体布置应便于使用、管理、维护及车辆进出，应确保人员及设施的安全。

1) 充电设施的布置不应妨碍车辆和行人的正常通行，应结合停车位合理布局，便于电动汽车的出入、停放及充电。

2) 充电设备不应设置在汽车库（场）通道出入口两侧，也不应设置在疏散通道或走廊上。

3) 充电设备不应遮挡行车视线，电动汽车在停车位充电时不应妨碍区域内其他车辆的充电与通行，也不应影响人员的疏散。

4) 充电设备应靠近充电车位布置，以便于操作及检修。

6.3.2　典型停车位充电设备的布置

目前，充电桩布置有一位一桩，两位一桩，三位一桩，甚至四位一桩，设计师应结合实际安装条件合理布置充电桩。充电桩不宜安装在车位的正后方，而是安装在车位侧后方，两个车位的中间位置，并且推荐优先使用两位一桩，其优点如下：

1) 相比一位一桩，两位一桩能减少充电桩的安装数量，同时能减少配电箱出线回路数量。

2) 相比于三位或者四位一桩，两位一桩的设备体积相对较小，更易满足充电设备外壳至车位距离的要求。

图6-3-1为单排车位充电设备典型布置图。对于室外停车场，图中的交流充电桩布置方式同样适用于非车载充电机，但电缆敷设方式建议根据现场情况采用直埋（穿管）或架空线槽敷设。

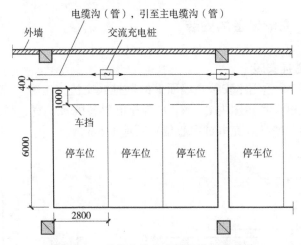

图 6-3-1 单排车位充电设备典型布置图

图 6-3-2 为背靠背双排车位充电设备典型布置图，当图中的交流充电桩为非车载充电机时，只需要非车载充电机外壳至车位距离满足要求值。

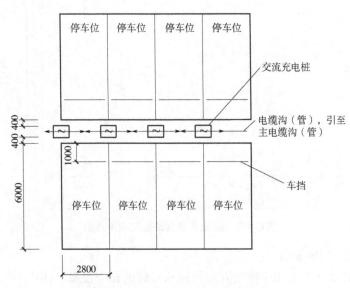

图 6-3-2 双排车位充电设备典型布置图

6.3.3　充电设备的安装

1. 壁挂安装

图 6-3-3 适用于安装在墙面上的壁挂式交流充电桩、充电集控终端等充电设备。图中 L、W、H 为充电设备的长、宽、高，H_1 为螺栓间距。壁挂式充电桩中心位置距地 1.5m。

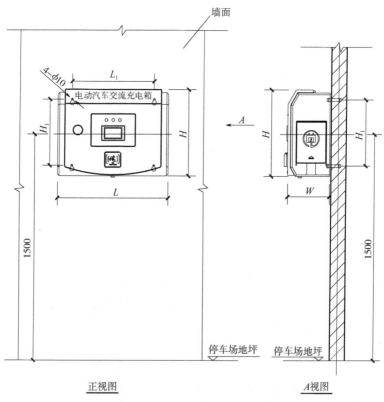

正视图　　　　　　　　　　　　　　A视图

图 6-3-3　壁挂式充电设备安装示意图

2. 落地安装

图 6-3-4 适用于安装在室外落地安装的充电设备。图中 L、W、H 为充电设备的长、宽、高，L_1、W_1、H_1 为混凝土基础的长、宽、

出地面高度；L_2、W_2 为充电设备底座固定螺栓的间距。基础开孔尺寸及位置、螺栓间距均由实际工程确定，更多详图可参见国标图集《电动汽车充电基础设施设计与安装》（18D705-2）。

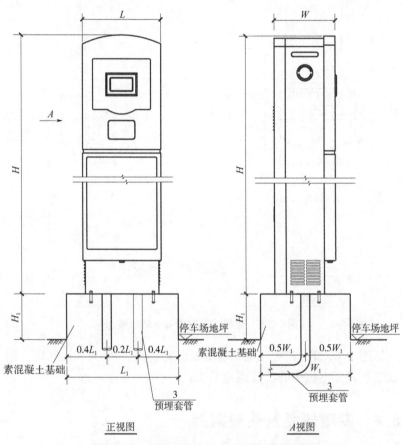

正视图　　　　　　　　　　　A视图

图 6-3-4　落地式充电设备室外安装示意图

3. 悬挂式安装

悬挂式安装是通过主杆将充电设备与楼层顶板之间进行固定吊装的一种安装方式。该种安装方式并不常见，是在既有建筑改造加装充电设施时，由于车位狭小无法满足充电设备外壳与车位的水平距离而被迫使用的安装方式（图 6-3-5）。

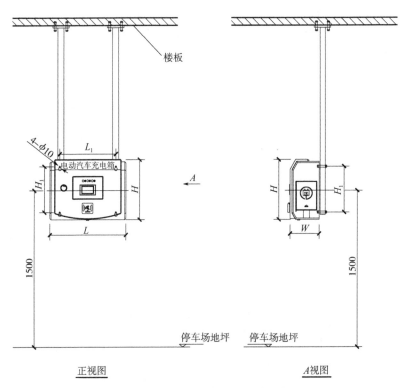

正视图   A视图

图6-3-5 悬挂式充电设备安装示意图

图中 L、W、H 为充电设备的长、宽、高，H_1 为螺栓间距，建议悬挂式充电桩中心位置距地 1.5m。

6.4 专项研究及典型案例

6.4.1 电动汽车有序充电控制策略

1. 电动汽车充电需求分析

中国新能源汽车国家大数据联盟（NDANEV）发布的《中国新能源汽车大数据研究报告（2020）》对私家车市场的车辆运行特性和充电特性数据进行统计，统计数据显示，电动乘用车已形成

"慢速充电为主，快速充电为辅"的充电模式。公共充电站在8:00—9:00、11:00—13:00、18:00—19:00形成充电波峰，充电时长在1h内，慢速充电波峰在8:00—9:00、18:00—19:00，刚好与电网用电"高峰"时段吻合。社区充电时刻主要集中在17:00—24:00，并且停留时长在8h以上的私家车占比达到37.2%。

2. 电动汽车充电负荷模型

蒙特卡罗模拟法是一种基于概率理论，它使用随机数或伪随机数的问题解决思路。在对电动汽充电负荷进行建模过程中，首先，通过对电动汽车历史监管数据进行分析拟合，采用蒙特卡罗模拟法随机抽取电动汽车出行特征数据和充电特征数据，确定电动汽车接入电网时的可调度时段；然后，根据电动汽车日行驶里程推导电动汽车起始荷电状态和充电时长，进而计算单辆电动汽车在某一时刻的充电概率；最后，叠加得到该区域内所接入电动汽车的全部充电负荷，电动汽车充电负荷模型如图6-4-1所示。

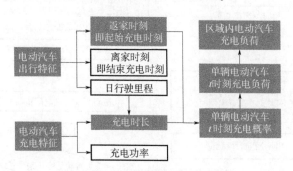

图6-4-1 电动汽车充电负荷模型

3. 电动汽车有序充电控制策略

有序充电是指通过政策支持和经济激励等方式，在配电网、用户、充电桩及电动汽车之间建立一个信息交互网络，引导电动汽车在电网用电低谷时段进行充电，降低大规模电动汽车接入对电网造成的冲击，促进电动汽车和电网协调发展。

在保证电网安全稳定运行和满足车主后续用车需求的前提下，区域充电站监管平台对所接入电动汽车出行数据和充电数据进行统计分析，并通过智能控制算法，预测未来段电动汽车的充电需求；同时，充电站监管平台结合所在区域电网负荷和车主期待充电电量，优化电动汽车接入电网时段的充电时间和充电功率，以达到配电网"削峰填谷"和降低车主充电成本的目标，控制策略如图 6-4-2 所示。

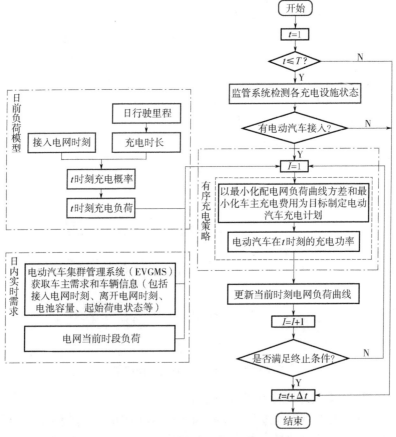

图 6-4-2　电动汽车有序充电控制策略

经过十余年的发展，通过峰谷电价、政府补贴、政府采购等激励策略，有序充电试点项目已经完成了从技术可行性验证到商业模式验证的转变。

4. 关于区块链技术有序充电控制系统的探讨

随着新能源汽车电动化、智能化、网联化、共享化快速发展，为提升车主充电便捷性和用车满意度，车辆运行状态监测、充电特征分析、全生命周期溯源、充放电交易安全等方面的需求日益突出。区块链技术凭借非对称加密机制、P2P 网络、智能合约等技术特性，打破了不同网络主体间的信任壁垒，保障存储信息真实可信和追本溯源。基于区块链技术的有序充电控制系统，如图 6-4-3 所示。

基于区块链技术在电动汽车制造商、充电运营商、电网公司和车主用户之间建立一个安全可靠的数据共享平台，打通"人-车-网"间信息交互通道，对优化电动汽车使用体验，降低车主"里程焦虑"，提高充电桩利用率具有重要意义。

对电网公司和监管部门而言，区块链技术消除了充电运营商与电力系统之间信息交流不对等问题，监管平台可以充分利用车辆运行数据和充电数据，对车主用户用车需求和充电需求进行提前预判，合理规划电网负荷。

对于充电运营商和车主而言，搭建一个可以支持在线查询闲置充电桩、在线交易、数据存储安全的 P2P 交易平台，建立公平开放的电力市场交易机制，通过智能合约对电动汽车充放电权进行市场化管理，可以更大限度地提升车主满意度。

对于汽车零部件商和整车制造商而言，建立电动汽车动力电池溯源管理平台，实现对动力电池生产、销售、使用、报废、回收、再利用全生命周期的状态检测和管理。

6.4.2 电动汽车充、放电系统

1. 电动汽车充电原理

（1）交流慢速充电系统

图 6-4-4 为《电动车辆传导充电系统 一般要求》（GB/T 18487.1—2015）附录 A 中充电模式 3 连接方式 B 的控制引导电路原理图，控制引导逻辑如下：

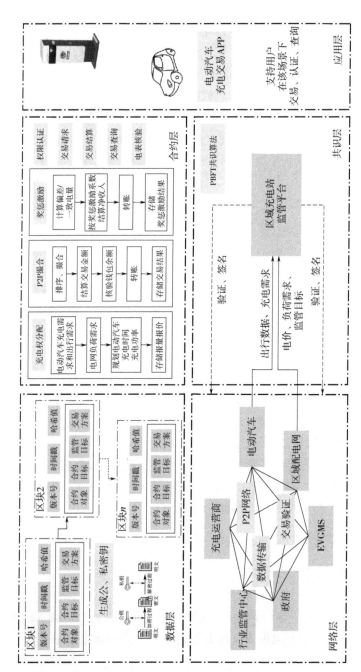

图6-4-3 基于区块链技术的有序充电控制系统

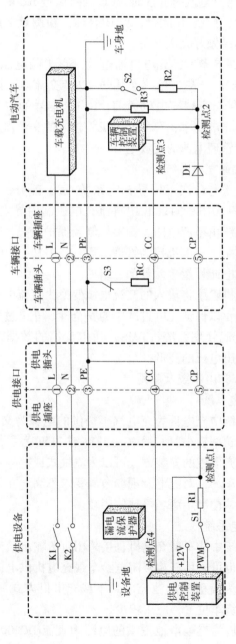

图6-4-4 交流充电控制引导电路原理图

1）充电桩与充电汽车连接时，CC 线路通过 RC 电阻的阻值确认连接是否成功，控制 S_2 闭合，S_2 闭合后，检测点 2 的电压发生变化表示车辆已经做好充电准备。

2）车辆做好准备后，充电桩通过检测点 1 的电压由 9V 变化到 6V，控制闭合 K_1、K_2，给汽车输送 220V 交流电，同时充电桩通过控制 CP 信号与车载充电机通信，以 CP 信号的占空比表示充电桩所能提供的充电功率，车载充电机将输入的交流电压转换成直流电压，并负责管理电池的充放电。

（2）直流快速充电系统

图 6-4-5 为《电动汽车传导充电系统 第 1 部分：通用要求》（GB/T 18487.1—2015）附录 B 中直流充电控制引导电路原理图，直流快速充电系统由整流电路、调整控制及保护电路、功率因数校正网络、辅助电路、充电机控制管理单元（CPU）、人机接口单元、远程通信单元、电能计量单元等部分组成。

非车载充电机除了将输入的交流电源变换为直流电源，还具有绝缘和漏电检测，以保证充电过载中的安全性。充电过程中非车载充电机依据与电池管理系统（BMS）通信反馈的数据，决定充电电流的大小及输出电压的高低。

2. 电动汽车充电系统及应用

1）慢速充电系统

慢速充电系统中充电桩为充电汽车提供的电源为交流 AC220V 电源，充电桩的功率较小，一般以 3.5kW 或 7kW 为主，产品的体积也相对较小。充电桩的安装方式可以为立柱式或壁挂式，同时可以安装在地下停车场，对配电及现场布局要求不高，在居民小区停车场、学校、公共楼宇、商场等地使用较多。

2）快速充电系统

快速充电系统中非车载充电机直接采用直流输出给充电电池充电，有部分汽车也可采用三相交流电给车载充电机供电，由车载充电机将交流变换为直流给电池充电。车载充电机方式一般以商务车、公交车及小货车位置，应用较少。

非车载充电机为充电电池提供的电源为直流 DC200～950V 电

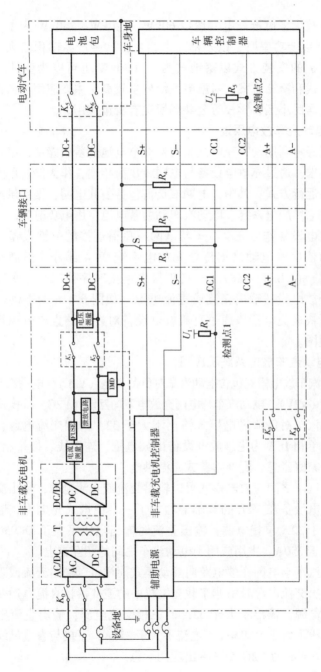

图6-4-5 直流充电控制引导电路原理图

源，功率较大，单枪充电一般以 60kW、120kW、240kW 为主，在超 360kW 以上功率时，以多枪充电为主，这些产品体积较大。非车载充电机的安装方式以落地式为主（30kW 也可以为壁挂式），分为独立式和群充方案，对配电系统要求较高，主要应用于公共充电站，在居民小区、学校等公共场所也有少量应用。

3. 电动汽车放电原理

为更好地利用现有充电汽车内部充电电池的蓄电能量，结合实际电力需求，通过充放电设备与电网或负荷相连，作为储能单元参与供电的运行方式。其中，电网或负荷包括公共电网、楼宇供配电系统、住宅供配电系统、电动汽车动力蓄电池、用电负荷等。

充放电设备作为充电汽车与电网或负荷连接的关键设备，工作原理为依据《电动汽车传导充放电系统 第 4 部分：车辆对外放电要求》（GB/T 18487.4）送审稿中连接时序要求，由车载充电机或充放电设备输出交流或直流电源。如图 6-4-6 为电动汽车利用直流快速充电接口通过直流放电设备对外提供直流电源控制引导原理图。

4. 电动汽车放电系统及应用

电动汽车放电模式包含电动汽车对负荷供电（V2L）、电动汽车之间充放电（V2V）、电动汽车与电网充放电双向互动（V2G）等模式。

电动汽车对负荷供电模式输出不大于 32A 单相交流电源，实际应用以单相 16A 为主，放电设备由放电枪、连接线、插排组成，一般用于家庭紧急、野外露营或旅游供电。

电动汽车之间充放电模式可以输出交流或直流电源，输出交流电源时放电设备在 V2L 的基础上增加了一个便携式充电枪，输出电流不大于 32A 单相电源；输出直流时输出电压不大于 DC950V，电流不大于 250A。主用应用于电动汽车之间的相互充电。

电动汽车与电网充放电双向互动模式同样可以输出交流或直流电源，输出交流电源时由非车载充电机中的逆变器将直流电逆变为交流三相电源，输出不大于 63A 的三相交流电源；输出直流电源时输出电压不大于 DC950V，电流不大于 250A，直接与直流母线连接。如图 6-4-7 为 V2G 交流输出应用示意。

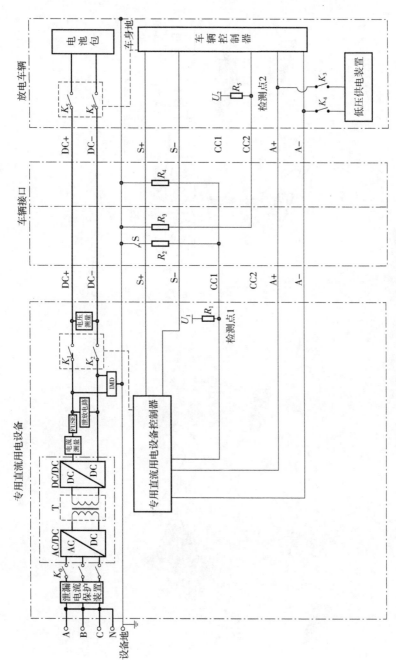

图6-4-6 直流输出控制引导电路原理图

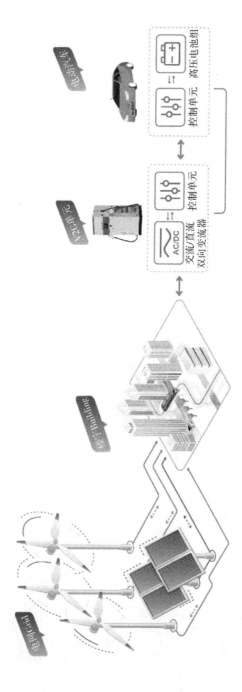

图6-4-7 V2G交流输出应用

6.4.3 大功率充电设备

1. 大功率充电背景

随着新能源电动汽车续航里程的不断增加，乘用车使用交流7kW充电预计需要约8h甚至更长时间，商用车直流快速充电时间3~4h不等，新能源电动汽车的用车体验大幅下降，时常出现"排队4h，充电2h"的尴尬局面，严重影响了新能源电动汽车行业的进一步普及和发展。

大功率快速充电技术可以在较短时间内为新能源电动汽车补充电能，使得车辆可以继续行驶至下一补电点再次补能，直至抵达目的地后再为车辆充满电量。

2. 交直流大功率充电技术及应用

根据《电动汽车传导充电系统 第1部分：通用要求》（GB/T 18487.1—2015）规定，交流充电设备常见功率为7kW。在2014—2016年出现过服务于某品牌特定车辆的交流42kW单枪大功率充电，后因市场政策调整逐渐消退直至退市；而某外资品牌电动汽车时至今日依然以单枪30kW交流充电带给了其车主很好的充电体验。交流充电技术通过接入电网获得交流电，经过交流充电桩的防雷、计量等一系列电气安全保护后与车载充电机OBC对接，OBC将交流电转换为直流电再对电池进行能量补充。故而，交流充电技术受制于OBC的发展，全球交流大功率充电逐渐稳定在7/21kW、联合充电系统（CCS）充电标准11/22kW以及某外资品牌电动汽车30kW。

在此情况下，直流大功率充电设备应运而生。据统计，2016—2019年，我国新建直流充电桩的平均功率从69.2kW增长到115.8kW，增幅为67.3%。以某品牌直流充电桩为例，其百公里续航的充电时间从20min缩短到3min，最高输出功率从60kW增大到360kW，增幅高达500%。

根据《电动汽车传导充电用连接装置 第1部分：通用要求》（GB/T 20234.1—2015）充电标准规定，最大输出电流为250A，最高电压为750V，则充电设备单个枪口的最大输出功率为180kW，就目前个人乘用车搭载的电池容量，可以实现超充或闪充，即理论上充电20min则可以续航300km，完全满足个人车主的日常出行要求。但由于商用车搭载的电池容量远大于乘用车，这样的充电速度仍然无法全面满足商用车运营要求。例如，电动环卫车的充电时长在40~60min，而电动公交车的充电时长高达120分钟，企业不得不购置更多的电动车辆以满足业务的正常开展。

综上可以看到，大功率充电技术在城际道路、交通枢纽、物流及工业园区、建筑配建停车场的部分车位等场景具有广泛的应用基础，可结合具体的配电条件、场地情况等适当超前部署大功率充电基础设施。

3. 其他大功率充电技术展望

（1）液冷大功率充电技术

大功率充电下，大电流会引起元器件发热发烫且会相应地增加充电线缆的线径，不利于充电设备的使用和充电体验的提升，故而在充电设备内部和充电线缆增加液冷散热系统，通常包括动力泵、液冷管道等辅件，液冷方式有水冷、油冷等。2018年伊始，欧洲基于CCS标准在欧洲主要的高速路上部署了350kW液冷大功率充电网络，让新能源电动汽车车主可以实现长途出行，使新能源电动汽车的长途旅行有愉快的体验。

（2）顶部接触式充电系统

顶部接触式充电系统是在新能源电动汽车车辆顶部增加电能接受的装置，在地面架高电能补充的设备，在车辆停放到规定位置后，通过机械作用形成良好稳定的电气回路并开始充电（图6-4-8）。顶部接触式充电系统由于充电接触点在车辆顶部且充电过程几乎不需人工参与，故而广泛应用于公交BRT、公交首末站等，目前欧美较为流行的是OPPCharge标准，其直流充电功率可达600kW，而我国发布的《电动客车顶部接触式充电系统》（GB/T 40425.1—2021）规定，最大充电电流可达1500A。

（3）ChaoJi充电标准

ChaoJi充电的技术路线始于电动汽车对大功率充电需求。ChaoJi充电技术是在目前充电设备的结构形式上，使用一套完整的直

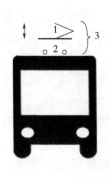

图 6-4-8　顶部接触式充电系统示意图及应用

1—充电弓　2—车载受电弓　3—自动耦合器

流充电系统方案，解决现有充电系统存在的一系列缺陷和问题，使其在安全、效率、可靠性、向前兼容性及面向未来应用等方面得到了全面提升，为全球提供了一个统一、安全、可靠、低成本的充电系统解决方案。ChaoJi 充电标准中的最大充电功率可达 900kW，最高可以实现充电 5min 行驶 400km 的目标。

目前，中国、德国、意大利、日本、澳大利亚、荷兰等国的专家成立了联合工作组，共同推进 ChaoJi 充电标准的技术研究、验证和国际化。

6.4.4　充电站实施案例

1. 充电场站分类

目前市面上关于充电场站的分类并没有统一的标准，按照实际情况大致可以做如下分类：

1）按充电速率分类：交流慢速充电站、直流快速充电站、综合充电站。

2）按应用场景分类：公共充电站、专用充电站、自用充电站。

3）按设备规模分类：充电点、分布式充电站/点、集中式充电站。

2. 充电场站实施流程

充电场站的建设一般包含强电弱电系统工程、充电基础设施建设、土建工程、运营平台及现场管理四个系统的建设，根据不同的充电场站类型，四者在整体实施及部署中所体现的占比有所不同；实际应用中，四个系统的先后顺序也无严格的规定，下述实施流程供参考借鉴：

前期工作：包括站点选址、场地申报、合同签订、售前方案制作、电力申报等。

工程准备：包括土地平整、工程环境评价、物料制备、道路疏通等。

施工建设：根据实际情况，可以优先安排前述四个系统中的任一系统或多个系统同时交叉进行，但应做好现场施工管理，保持信息沟通，避免安全生产责任事故。

试运营及整改：小范围短时间内试运营，对试运营过程中出现的软硬件问题进行整改。

正式投运：充电场站面向受众群体开放运营，提供安全便捷的充电服务。

后期管理：充电场站内所有设备具有定期检查计划，充电场站具有灾备应急管理措施，充电场站具有客诉处理流程；在条件允许时，根据当地各类相关要求，申领充电基础设施建设或运营补贴。

3. 充电场站运维要点

充电场站在经过一段时间的运营后，可能面临如下问题：设备器件损坏和老化会使充电效率变低、场站运营滞后等情况。同时，充电场站属于人员和车辆聚集且流动频繁区域，如若发生事故，造成的影响将不可估量。通过事故成因和充电设备运维数据分析得知，实际运营中充电设备最易受损并且故障频发的器件主要集中在充电枪线和充电模块，可集中对此部分进行重点检查；此外，近年频繁的突发事件也对充电场站的运营和管理提出了更大的挑战，极端天气下的应对措施和流程、日常防控防疫工作等紧急性的突发事件均需相应的管理措施和预案，并定期组织演习演练。

4. 充电场站实施案例

以某充电场站为例，前期在选址时首先应基于良好的地段位置，方便新能源电动汽车的出入，为广大市民驾驶新能源电动汽车提供便捷为基准，尽可能选择临街、规整的场地，若场地需要移除杂物等系列动作，需与土地现今拥有方及时沟通，并在沟通中预先了解附近可用的电力容量（推荐充电设备使用专用变压器，尤其是在面向公交、物流等的大型充电场站中），在本案例中则需与商业综合体的物业方进行沟通；在确定场地的基本条件同时，可同步与充电场站设备提供商、工程施工方进行磋商，确定基于场站实际情况的方案，在具备条件后开展工程施工和电力接入（若需报装电力容量，需预放相应的报批周期）。

该案例中场地已为水泥路面且地下无特殊管线，设置工程挡板后即可开始施工。工程实施时，需注意对周边环境的影响，如噪声管理、尘土遮蔽等，工程完毕后对充电场站进行试营业并解决期间出现的各类问题，正式交付后，即可面向公众开放。

充电场站均在白天工作时间集中作业，以避免对商业综合体的游客和周围居民造成影响。为提升充电服务体验，可根据充电场站的实际情况设置休息室及相应的便民服务，或与周边商业体形成良好的互动，为新能源电动汽车车主提供多样化的服务。充电场站的休息室中部署了自动饮料售卖机，同时充电场站与商业综合体仅一步之遥，配套服务非常完善。

最后，对于充电场站的日常维护和紧急事件处理应有相应的机制，确保用电安全，全力保障人身及财物安全。在该案例中则是由充电解决方案提供商提供了"设备-平台-运维-培训"完整的解决方案，帮助智能、便捷地展开充电运营。

第7章 低碳照明系统

7.1 低碳照明系统的意义

7.1.1 低碳照明系统的背景

1. 照明系统现状、背景

电灯是人类历史上的一项伟大发明，它的出现极大地推动了人类文明的发展。按照电光转换机理，传统灯具光源可大致分为两种：第一种是热辐射光源，包括白炽灯、卤钨灯；第二种是气体放电光源，如荧光灯、高压钠灯等。近二十年来，采用半导体芯片为发光材料的 LED 灯得到飞速发展。与传统灯具相比，LED 灯节能、环保、显色性与响应速度好，目前已广泛应用于各个领域。LED 灯的出现打破了传统光源的构造思路，是低碳照明系统发展的重要基础。

2. 照明系统低碳化的意义

气候变化是人类面临的全球性问题，随着全球温室气体的不断排放，对地球上的生命系统构成威胁。将低碳照明系统融入低碳经济、低碳城市、低碳社会，可以有效地节约资源、降低能耗、减少温室气体的排放，从而实现真正意义的可持续发展。低碳环保是我国实现可持续发展的主要手段，在建筑照明中采用低碳化节能技术可以极大地减少能源消耗。在过去十几年以及可预见的未来，人造光源的需求量会一直呈现增长趋势。随着建筑照明技术的发展，照明系统低碳化的方法与技术越来越受到人们的关注和重视。

7.1.2 低碳照明系统简述

1. 光源、灯具类型简述

人类利用动物脂肪、石头和苔藓点亮了第一盏灯，从此进入了光明的时代。人们学会用动物油和植物油以后，把油放在瓦杯或石杯内点燃，就成了最初的油灯。到19世纪，人们开采石油后出现了煤油灯。1879年，爱迪生发明了白炽灯，这标志着人类进入了一个全新的电力照明时代。1974年，荷兰飞利浦研制出了三基色荧光粉，用它作为原料的荧光灯大大节省了能源。20世纪60年代，高压钠灯、金属卤化物灯相继出现。

发光二极管发明于20世纪50年代，开始只有红光，随后出现绿光、黄光，其基本用途是作为指示灯。20世纪90年代，白光LED灯出现，由于具有节能高效、绿色环保、使用寿命长等特点，使其成为一种新型照明光源。LED照明灯具如图7-1-1所示。

图 7-1-1　LED 照明灯具

2. 低碳照明系统的发展

半导体照明产业的飞速发展是传统照明产业转型的重要契机。自从LED产品面市以来，其市场占有率逐年上升。近二十年来，

LED 灯技术发展很快，光效不断提高，质量不断改进，关键技术日趋成熟，价格也不断下降，目前已广泛应用于多个领域。同时，其低碳节能、绿色环保的优良性能也越来越受到人们的青睐。同样照度水平的情况下，理论上 LED 灯能耗不到白炽灯的 10%，比荧光灯节能 30% ~ 50%。因此，半导体照明对于节能减排、保护环境具有深远意义，是低碳照明系统发展的重要基础。半导体照明的发展有利于推动照明产业结构的优化和促进相关应用领域的发展。目前，低碳照明系统在信息化、智能化等方面还有许多技术问题有待解决，仍有进一步改善的空间。

7.1.3　照明系统的低碳化的路径

照明系统低碳化的路径主要有以下几点：第一，大力推广使用高效节能的照明灯具，如 LED 灯；第二，采用智能照明控制系统、物联网照明系统、智慧路灯系统，在保证光环境舒适宜人的前提下，通过照明系统的智能控制与精细化管理，最大限度挖掘节能减排的潜力；第三，采用直流供电方式配电，简化系统结构、提高电能质量、降低损耗。

7.2　智能照明控制系统

7.2.1　智能照明控制系统功能

1. 智能照明控制系统概述

随着全世界范围内能源的日益短缺以及人们生活水平的不断提高，人们对于室内照明环境的需求与传统的照明控制系统之间的矛盾日益凸显。伴随着计算机技术、无线通信技术以及现代传感器技术飞跃发展，智能照明控制系统孕育而生。

从 20 世纪 90 年代开始，基于现场总线技术的应用，智能化照明控制将照明控制延伸至系统的末端设备，稳定的实现了照明环境照度的明暗调节、灯光一键控制（软起动、定时控制、场景设置）等功能，与传统照明控制系统相比，具有安全、节能、舒适和高效的特点。目前主流的智能照明控制系统所采用的控制系统协议按总线控制系统架构逻辑，主要可分为DALI、Dynallte、Lonworks、C-Bus、KNX/EIB、DMX-512等六种。

2. 智能照明控制系统的要求

智能照明控制系统是指利用现代计算机技术、自动控制技术、通信技术等手段，对照明场景实行自动化控制，主要目的有以下三点：①提升室内光环境；②减少运营成本；③提高能源利用率（图7-2-1）。

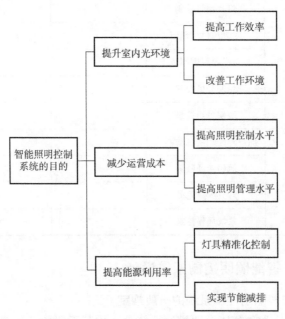

图7-2-1　智能照明控制系统需求逻辑图

为保证照明场景稳定运行，在智能照明控制系统设计与运行、维护的全过程中，智能照明控制系统需具备以下三方面的特征：①具有安全性、可靠性、兼容性、开放性和可拓展性；②控制管理设备、输入控制设备、输出控制设备和通信网络的通信协议需要兼容；③需具备集中、就地控制方式，且系统应具有手动操作功能和程序控制功能。

3. 智能照明控制系统的功能

在照明功能的实现上，智能照明控制系统不管是对灯具的控制方式、照明方式，还是灯具的管理方式等，都有质的变化，其使用功能与传统照明控制系统功能对比见表7-2-1。

表7-2-1　照明控制系统功能对比

功能类别	使用功能	传统照明控制系统	智能照明控制系统
照明方式	灯具点亮	√	√
	灯具单灯控制	√	√
控制方式	对光源色温调节		√
	对光源照度调节		√
	照明分区控制		√
	照明分组控制		√
管理方式	随户外光气候自动调节		√
	照明能耗监测		√
	灯具故障监测		√
	系统远程控制		√

7.2.2　智能照明控制系统设计

1. 智能照明控制系统的一般规定

通常认为，智能照明控制系统是一种基于智能灯光控制的解决方案，广泛应用于各类建筑的室内和室外照明。系统的设计与选型需符合智能照明控制系统的要求，系统设计方案需满足空间、运行和预算的要求，并在深化设计时进行全生命周期经济性分析，要根据场所的使用功能、环境及性能特点，应用要求，能源管理以及与外部设备的接口等要求，确定智能照明控制系统控制方案，根据灯具的数量、灯具的类型、灯具的布局和控制分区来选择照明控制系统，明确分区控制与集中控制的关系，明确就地开关控制与智能控制的关系，并对每个控制区域列出设备及控制清单。

2. 智能照明控制系统的配置和要求

统一配置系统控制器、调光协议、传感器、人机交互和接口。系统控制器的配置需符合以下三点要求：

1）能够实现智能照明控制系统功能。

2）能够通过人机交互及时响应。

3）能够接入其他控制系统中，例如楼宇控制系统。

调光协议在满足用户需求的前提下，根据使用要求、现场条件、成本以及协议特点确定。

传感器的配置需符合以下三点要求：

1）根据测量数据和测量环境确定传感器类型。

2）根据智能照明控制系统需求确定传感器的种类、数量、测量范围、测量精度、响应时间等技术参数。

3）根据功能设计和产品的安装要求确定安装位置，并避免系统由于传感器的选型和布置产生误判。

人机交互的配置需符合以下三点要求：

1）满足用户能够及时控制（开关、调节照度、调节色温等）。

2）安装在用户方便使用的位置。

3）如果使用液晶显示屏作为控制面板，需要采用标准的 86型，方便安装。

系统控制器的接口需符合以下四点要求：

1）系统控制器的输入和输出接口连接方式可以采用点到点直接连接或本地总线连接。

2）能满足强电输入和强电控制的最大数量要求。

3）能满足调光接口的最大数量要求。

4）能满足传感器接口的最大数量要求。

3. 智能照明控制系统的控制策略

在实际应用过程中，设计师根据场景、应用环境的不同，依据用户需求，选用不同的控制策略，路灯、楼宇外墙、室内智能照明控制系统见表 7-2-2 ~ 表 7-2-4。

表 7-2-2　路灯智能照明控制系统

应用场景	功能需求	控制方式、策略	控制设备	通信方式和协议	传感器选型	传感器布置	集中、就地
小区、写字楼路灯控制	开、关、调光	可预知时间表控制，不可预知时间表控制	开关控制器、调光控制器、时钟控制器	0/1-10V、PLC、DALI	光照度传感器、红外传感器	楼顶、路灯杆顶、路边	集中
街道、主干道路路灯控制	开、关	可预知时间表控制	开关控制器、时钟控制器	0/1-10V、PLC、DALI	—	—	集中

注: 1. 可预知时间表控制是指在特定时间段内开灯，或者关灯。
2. 不可预知时间表控制是指在不确定的时间点不确定需求，例如行人经过需要路灯打开的情况。
3. 光照度传感器是利用光敏元件将环境的照度数据转化为电信号的传感器。
4. 红外传感器是检测是否有人经过的传感器。

表 7-2-3　楼宇外墙智能照明控制系统

应用场景	功能需求	控制方式、策略	控制设备	通信方式和协议	传感器选型	传感器布置	集中、就地
楼宇外墙	开、关、调光，变换场景、联动、视频变化	可预知时间表控制、场景控制	开关控制器、调光控制器、时钟控制器	DMX512、DALI、KNX	—	—	集中

表 7-2-4　室内智能照明控制系统

应用场景	功能需求	控制方式、策略	控制设备	传感器选型	传感器布置	集中、就地
室内灯光控制	开、关、调光、变换场景	可预知时间表控制，不可预知时间表控制、场景控制	开关控制器、调光控制器、时钟控制器	光照度传感器、红外传感器	受控区域、顶棚、墙面、窗口	就地

7.2.3 调光控制方法简介

1. 调光控制协议概述

调光控制简单来说就是通过特定的方法和技术手段来控制灯光，调整灯光的亮度、色彩、图案及光线方向等，从而达到使用灯光照明、渲染气氛、造型等目的。调光控制是一种约定好的技术手段。

目前市面上广泛使用的 LED 照明设备调光控制方式：前沿切相（FPC）、后沿切相（RPC）、0 ~ 10V、DALI（Digital Addressable Lighting Interface）、DMX512 等。

2. 调光控制协议基本原理

前沿切相（FPC）调光控制方法的本质是使用可控硅的半导体原件来实现，通常也叫可控硅调光；可控硅调光的原理：可控硅本身具有整流的特点，单向的可控硅是由四层半导体构成的，它有 3 个 PN 结：阳极 A、阴极 K、控制极 G，当可控硅导通时，调节导通的相位角即可实现调光（图 7-2-2），若可控硅电流降低到它的维持电流以下，可控硅关断。

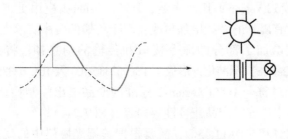

前沿切相调光

图 7-2-2　前沿切相原理示意图

后沿切相（RPC）调光控制方法采用三极管电路（图 7-2-3），调光器对输入电压波形进行斩波。从一个相位开始关断，一直到 180°时开始导通。

0 ~ 10V：此调光控制方法实际是通过改变电压来调节灯具驱动电源的输出电流，从而来控制灯光的大小，电压和灯具驱动电源的输出的比值呈线性关系，当调光器调大至 10V 时，灯具满亮度

后沿切相调光

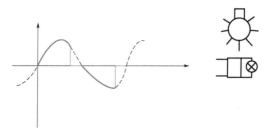

图 7-2-3　后沿切相原理示意图

输出，当调光器调小至 0 时，关闭灯具输出，一般都做成旋钮式的来控制灯具。

　　DALI 和前面几种调光方法不同，需要与微控制器配合，发送 DALI 协议中规定好的通信格式，才能够实现地址管理、灯光调节、分组控制、场景设置、状态反馈等功能，一个 DALI 网络中支持最大 64 个从设备、16 个组、16 个场景；DALI 调光适用于静态环境具备调光精度高、稳定等特点（图 7-2-4）。DALI 是一种数字调光协议，到目前为止已发展有 DALI vesion-1 和 DALI vesion-2 两个版本，与 DALI vesion-1 比较来看，DALI vesion-2 应用更加广泛，并在协议中有以下的一些增加更改：对于传输的时序要求更为细致严格，以及增加了部分的命令接口和传输的消息帧；将控制设备（Conrtol Device）标准化，形成了 IEC 62386-103 及 IEC 62386-3 × × 系列标准；对符合 DALI vesion-2 标准的产品提出强制性认证要求，提高了各个厂家的产品兼容性等内容（图 7-2-4）。

　　DMX512 同 DALI 类似，需要根据其调光协议中的规定进行调光，DMX512 支持 512 个设备单元同时控制。DMX512 协议是一种控制器向灯具驱动电源发送数据的单向协议，不具备状态反馈功能，该协议还规定了它必须一直发送调光命令，是一种动态的调光方法，适用于大型舞台灯光。

　　3. 调光控制协议的实现方法

　　根据不同应用场景所选择的不同控制策略，智能照明控制系统在调光控制协议的实现方法主要分为五类，如表 7-2-5。

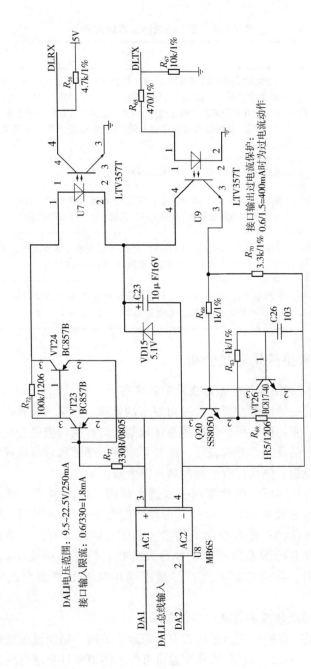

图7-2-4 DALI接口电路原理图

表 7-2-5　调光控制协议实现方法

调光控制协议	实现方法
前沿切相	一般使用的是可控硅电路,从交流相位的 0 开始,输入的电压是被斩波的,通常情况下需要可控硅导通之后才会有电源输入,调节交流电每个半波的导通角来改变输出电压的波形,这种波形通常是正弦波,当波形被改变后,交流电的有效值也会随着改变,这样就可以实现调光的目的
后沿切相	通过改变 MOSFET 的电流来达到调光的目的
0～10V	使用单片机(MCU)的 PWM 引脚,通过修改占空比(0～100%)控制 0～10V 驱动电源的输出,占空比与灯具输出功率呈线性关系
DALI	使用单片机(MCU)的 IO 口和定时器中断,按照数据协议和格式发送高低电平,即可控制 DALI 驱动电源输出,实现 DALI 调光
DMX512	使用单片机(MCU)的串口和定时器资源,按照数据协议和格式发送信号,即可控制 DMX512 驱动电源输出,实现 DMX512 调光

7.2.4　典型应用场景介绍

1. 智能照明控制在城市夜景中的应用

城市的夜景照明主要是通过对城市的景观、桥梁、园林、古建筑、广场、商业街等根据照明的总体规划,对照明对象进行局部照明、重点照明及混合照明设计,按其要求进行光源和灯具选择,并进行配电控制,使其特点或特色展示给大众。

通过泛光照明、轮廓照明、内透光照明、重点照明、建筑化夜间照明等方式展示城市的夜间形象。以商业街照明为例,地面应保证有足够的亮度和照明均匀度,不能有暗区、盲区,防止事故发生;应有标识性照明,引导行人购物和行路;应突出店标、广告和橱窗,注意控制眩光;尽量不采用频繁变更图案的动态照明。

2. 智能照明控制在隧道中的应用

隧道照明直接影响隧道运营安全与运营节能,照明设施规模与隧道长度、平曲线、竖曲线和交通量有关;隧道洞外亮度与隧道洞口边仰坡高度、植被状况、洞门形式及装饰等有关；隧道洞外照明设置与洞外路段构造物相关。因此，隧道照明设计对隧道总体设计影响重大。应该检测洞外天然光照度，根据洞外天然光照度实时或分时段自动调整洞内加强段照度。在节能的同时应考虑视觉的舒适性。

3. 智能照明控制在车库中的应用

车库一般处于地下，无自然采光，通常需要 24h 照明。车库照明主要分为车辆行驶的过道照明和车位上方的照明两类。对照明的需求不尽相同。如果车库照明中使用红外、雷达、声控等感应手段配合 LED 灯具使用，会很好地解决能耗和昏暗等问题。

7.3　物联网照明系统

7.3.1　物联网照明系统与智能照明系统的差异

物联网与智能照明控制系统本质差异在于它是设备级的互联、单灯控制，可以实现灯具之间的和智慧建筑平台间灵活的协同控制、集群控制。

7.3.2　物联网照明系统功能

1. 物联网照明系统概述

物联网技术是指将各种信息传感设备相互连接，全部接入网络，以实现智能化识别、定位、跟踪、监控和管理等功能。

物联网照明系统，在遵循物联网的基本架构，将物联网信息技术与智能照明控制技术的镶嵌融合，将智能照明输入单元（如控制面板、智能传感器等）、输出单元（如开关控制模块、调光控制模块等）以及系统单元（如调制解调器、监控机等）三模块共同接入同一网络，通过后台数据实时反馈，实现对照明场景的智能化控制，某些复杂的智能照明控制系统中，还需要辅助单元和系统软件协同完成对照明场景的控制。

2. 物联网照明系统的需求

与智能照明控制系统相比，物联网照明系统的控制能够通过网络连接，实现远程控制。在构建物联网照明系统时，除应满足智能照明控制系统的基本目的与要求外，在设备互联、人机互动、维护保障等方面也提出了更高的需求（图7-3-1）。

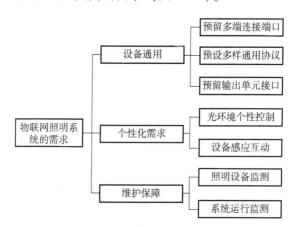

图 7-3-1　物联网照明系统需求逻辑图

3. 物联网照明系统的功能

物联网照明系统在智能照明控制系统的应用层、合约层、共识层架构体系基础上，增加了网络层、数据层算法。智能照明与物联网照明控制系统功能对比见表7-3-1，物联网照明系统在精准化控制、内外互联等方面得到提升。除此之外，物联网照明系统也可以增加相关扩展功能，如与遮阳设施联动、可与室内空调设备联动、通过移动设备等实现远程查询及监控、实时对灯具的运行状态、照明能耗及静态消耗功率进行监测和监控等，使照明控制和管理更加方便快捷。

表 7-3-1　智能照明与物联网照明控制系统功能对比

功能类别	使用功能	智能照明控制系统	物联网照明控制系统
照明方式	灯具点亮	√	√
	灯具单灯控制	√	√

功能类别	使用功能	智能照明控制系统	物联网照明控制系统
控制方式	对光源色温调节	√	√
	对光源照度调节	√	√
	照明分区控制	√	√
	照明分组控制	√	√
	随户外光气候自动调节	√	√
	实时环境交互		√
	个性化需求		√
管理方式	光环境精准调节		√
	照明能耗监测	√	√
	灯具故障监测	√	√
	系统远程控制	√	√
	耗能数据分析存储		√
	手持设备控制		√
互联设备	红外传感器	√	√
	窗帘		√
	空调		√

7.3.3 物联网照明系统设计

1. 物联网照明系统的一般规定

在满足智能照明系统一般需求的前提下，物联网照明系统能够与建筑设备监控系统的协调配合，明确监控中心与监控点位的设置，保证多个人机交互能够同时控制，并且不相互冲突。

2. 物联网照明系统的配置要求

除了满足智能照明系统的配置外，物联网照明系统还需要统一配置无线协议、智能网关、人机交互设备。

无线协议在满足用户需求的前提下，根据使用需求、现场条件、成本以及协议特点确定。

智能网关的配置需符合以下四项规定：

1）根据选用的无线协议确定智能网关类型。

2）根据物联网照明系统需求确定智能网关的数量、传输距离等参数。

3）根据功能设计和产品的安装确定安装位置，并避免系统由于智能网关的选型和布置产生断网。

4）能够与其他物联网设备互连，实现数据传输、信息交换和系统之间的联动。

根据用户需求确定人机交互设备，可采用智能面板、手机、语音控制等方式，用户能够及时控制，系统能够及时响应。

3. 物联网照明系统的控制策略

在物联网照明系统的应用中，应根据场景、应用环境的不同，考虑用户的实际需求，选用不同的控制策略，物联网照明系统在教育建筑、办公场景中的应用策略见表7-3-2和表7-3-3。

7.3.4　典型应用场景介绍

1. 物联网照明系统在教室中的应用

教室照明主要是满足学生看书、写字、绘画等要求，保证视觉水平和垂直照度。满足显色性，控制眩光，保护视力，符合人体节律需求，构建舒适健康的光环境。

教室照明控制需要适应不同的教学情景，并考虑天然光的影响。现在的教室照明的光源应该满足90以上或更高的显色指数，特殊显色指数 R_9 大于零；色温在3300~5300K可调节，满足不同情景和人体节律需求；照度应能在300~500lx或不产生不舒适眩光的条件下尽量高，其均匀度应尽量高于国家标准。控制方式上应充分考虑天然光，拥有相应的节能模式，在降低能耗的同时，充分考虑学生的学习和节律需求，老师的教学和节律需求。

2. 物联网照明系统在办公室中的应用

办公室照明的主要任务是为工作人员提供完成工作任务的光环境，从工作人员的生理和心理需求出发，创造舒适、明亮健康的光环境，提高工作人员的工作积极性和工作效率。要求作业面区域与作业面临近周围区域亮度比≤3∶1。办公室色温在3300~5300K可

表 7-3-2　教育建筑物联网照明控制系统

应用场景	功能需求	控制方式、策略	控制设备	通信方式和协议	传感器选型	传感器布置	集中、就地
教室、音乐教室、阅览室	开、关、调光、变换场景	可预知时间表控制、不可预知时间表控制、场景控制	开关控制器、调光控制器、时钟控制器	RF（ZigBee）、KNX、DALI、Wifi	光照度传感器、红外传感器	受控区域、顶棚、墙面、窗口	集中、就地
实验室	开、关	可预知时间表控制、不可预知时间表控制	开关控制器、时钟控制器		光照度传感器、红外传感器	受控区域、顶棚、墙面、窗口	集中、就地
多媒体教室	开、关、调光、变换场景	可预知时间表控制、不可预知时间表控制、场景控制	开关控制器、调光控制器、时钟控制器	RF（ZigBee）、KNX、DALI、Wifi	光照度传感器、红外传感器	受控区域、顶棚、墙面、窗口	集中、就地
楼梯间	开、关、调光	不可预知时间表控制	开关控制器、调光控制器		红外传感器	受控区域、顶棚、墙面、窗口	集中、就地
学生宿舍	开、关、调光	可预知时间表控制、不可预知时间表控制	开关控制器、时钟控制器		光照度传感器、红外传感器	受控区域、顶棚、墙面、窗口	集中、就地

表 7-3-3　办公建筑物联网照明控制系统

应用场景	功能需求	控制方式、策略	控制设备	通信方式和协议	传感器选型	传感器布置	集中、就地
办公室	开、关、调光,与窗帘设备联动,与空调通风设备联动	可预知时间表控制、不可预知时间表控制、场景控制	开关控制器、调光控制器、时钟控制器	RF(ZigBee)、KNX、DALI、Wifi	光照度传感器、红外传感器	受控区域、顶棚、墙面、窗口	就地
会议室	开、关、调光,与窗帘设备联动,与空调通风设备联动,与投影设备联动	可预知时间表控制、场景控制	开关控制器、调光控制器、时钟控制器	RF(ZigBee)、KNX、DALI、Wifi	光照度传感器、红外传感器	受控区域、顶棚、墙面、窗口	就地
楼梯间	开、关、调光	不可预知时间表控制	开关控制器、调光控制器		红外传感器	受控区域、顶棚、墙面、窗口	就地
电梯厅	开、关	可预知时间表控制、不可预知时间表控制	开关控制器		红外传感器	受控区域、顶棚、墙面	就地

调，满足不同办公需求的色温变化。照度不低于300lx，如有更高照度区间可使办公照明随着室外天然光变化而变化，满足人体节律需求，使工作人员在室内同样能获得足够的光刺激，进而提高工作效率，且改善情绪、睡眠等。

3. 物联网照明系统在医院中的应用

医院建筑包括大厅、病房、各种诊疗室、走廊等，对照明的要求也各异。因此，医院照明不仅要满足医疗技术的要求，充分发挥医院医疗设备的功能，有效地为医疗服务，而且也要考虑为病人创造宁静和谐的照明环境，有益于病人的治疗和康复。医院照明拥有极高的功能性、特殊性、清洁性和精密性。因此，充分了解其工作性质和照明功能的要求，采用各种措施来满足各医疗部门和患者的需求。以病房为例，病房应设置地脚夜灯，色温为3000K左右；局部照明灯，一床一灯，且不宜安装于

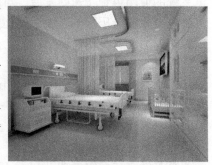

图7-3-2　物联网照明在病房中的应用

病床患者头部正上方（图7-3-2）。有条件的还可以设照度及色温可调节的照明，帮助病人获得所需的光环境，调节心理和生理。病房外的走廊也应与相邻房间的照明相协调，其照度不宜超过病房照度的70%。

7.4　室内直流照明系统

7.4.1　直流照明系统

1. 直流照明系统的特点

近些年来，电源和负荷设备的组成和形式都发生了显著的变化。从电源侧来看，绿色分布式能源得到飞速发展，如太阳能、风能等，这些能源产生的电能大部分为直流电或非工频交流电；从负

荷设备侧来看，人们生产生活中出现了大量的直流用电设备，如手机、计算机、LED 灯、液晶电视、电动汽车等，这些用电设备皆需要利用相应适配器将交流电转换成直流电驱动。

上述电源或负荷设备需要通过多级能量转换装置（如 DC/DC、DC/AC 和 AC/DC 等电力电子变流器）才能接入交流电网。这种转换方式存在诸多交、直流变换环节，不仅电能损耗大，还会导致大量谐波电流注入电网系统，严重影响电能质量。

随着分布式发电装置和电力电子设备的广泛应用，低压直流供电系统的使用得到飞速的发展。与传统交流供电方式相比，采用直流供电方式的低压配电系统在简化系统结构、提高电能质量、降低损耗等方面具有优越性。

2. 交、直流照明系统对比

LED 是指一个含有 P/N 结半导体的发光二极管，能发出可见光或红外辐射。P/N 结的导通特性决定 LED 照明需要采用低压直流驱动。因此，为了 LED 灯具可直接接入 220V 交流电源，每个灯具需要单独设置转换驱动模块，与灯具结合形成一体化产品。

直流供电技术发展成熟以及 LED 直流驱动的特性使得照明直流供电成为可能。采用直流系统供电，LED 灯具可以省掉整流变换装置，只保留 DC/DC 装置和恒流二极管，不仅可以降低 LED 灯具成本，还可以延长 LED 灯具寿命。

交、直流照明供电系统对比见表 7-4-1。

表 7-4-1　交、直流照明供电系统对比

	交流	直流
系统结构	需要通过整流（AC/DC）、逆变（DC/AC）、变换（DC/DC）进行多级能量转换，结构复杂	末端可省去部分整流（AC/DC）、逆变（DC/AC）装置，简化结构
分布式能源接入	需要用逆变器把直流变为交流并入网	可更高效地接纳分布式能源
光环境质量	LED 灯具需要驱动电源接入交流系统，存在频闪	采用集中处理的直流供电，可更好地避免灯具频闪
节能评估	整流、转换环节多，电能损耗多	整流、转换环节少，电能损耗少

7.4.2 直流照明系统灯具选择

1. 直流灯具介绍

直流灯具是使用外部直流电源进行供电的灯具。

2. 直流灯具现状及特点

直流灯具中应用较多的是应急照明灯具，应急照明灯具是在日常照明系统发生故障后不再提供正常照明的情况下，保障安全、供人员疏散或继续工作的照明灯具。

随着低压直流供电系统在光储直柔建筑中的应用，直流灯具的应用也越来越广泛。

3. 不同场景下直流灯具的选择

（1）直流应急照明

直流应急照明灯具可按工作状态和功能进行分类。

按工作状态可分为三类，见表7-4-2。

表7-4-2　不同工作状态的应急照明灯具特征

工作状态	特征
持续式应急灯具	不管正常照明系统是否故障,能持续提供照明
非持续式应急灯具	只有当正常照明系统发生故障后才提供照明
复合应急灯具	应急照明灯具内装有两个以上光源,至少有一个可在正常照明系统发生故障时提供照明

按功能可分为两类，见表7-4-3。

表7-4-3　不同功能的应急照明灯具特征

功能	特征
照明型应急灯具	在发生事故时,能向走道、楼道、出口通道、楼梯和潜在危险区提供必要的照明
标志型应急灯具	能醒目地显示出口和通道方向,灯上有文字和图示,用于指示方向

一般在需要指明方向的时候使用标志型的应急灯具，标志型的应急灯具是持续式的工作模式。在过道、走廊或室内空间可使用照明型的应急灯具，用于保障发生事故时的救援或人员疏散。

（2）直流安全照明

与交流安全电压不高于 50V 相比，直流安全电压不高于 120V，在对安全要求高的特殊场所，可以采用安全电压供电的直流照明灯具，提高照明系统安全性。

（3）直流高效照明

直流电压等级灵活，在大功率照明灯具和长距离照明线路供电的场所，可以采用更高的电压等级的直流照明灯具，提高照明系统的能效。

7.4.3 直流照明供电系统

直流照明供电系统是指利用直流供电，从配电到照明灯具都是直流。直流照明供电系统通常包括直流电源控制柜、直流传输线路，根据实际需要可以配置直流电源控制箱和后台系统。

1. 直流照明供电系统的配置

在直流照明供电系统中首先需要考虑的是直流电源的选择，《直流照明系统技术规程》（T/CECS 705—2020）和《标准电压》（GB/T 156—2017）给出直流电压的优选值和备选值。在保证安全和使用的前提下，应该根据不同的应用场景选择不同的传输电压。目前，市场上流行的供电方式分为直流转换模块供电和有源以太网（POE）供电。

直流转换模块将外部交流电或直流电转换为所需电压等级，可以布置于直流电源控制柜中进行直流转换，也可以布置于直流电源控制箱中，达到回路控制的目的。

有源以太网供电是直流供电的一种形式，一般采用 POE 交换机作为供电输出，标准 POE 供电采用 48V 供电，供电距离不超过 100m，也可用于室内直流照明系统。

2. 直流转换模块介绍

直流转换模块由 AC/DC 电源、DC/DC 电源组成。

（1）直流转换模块 AC/DC 转换

交流电转换为直流电称为整流，而直流电转换为交流电称为逆变。一般通过二极管整流电路或电子开关电路，都可将交流电转换为直流电（图7-4-1）。

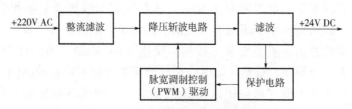

图 7-4-1　直流转换模块示意图

整流电路是将工频的交流电转换为脉动直流电。

滤波电路是将脉动直流中的交流成分滤除，减少交流成分，增加直流成分。

（2）直流转换模块 DC/DC 稳压/降压转换

1）DC/DC 转换器通常由控制芯片、电感线圈、二极管、三极管和电容器构成。在讨论 DC/DC 转换器的性能时，如果只针对控制芯片选型，是不能判断其优劣的。其外围电路的元器件特性和基板的布线方式等，能改变电源电路的性能，因此应进行综合判断。

2）调制方式。直流转换模块，由于采用脉冲调制方式不同，其控制原理不同（表7-4-4）。

表 7-4-4　直流电源不同调制方式及特征

调制方式	特征
脉冲频率调制方式（PFM）	开关脉冲宽度一定，通过改变脉冲输出的频率，使输出电压达到稳定
脉冲宽度调制方式（PWM）	开关脉冲的频率一定，通过改变脉冲输出宽度，使输出电压达到稳定

7.4.4　部分应用场景介绍

1. 直流照明系统在地铁中的应用

地铁中应急照明一般都采用的是直流应急照明系统，主要分为：安全照明、备用照明和疏散照明三种。安全照明是指为了防止潜在的危险事故发生而设置的应急照明部分。备用照明是指用于常规照明系统发生故障之后,保证相关工作与活动的继续进行的照明,通常不低于常规照明的 50%。疏散照明主要为人们提供认清道路、确认是否存在障碍物以及指引到相对安全的出口位置。

地铁站场一般呈长条形布局,交流 220V 的照明系统线缆长、压降大、线损高,接地故障时线路过流保护可能不能有效动作。采用更高电压等级(如 400V)直流灯具,可以减少线缆压降,降低线损,有效提高照明系统的能效和可靠性。

2. 直流照明系统在养老场所中的应用

养老场所同样采用了直流应急照明系统,由于老年人对光的感知能力下降,所以养老场所的应急照明应当适当往上提升亮度和照度。应急照明同样分为:安全照明、备用照明和疏散照明三种。安全照明主要确保老年人尽量不会处于因照明故障或照明不足带来的潜在危险中。备用照明最好不低于常规照明的 80%。疏散照明的间距则应比一般场所的间距更小。

养老场所对安全要求高,可以考虑采用 48V 直流照明系统,接入居室的 48V 安全特低电压直流配电保护单元,构建安全养老居所。

3. 直流照明系统在体育场馆中的应用

体育场紧急情况时人流量大,且观众对于疏散路线不熟悉,人流量大而集中,对应急照明的要求高。直流应急照明系统可能会用到独立控制、集中控制、子母控制等多种控制才能满足相应应急照明要求。

体育运动由于受到空间与范围、运动方向和速度等多方面的影响,场地照明比其他照明有更多的要求。高照度(水平照度、垂直照度)、高均匀度、低眩光、适宜的光源色温参数等都是体育场照明必须达到的。体育场馆场地照明通常采用 150~2000W 的大功率专业体育照明灯具,灯具电压等级可能采用交流 380V,在采用 LED 光源灯具时,采用 400V 左右电压等级的直流灯具可以减少逆变环节,提高照明系统能效。

7.5 智慧路灯系统

7.5.1 智慧路灯系统的功能

1. 智慧路灯系统的概述

智慧路灯系统通过应用先进、高效、可靠的城市传感器、电力载波等无线通信技术和物联网技术等，实现对路灯的远程集中控制与管理，是城市物联网应用的集中体现，它汇聚了智慧感知、视频处理、边缘计算、无线/有线通信、人机交互、大数据、空间地理信息等新一代信息技术。智慧灯杆可搭载的主要功能有：智慧照明、视频采集、移动通信、交通标志、交通信号灯、公安监控、公共广播、环境监测、气象监测、信息发布、一键呼叫、Wi-Fi管理、充电桩等。根据不同的应用场景，智慧灯杆可以搭载不同的功能组合（图7-5-1）。智慧路灯系统可以根据不同环境条件进行远程照明控制、故障主动报警、环境监测、智能监控等，智慧路灯还能够大幅节省电力资源，提升公共照明管理水平，节省维护成本，是智慧城市建设的重要组成部分。

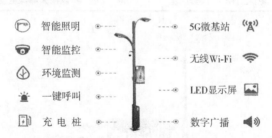

图 7-5-1　智慧路灯系统功能示意图

2. 城市路灯系统的发展

城市路灯系统的发展主要体现在灯具和控制系统。目前，国内路灯中高压钠灯仍占据较大比例，由于高压钠灯能耗高、损耗大，已不能满足现阶段国家节能标准和建设智慧城市的要求。随着技术的不断成熟，LED灯具的节能效果日益凸显，国内许多城市开始采用 LED 灯具对传统路灯进行改造。未来几年，LED 灯具会逐步取代传统光源灯具，并在道路照明中起主导作用。

　　传统路灯系统与智慧路灯系统对比见表 7-5-1。与智慧路灯相比，传统的路灯系统存在着管理手段单一、信息化水平落后、缺少主动故障报警机制、电能浪费严重等问题，已不能适应于智慧城市的快速发展。随着物联网、云计算、雾计算等新技术的广泛应用，智慧路灯系统能够对每个光源进行精确控制，实现真正意义上的智慧照明。智慧灯杆（图 7-5-2）可以综合路灯、交通指示、安防监控、无线网络、广播、路侧广告牌等多功能于一身，实现"一杆多用、多杆合一"。

表 7-5-1　传统路灯系统与智慧路灯系统对比

	传统路灯系统	智慧路灯系统
灯具类型	高压钠灯、金属卤化物灯、LED 灯等	以 LED 灯具为主
控制方式	时控法、光控法、三遥控制	可以精准控制每盏路灯
控制效果	只能在供电回路层面进行单一控制	可以实现按需照明
系统监控	路灯运行情况无法实时、准确监控	可实时监控灯具状态，实现智慧管理
节能评估	电能消耗大、浪费严重	可以极大降低电能消耗

图 7-5-2　智慧灯杆示意图

3. 智慧路灯系统对节能减排的重要性

与传统照明技术相比，LED 的电光转换效率较高，具有良好的节能效果。路灯系统通过采用节能灯具、智慧化的路灯管理手段，实时调整路灯照明策略，合理地控制路灯的开关时间，可以极大地降低电能消耗。智慧路灯系统将会是智慧城市的重要保障，是节能降耗的一项有力措施。

7.5.2 智慧路灯供电设计

1. 智慧路灯供电方式对比

智慧路灯供电方式主要分为交、直流两种。智慧路灯上除了LED 照明设施外，还集成了视频监控摄像机、环境传感器、5G 微基站、LED 显示屏、无线 Wi-Fi 等设备。这些智慧设备大都采用直流电进行驱动，且需要系统提供不同电压的电源接口。若采用交流供电，智慧路灯的供电接口需要众多 AC/DC 整流器才能接入电网，这不仅使接口电路变得复杂，而且降低了系统供电效率和稳定性。智慧路灯交、直流供电系统对比见表 7-5-2。

表 7-5-2　智慧路灯交、直流供电系统对比

	交流供电系统	直流供电系统
线路损耗	存在涡流损耗和集肤效应,损耗大	无涡流损耗和集肤效应,损耗小
整流形式	众多分散的 AC/DC 小功率整流器	集中式的大功率 AC/DC 整流器
交、直流电能转换效率	转换次数多,效率低	转换次数少,效率高
系统稳定性	电能损耗大,系统稳定性较低	电能损耗小,系统稳定性较高

2. 智慧路灯未来发展方向

近年来，国内许多地区已经开始研究和推广直流供电系统在智慧路灯上的应用，但主要集中在新建道路上。智慧城市的发展需要新型智慧路灯设施的建设投入，同时对现存的路灯如何升级利用提出了新的挑战，针对现存路灯设施智慧化改造的研究也是未来的发展方向之一。

7.5.3 智慧路灯智慧化实现的方式

1. 智慧路灯系统设备层

智慧路灯系统设备层主要负责智慧路灯的照明与数据采集工作,它位于智慧路灯控制系统的最底层,是整个系统的基础。

2. 智慧路灯系统网络层

智慧路灯系统网络层目前主要的技术手段有:电力载波技术、无线组网形式 Zig Bee、LoRa、NB-IoT 等。

3. 智慧路灯系统系统层

智慧路灯系统系统层属于中间层,主要作用包括数据管理、连接管理和设备管理等。

4. 智慧路灯系统应用层

智慧路灯系统应用层是用户端与系统的交互中心,它为用户提供各种功能服务并执行用户的指令。智慧路灯系统构架图如图 7-5-3 所示。

图 7-5-3 智慧路灯系统构架图

7.5.4 典型应用场景介绍

　　智慧路灯系统在城市路网中的应用场景主要体现在以下几个方面：

　　1）智慧路灯系统会根据夜晚车流量与行人数量自动调光，降低电能消耗，打造低碳、环保、宜居环境。对于一些车流量很小的非主干道路，城市交管部门可以做如下设置，在道路无车辆通行时，路灯照明可以维持在一个较低的照度水平，当感知到有车辆将要通过时，提前将照度提升至规范要求的照度，车辆通过后路灯照明恢复至原来设置的照度水平，以此实现真正意义的按需照明。

　　2）智慧路灯系统出现异常时，会实时发出警报信号。相关用户可以在远程操作，实现单灯控制和故障定位等功能，方便运维检修和移动管理。

　　3）目前，国内许多城市的支路上都存在公共停车位，这些停车位绝大部分以人工巡收为主，效率低，成本高。采用智慧灯杆系统后，可以实现智慧泊车、自动缴费等功能，还可利用智慧灯杆配套的充电桩给电动汽车充电，为公众提供更便捷、高效的公共服务。

　　4）智慧灯杆还可以预留丰富的接口，扩展功能强大，通过集约设置各类杆体，实现"一杆多用、多杆合一"。智慧照明系统通过与公安、交通、环保等部门合作，将智慧照明网络与城市公共安全、交通监控、水文气象监测等信息网络相结合，实现集智慧照明、交通远程监控、城市安防、公共广播、水文气象监测等功能于一体的互联互通。

第8章 智慧用能系统

8.1 智慧用能系统概念、规划及要求

国务院发布的《2030 年前碳达峰行动方案》提到：加强新型基础设施用能管理，将年综合能耗超过 1 万吨标准煤的数据中心全部纳入重点用能单位能耗在线监测系统；积极推广使用智能化用能控制等技术，提高设施能效水平。这些政策都表明，智慧用能系统的建设是自上而下的现实迫切要求。

传统的能效管理系统一般是对建筑内用电、用水、用热、用冷和用气进行统计分析，提高建筑的能源效率，系统一般都是基于系统级的集成，速度慢，效率不高，实际使用节能效果并不好。在双碳背景下，建筑用能关注点从零能耗转为低碳零碳，不仅仅是要节能，更重要的是减碳、控碳，尤其需要关注建筑消耗能源过程中和该能源生产过程中的碳排放。综合能源系统一般面对的对象是区域能源站，是区域的能源中心和集散地，区域能源站的底层设备、功能和能源模式与低碳建筑有较大差别，为和传统建筑的能效管理系统和综合能源系统做区分，这里把双碳背景下的低碳建筑的能源系统称为智慧用能系统。

8.1.1 智慧用能系统的概念

1. 智慧用能系统的含义

智慧用能系统是一个对建筑能源进行监控、规划、管理的系

统，系统对负荷进行分级管理、预测负荷可调节能力，智慧决策负荷调控方式，对用能各环节和设备进行监测和提供智慧运维，基于云网边端的开放的扁平化的系统，采用智能物联网架构，使用大数据、云计算、人工智能、机器学习、远程运维、图像识别等技术，构建低碳建筑能源系统数据处理存储、边缘计算、反向控制、数据分析、策略优化、策略下发和能源预测调控等功能，通过用能策略的执行和控制、大数据挖掘建模和专家团队远程分析指导，实现能源控制、管理、运维一体化平台。

2. 智慧用能系统的目标

智慧用能系统的目标主要是协调控制建筑内部的用电、用水、用热、用冷和用气，提高建筑用能设施的运行管理智能化水平，达成减碳、节能、增效的目标，实现建筑的低碳或零碳化。系统评价指标包含碳足迹分析、综合能效、㶲分析、经济效益等方面。在碳达峰阶段，建筑脱碳的重要手段之一是建筑用能电气化，其余能源在建筑用能中的占比将大幅下降，智慧用能系统重点关注的是建筑投入使用时的建筑用能中电能的规划和调节。

3. 智慧用能系统对电网的意义

针对高比例新能源的电力系统在极端天气和用电高峰重合时可能出现电网崩溃事故的问题，国内已有多个供电部门在积极构建可对大规模可调负荷、分布式电源、储能等灵活性资源实现聚合管理的虚拟电厂技术。

建筑作为电网用户，位于虚拟电厂的端侧，建筑内部的柔性可控负荷、储能、光伏发电是海量异质灵活资源，可以通过虚拟电厂的智能终端接入虚拟电厂，接受电网的需求响应指令，直接作为虚拟电厂用户或者通过负荷聚合商，进入电力市场，确保建筑用能，并获取需求响应收益。低碳建筑积极参与电网的互动，参与电网辅助调峰、调频，这是成功构建强大稳定的新型电力系统的关键，也对我国实现双碳目标有重要意义。

8.1.2 智慧用能系统的规划

智慧用能系统的规划主要分为以下三个方面：

1. 能源规划管理

（1）系统能源规划

分析系统能源时空分布、搭建建筑用能模型，预测建筑的逐时新能源发电、储能、耗能和碳排放的情况，分析用能成本和系统用参与电网需求响应的可控能源的裕度，实现长周期、全系统动态性能仿真。

（2）系统能源接口规划

系统支持与底层能源设备对接，实现底层能源设备的即插即用。

系统支持与建筑智能化子系统对接，可以对设备进行状态读取、负荷调配及运行管理。

系统支持"源网荷储"设备接入，实现园区子系统的数据融合及协同高效运营；同时执行平台下发的控制指令，实现联动，实现园区各类终端统一运维和运营管理。

2. 运行监控规划

系统具有内外部环境数据、关键区域图像和视频数据、能量数据采集及显示、运行监测、数据分析、算法管理报表等基本功能。

系统具有进行生产决策、优化调度、节能管理、碳排管理、能源（碳）交易等，还包括发电预测、能效监测、负荷预测、电能质量监测、系统安全、设备管理、需求响应、需量管理等高级功能。

3. 智能运维规划

对系统进行设备状态评估和健康管理、系统故障预测与诊断、应急响应、机器人巡检、业务管理、资产管理等。

8.1.3 智慧用能系统的要求

1. 内部功率协同调配

系统需要参考系统历史发电数据，预测系统未来发电量，根据环境、人员用电习惯、天气、电价等信息，预测系统各环节设备的用电量并制订用电计划，根据发电、用电和电网需求响应邀约情况，制订储能和充电桩的充放电计划，确保系统发电尽量实现自消纳，减少余电上网，实现用电收益最大。

2. 外部电网需求侧响应对接

接受电网需求侧响应邀约后，综合系统发电、用电和储能环节预测结果，给出需求侧响应裕度，评估用能成本和建筑用能舒适度，确定参与需求侧响应的策略，在接受指令后，进入需求响应模式，制定需求响应的设备的负荷调控和运行策略，响应结束后，停止调度并退出需求响应模式，进行需求响应收益结算和需求响应效果评估。

3. 设备运行安全要求

1）确保系统运行的安全，对系统故障潮流进行记录并分析，对系统设备故障进行预测、预警。

2）确保系统信息、数据安全，采用业务分区、专用网络、横向隔离、纵向认证、人员权限管理等多维度保障措施。

3）对用电负荷重要性分级，制定安全紧急预案和应急响应机制，事后评估机制。

4. 运维智能化要求

在线监测系统设备状态，结合设备制造信息及投运前信息，运行信息，缺陷、事故及维修记录，家族质量记录，同类型设备参考信息等进行设备状态评估。基于图像识别的智能低碳运维主要解决人员现场巡检工作需求与现场无人化的冲突，通过在现场安装摄像头获取现场设备运行状态、设备环境、人员行为等图像数据，建立一套基于人工智能的变电所视频巡检系统，实现对变电所设备运行状态及运行环境检测。

8.2 智慧用能系统架构

8.2.1 系统架构

智慧用能系统基于全息感知技术采集建筑内设备的全景数据，通过互联网、物联网、5G等通信技术将数据汇集到统一的综合业务云平台数据库，对分区的数据进行集中处理，支持基于云平台技术开发各类应用软件的功能展示。其具有统一的数据库与软件开发平台，系统内各子功能可共享信息，相互流转验证；支持移动监视功能，具备高度整合化、深度智能化、全面自动化、广泛无人化等特点。

智慧用能系统的架构包含现场层、网络层、平台层、应用层 4 个层次，如图 8-2-1 所示。

现场层主要是指接入系统的各类电气设备及感知设备，如变压器、断路器、变换器、仪表、充电桩、温度及湿度探测、摄像头等。现场层完成"采集、保护、执行"功能。采集功能由智慧用能二次设备完成，包括保护遥测、保护遥信、动作信息、温度、视频画面等信息的采集，实现全景数据采集；智能设备接收上层的操作指令并执行，完成遥控操作、倒闸操作、自动控制等操作功能。

网络层实现现场层与平台层的通信，完成数据的上传和下达功能，是进行信息交换、传递的数据链路。网络层包括有线通信网和无线通信网等。网络层作为纽带，连接着设备层和数据层，除了将设备层的信息无障碍、高可靠性、高安全性地上传至数据层外，还负责将应用层的执行命令下发到设备层，实现信息的传输。

智慧用能系统平台承载于智慧建筑综合业务云平台上，利用中台技术、大数据技术、物联网技术、人工智能技术、BIM 技术等进行构建，并应对上层提供支撑。云管理平台采用扁平化部署模式，硬件资源由云平台统一部署规划提供，为各类应用提供网络与存储所需的各类技术环境的管理，同时为各类应用提供系统测试、应用发布、应用运行、系统维护所需的技术环境。

智慧用能系统通过智慧建筑云平台技术实现软件与硬件解耦，同时利用技术中台实现后台数据库软件与前台应用软件的解耦。技术中台融合提炼智慧配电、智慧太阳能发电、智慧储能、智慧直流用电、智慧充电桩管理、智慧照明等子系统通用技术需求，打破子系统的数据及应用壁垒，提供各子系统的通用数据管理、存储管理、云管理、AI 和 IoT 平台等，实现设备和平台的云边协同管理。

技术中台将通用的基础技术模块进行沉淀，主要由物联平台、算法平台、微服务平台、策略引擎、开发环境、容器集群、中间件、分布式数据库等构成，为业务应用提供技术支撑。数据中台由基础数据库、数据采集层、数据处理层、主题库、专题库、数据服

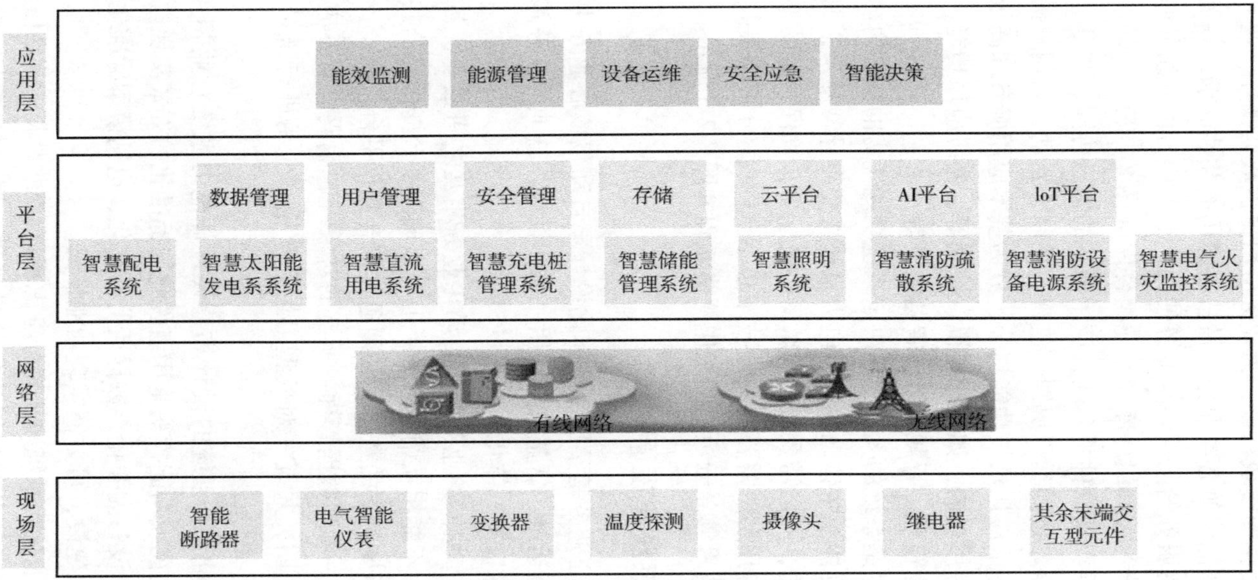

图8-2-1 智慧用能系统的架构

应用层
能效监测　能源管理　设备运维　安全应急　智能决策
数据管理　用户管理
智慧配电系统　智慧太阳能发电系统　智慧直流用电系统

平台层
存储　安全管理　云平台　AI平台　IoT平台
智慧充电桩管理系统　智慧储能管理系统　智慧照明系统　智慧消防散热系统　智慧消防设备电源系统　智慧电气火灾监控系统

网络层
有线网络　无线网络

现场层
智能断路器　电气智能仪表　变换器　温度探测　摄像头　继电器　其余末端交互型元件

务、共享交换等模块构成，为业务应用提供数据服务。业务中台主要提炼出智能建筑各类业务中最核心通用的共性需求，并沉淀为组件化的共享服务给前端各类业务使用。业务中台内的组件库根据界面划分可分为公共组件库和专业组件库（图8-2-2）。

应用层实现软件平台间各应用模块的信息协同、共享、互通功能，实现全方位的远程识别、监视、控制、互动，为用户提供具体的应用服务。应用层按功能划分，分为基本应用服务和高级应用服务。基本应用功能，如运行监视、控制等，高级应用功能，如智慧监测、能源管理、智慧运维、智慧决策等。

应用层是系统的大脑，是决定系统功能优劣的核心内容。在以新能源占据能源主体地位后，电力系统将变得异常复杂，面临的挑战是空前的，所以需要加强大脑的决策能力，确保系统的稳定、高效运行。应用层所需要的关键技术包括AI智能分析决策技术、云边端协同技术等。云边协同工作网络流程如图8-2-3所示。

8.2.2 系统建设原则

1）核心业务基于平台一体化设计：自动化核心业务中的能源管理、智慧运维、智慧决策采用一体化设计，其他的业务基于平台开发，形成二次一体化系统。

2）分布协同的业务群：自动化业务相互之间独立，各个业务之间解耦，不能相互调用服务，但可以调用平台提供的公共应用服务，如果需要对方的数据，必须通过综合数据平台获取。

3）统一管理数据管理：所有的对象统一编码，向各应用提供电网全景视图，并统一对模型、运行数据和应用进行维护和版本管理。

4）标准化：系统的设计和建设遵循电力系统行业相关标准，各子系统功能或功能模块采用组件化与标准化的方式实现。系统平台遵循硬件设备无关化、数据通信标准化、电网模型标准化的统一标准和要求建设，可方便实现功能扩充。

5）智能化：系统建设充分考虑智能化的要求，满足信息的充分获取及共享，具有智能化的信息处理、展示与辅助分析决策手

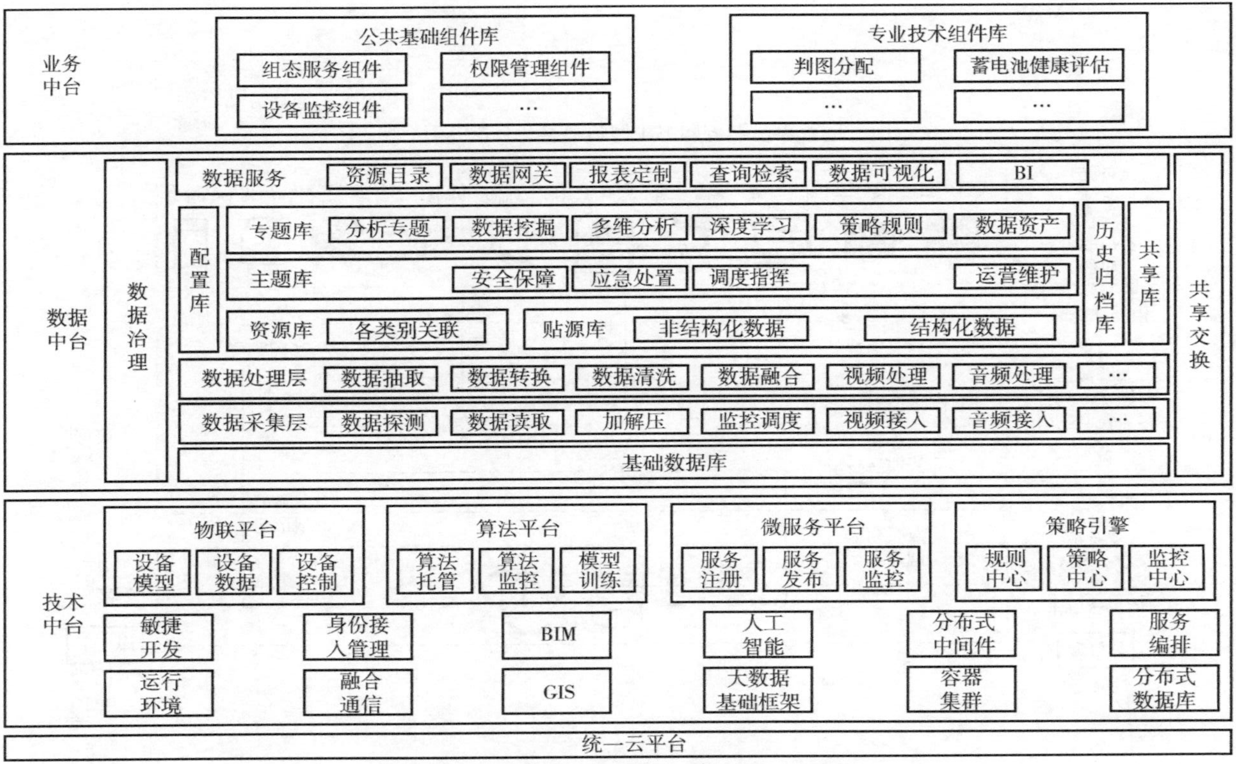

图8-2-2 智慧用能系统及数据共享平台架构图

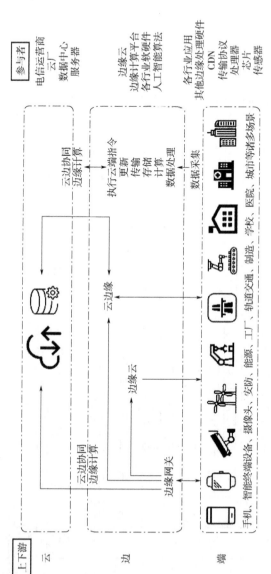

图8-2-3 云边协同工作网路流程示意图

参与者

电信运营商
云厂
数据中心
服务器

边缘云
边缘计算平台软硬件
各行业软硬件
人工智能算法

各行业应用
其他边缘处理硬件
CDN
传输协议
处理器
芯片
传感器

上下游

云

边

端

云边协同
边缘计算

云边协同
边缘计算

云边缘

边缘云

边缘网关

执行云端指令
更新
传输
存储
计算
数据处理

数据采集

手机、智能终端设备、摄像头、安防、能源、工厂、轨道交通、制造、学校、医院、城市等诸多场景

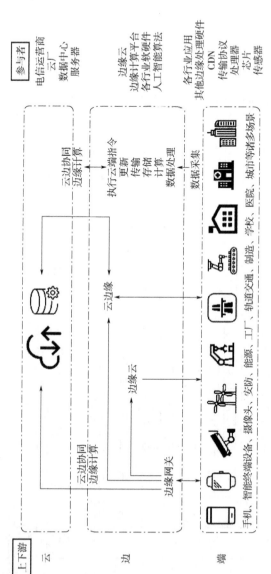

段，具备自动化、智能化的调控手段等。

6）开放性：在平台的数据访问接口、应用开发等各个方面具备足够的开放性，完全支持第三方在平台基础上开发新的应用功能；满足扩展性要求，满足电网持续发展和建设的需要。

7）安全性：建设的系统必须满足运行安全性要求，满足二次系统安全防护的规定和要求，同时保证系统的可审计性。

8）可靠性：建设时充分考虑系统的可靠性及可用性要求，关键硬件设备及软件采用冗余配置、网格技术、集群技术、虚拟化技术、多重备用（包括热备用、冷备用，并可支持一主一备和一主多备等方式）等技术手段，确保不因个别软硬件故障而影响系统整体功能的正常运行。

8.2.3　软硬件配置

智慧用能系统前端设备应集中配置，提高系统软、硬件资源综合利用率。宜按安全分区统一配置前置服务器、通信服务器、数据库服务器、应用服务器、Web 服务器、存储设备、安全防护设备、同步时钟、打印机、虚拟化平台、操作系统、关系数据库、时序数据库等软硬件设施。

各类服务器应根据应用特点选用适当的系统配置。对性能和可靠性要求很高的实时类数据应用服务器应专机专用，对于计算密集的功能应用应选用高性能服务器，对性能及可靠性要求较低的管理类功能应用可采用虚拟化服务器。各软硬件设施统一管理，合理分配，按需扩充并升级改造。智慧用能系统中央硬件配置示意图如图 8-2-4 所示。

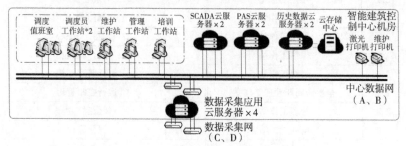

图 8-2-4　智慧用能系统中央硬件配置示意图

智慧用能系统的软件配置包括系统软件和应用软件，系统软件包括工作站操作系统、服务器操作系统。应用软件包括智慧用能设备管理、智慧监控、能源管理、监测检测管理、多能调度管理、应急指挥管理、故障预测及健康管理、无人巡检、维修业务管理等业务功能的应用。

具体软硬件配置建议见表8-2-1。

表 8-2-1　智慧用能系统软硬件配置建议

序号	名称	序号	名称
一	硬件	二	软件
1	服务器	(一)	基础资源平台
1.1	数据采集服务器	1	数据库支撑平台
1.2	运行监控服务器	2	软件支撑平台
1.3	历史应用服务器	2.1	平台服务类
1.4	高级应用服务器	2.2	运行服务总线类
1.5	调度管理服务器	2.3	资源管控类
1.6	在线监测服务器	2.4	安全管控类
1.7	流媒体服务器	3	数据中心
1.8	病毒防护服务器	3.1	全景数据建模类
1.9	设备状态评估服务器	3.2	数据采集与交换类
1.10	全生命周期管理服务器	3.3	数据集成与服务类
1.11	Web 服务器	(二)	运行控制系统
1.12	保信服务器	1	监视中心
2	工作站	1.1	稳态监视类
2.1	调度工作站	1.2	在线计算类
2.2	维护工作站	1.3	智能告警类
2.3	报表工作站	1.4	网络分析
2.4	应用工作站	2	智能控制中心
2.5	保信工作站	3	运行驾驶舱
2.6	运维工作站	(三)	运行管理系统
2.7	全生命周期管理工作站	1	运行控制管理
2.8	管理工作站	(四)	智慧运维类
2.9	培训工作站	4.1	智慧运检
2.10	液晶显示器	4.2	在线监测

序号	名称	序号	名称
3	系统软件	4.3	全生命周期管理
3.1	关系数据库	4.4	维修计划管理
3.2	时序数据库	（五）	能源管理类
4	共享存储	1	内部功率协同
5	打印机	2	外部需求侧响应
6	数据采集交换机	3	多能调度规划
7	大厅交换机		
8	防火墙		
9	机柜		
10	配电箱		

8.3 智慧用能系统功能

8.3.1 总体功能

智慧用能系统的功能建设满足智慧建筑电气二次一体化的要求。全方位覆盖智慧建筑运行监控和管理需求；全过程支持源、网、荷、储各环节的一体化管控。在统一模型和标准服务接口的基础上开展各系统的一体化建设，实现各系统的互联、互通和互操作，确保系统功能模块之间、各建筑物之间、电网与用能侧之间资源的统一共享和协调控制。满足业务功能模块化建设和"即插即用"的要求。

模块化的功能设计可以像积木一样把各种应用功能很方便地进行拆卸和组合。新开发功能和第三方系统基于应用集成平台的标准数据和服务总线实现各个专业系统集成运行。智慧用能系统基于智慧建筑云平台的建设，由云平台统一考虑其与楼宇自动系统、电梯管理、无人值守冷热源机房系统及通风系统、消防设备电源监控等系统的接口。一旦有新的功能需求产生，可通过系统功能升级的途径增加新功能。

智慧用能系统建设利用云平台存储的海量数据进行大数据分析，以辅助实现智慧用能系统相关应用。大数据分析在智慧用能系统平台中的总体功能应用包括负荷建模、负荷预测、状态评估、自动故障定位、系统安全与态势感知等，为实现智慧监控、能源管理与智慧运维提供中台功能支撑。

　　(1) 负荷建模

　　负荷建模的结果可以用于负荷预测、电力调度、故障定位和实时仿真。负荷建模决定了大数据分析的整体性能。由于缺乏全面整体的监测数据，传统电力系统分析中负荷辨识只能以保守度换取较大的可靠度，造成设备的冗余配置也影响到系统的运行效率。到了物联网阶段，采用先进的通信技术，系统可以采集到全面覆盖整个系统的海量数据，在大数据分析技术的支持下，负荷的精确辨识将成为可能。

　　(2) 负荷预测

　　智慧用能系统的正常运行和多能调度规划离不开负荷预测。为了实现负荷预测，除利用大量系统在线运行数据，还需要海量的历史同期数据和环境数据。目前，大数据采集和高性能的分析技术使精确负荷预测成为可能。未来的负荷预测将向着适应各种时间维度和空间复杂度的方向发展。

　　(3) 状态评估

　　状态评估是智能分布电网的自愈控制的重要组成部分，电力系统的状态评估多与电能质量、故障恢复和安全性有关。使用大数据分析方法进行电能暂态质量评估。将状态评估应用于大的各种分布式电源接入的电力网络，需要进一步提升其计算效率和准确性。此外，随着物联网性能要求的提高，需要扩大状态评估的范围，考虑所有节点间的关系，达到对复杂配电网络整体性能的了解，实现全局性状态评估。

　　(4) 自动故障定位

　　大数据分析技术（如关联方法）与传统故障定位技术相结合，可提高故障定位精度和速度。配电网中的故障定位主要使用矩阵方法，该方法原理简单。此外，还有人工神经网络、遗传算法和蚁群算法等。智慧用能系统自动故障定位将向着适应复杂拓扑结构、多电源、源-网-荷-储协同，进一步提高定位精度和减少定位时间的方向发展。

（5）系统安全

系统安全贯穿于整个用能网络。智慧用能系统安全将向着集中控制和分散协作相结合，整体控制和局部控制并重的方向发展。对于智慧用能系统的信息系统与控制系统将紧密耦合，对系统安全性的要求更高。

（6）态势感知

智慧用能系统基于知识发现，得出用能系统网络安全态势感知的整体框架。采用视觉化方法可以增强操作人员对大规模的新型智慧用能配电网的态势感知。它可以对网络化运行状况及未来变化趋势进行实时感知和预判，从而提前做出分析决策，进行有效控制，实现系统即测、即判、即控的目标。

8.3.2 智慧监控

智慧监控为面向供电调度的自动化功能应用，具备用能系统全景数据采集和交换、全景数据监视、全景数据建模、控制、在线计算分析等功能。智慧监视内容包括设备的量测数据，运行状态量数据，波形数据，视频流数据，环境检测、照明、消防、门禁等辅助设备的实时数据。智能控制应用将各类电网操作和控制功能通过远程画面调用、应用服务调用、数据接口等方式进行集成，形成集中操作和控制的用户环境，支持与 KPI 监视预警应用、运行全景视图应用的业务联动。

1. 监视中心

（1）稳态监视

稳态监视主要包括配网一次设备的运行监视、故障跳闸监视、线路负荷越限监视、异常运行方式监视（停电、转供、合环、检修）等。

（2）电能质量监视

电能质量包括变配电网络的各种电气特征，如有功、无功、功率因数、压降、谐波和频率等。电能质量决定了用户的用能体验和电网的性能，是配电网用户和电网运营商的主要交互信息之一。随着光伏等分布式电源越来越多地接入配电网，用户对电能质量的要求也将越来越高。业界基于分散度方法，提出一种区域性电网电能质量的广泛估计模型。基于时频分析理论，对电能质量进行监控，能够精确定位暂态信号每个频率成分出现的时间。

（3）环境监视

充分利用气象监视信息和预警分析结果，实现对气象要素的监视和统计，同时展示气象灾害因素对电网设备及配电网运行的影响。

（4）新能源系统监视

实现对光伏、风电、储能等分布式电源及微网实时稳态运行信息的监视，主要包括分布式电源及微网监视相关的数据处理、系统监视和数据。

（5）智慧用能二次设备状态监测

二次设备状态监测模块接入诸如配网自动化终端、配网通信终端、电能质量等各种站端二次设备的信息数据，提供各种二次设备状态信息的展现，用以监视二次设备的运行状态。

2. 智慧控制

（1）控制条件与防误

在控制和调节过程中，通过利用平台提供的防误逻辑技术措施来保证控制与操作的安全可靠，防止误操作的发生。

（2）智慧控制模式

可在系统发生故障时通过上送的故障信号进行系统故障定位诊断，自动执行隔离方案，自动执行故障恢复方案，实现系统自愈重构，并能接受其他系统的业务联动，如实现火灾模式下负荷切除或投切等。

3. 运行驾驶舱

通过监视表征电网运行状态的多维 KPI，全面感知电网运行状态，快速预警和定位运行异常。基于 KPI 体系，为用户提供对系统状态的全面认知和未来状态的预测。满足线网供电运行、运维、决策、管理等不同用户对象全局把握系统真实运行状态的需求。满足智慧用能系统运行、运维、决策、管理等不同用户关注关键事件的需求。

8.3.3　能源管理

能源管理通过合理布局设施配置和管控功能，达到提高设施碳排放量与能源利用率并减低成本的目的，包括碳足迹分析、用能情况监视、用能优化与调控、电能质量异常定位、智慧决策指令执行等功能。

1. 内部协同

能源管理功能主要通过在重点用能设备处安装智能表计等二次装置，采集该节点的用能数据与电能质量数据，并通过物联网上传至大数据分析平台进行挖掘与分析。建立能耗评价体系，对各设备的实际能耗进行对标后进行在线分类与峰平谷分析；采用在线拓扑识别技术进行在线电能质量异常设备定位。利用 AI 技术统筹各部门、区域、负荷类型、能源种类、用能时间曲线等数据，进行建筑内部用能最优策略（节能与电能质量综合最优）计算并输出相应设备的调控操作。同时，能源管理还能接收智慧决策功能的用能决策，响应电网的"双碳"指标要求（图 8-3-1）。

设备层进行 I、U、P、Q、$\cos\varphi$、F、电量、谐波、设备运行状态等电气量的采集后上送至大数据分析平台，同时接收上层下发命令进行设备的控制。用能评价体系作为专家库指导设备的耗能在线分类，并可以通过 AI 技术实现在线学习优化。

2. 需求侧管理与响应

随着"双碳"政策要求的提出和分布式能源与储能技术的发展，用户拥有了消费者与生产者双重身份。基于电力网络通信技术，用户不但可以与发电方协商确定电能的使用，还可以在用户间进行能源共享，供需关系转变为"双向流动"的复杂关系。需求侧管理与效应可以实现系统能源节约，低碳经济运行，保证供电的持续性和平稳性，这在新型的能源互联网中尤其重要。

在能源互联网背景下，智慧用能系统涉及"发、储、充、放、

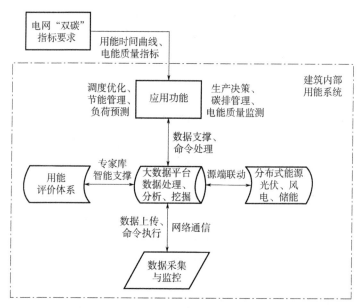

图 8-3-1　能源管理功能数据流程图

用、并"等各种需求，构成的微型电网对需求侧响应提出了更高的要求。按照"自发自用、余量上网、电网调剂"的运行机制，要求需求侧管理与响应可以适应多类型能源协调互补、供需侧能源双向流动、能源互联网区域间协调。灵活需求侧管理与响应需要具备以下技术：基于海量实时数据与历史数据的综合用能负荷预测技术、用电设备自适应能源节省使用策略、多源能量流向变化控制技术。

3. 多能调度规划

分布式能源与储能系统的接入在给电力系统带来经济性和灵活性的同时，也由于这些能源的生产特性，给电力系统控制与调度带来了新的挑战，采用多能调度规划才能真正地提高电力系统的经济性和稳定性。基于仿真技术，可以提升建筑物的多能源形式的管理和调度性能。设置正常运行、最低开销、故障应急等不同的操作模式，建立对应的多能调度规划策略，提高系统的可靠性和灵活性。基于多时间尺度、多种能源类型的微网，研究相应的调度解决方案，可实现微网可控。

8.3.4 智慧运维

智慧运维是指通过集成在线监测系统（PHM）、电力监控系统（PSCADA）、机电设备与环境监控系统（BAS）、能源管理系统（EMS）中的数据，采用人工智能模型，大数据算法实现设备相关数据之间的关联分析，实现对电力设备的无人巡检、设备关键状态在线监测、设备状态评估、供电设备维修业务管理等功能。

1. 基于多系统融合的智慧无人巡检

除了传统的电力监控、在线监测系统，视频巡检系统可以补充现场设备运行状态与设备环境图像数据。通过在现场安装摄像头获取现场设备运行状态、设备环境、人员行为等图像数据，建立一套基于人工智能的变电所视频巡检系统，可有效补充无人巡检现场图像数据。

实现无人巡视重点在于现场巡检（周检、日检）项目的100%覆盖，而单一的电力监控系统、在线监测系统或者视频巡检系统数据无法真正地覆盖现场设备周检、日检项目。需要集成各子系统信息，通过系统间数据共享与智慧联动实现真正意义上的无人巡检。无人巡检流程如图8-3-2所示。

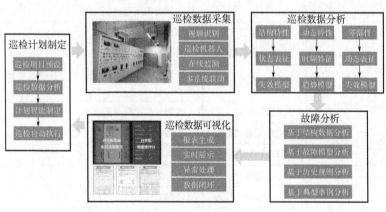

图 8-3-2　无人巡检流程

2. 供电设备关键状态在线监测

供电设备关键状态在线监测以既有系统数据共享为主，配置智能传感器为补充的方针进行数据采集，建立供电设备实时数据库（针对结构化数据建立实时数据库）和关系数据库（针对非结构化数据及手动输入的数据建立关系数据库），实现对供电设备状态数据的统一管理。将设备状态的在线监测实时、历史数据，试验数据、台账、缺陷等信息按照运行人员的实际运行需求进行展示。供电设备关键状态在线监测对象需根据不同的设备特征进行选择，主要监测对象包括油气数据在线监测、局部放电在线监测、振动数据在线监测、关键节点温度在线监测、电力参数在线监测、环境数据在线监测。部分供电设备监测数据范例见表 8-3-1。

表 8-3-1 供电设备监测数据范例

序号	设备	监测内容	监测手段
1	35(10)kV 交流开关柜	局部放电	采用地电波(TEV)+超声波传感器来监测局部放电信号
2		断路器动作特性	采用断路器动作特性装置记录分合闸波形分析动作过程和相关数据
3		温度监测	采用无线测温技术,对开关柜内主要发热点进行温度监测
4		环境温湿度	室内环境温湿度监测
5		电参量数据	通过 PSCADA 采集获得
6	直流开关柜	断路器动作特性	断路器动作特性装置记录分合闸波形分析动作过程
7		温度监测	监测母排关键点温度
8		牵引线缆电流监测	监测牵引线缆电缆的电流
9		环境温湿度	室内环境温湿度监测
10	干式变压器	温度	红外热成像测温
11		振动	监测变压器运行时的振动情况
12		环境温湿度	室内环境温湿度监测
13		电参量数据	通过 PSCADA 采集获得
14		局部放电	通过 PSCADA 采集获得

序号	设备	监测内容	监测手段
15	蓄电池	单体电压	通过电池管理系统采集获得
16		单体内阻	
17		单体温度	
18		环境温度	
19		电池组充放电次数	
20		电池组充放电电流	

3. 设备状态评估

设备状态评估是提高设备检修效率与质量的有效方式，而设备状态信息是评估设备状态的主要依据和开展设备维修的必要条件。设备状态数据包括：①设备制造信息及投运前信息；②与设备状态有关的运行信息；③缺陷、事故及维修记录；④家族质量记录；⑤同类型设备参考信息。通过建立统一的设备档案管理平台，对各类状态数据进行收集，并结合设备历史数据、行业知识和专家检验结果进行综合分析，以便高效、及时、准确地开展设备状态评价工作，确定设备状态、设备参数变化规律及发展趋势。

4. 供电设备维修业务管理

供电设备维修以状态维修为主，减少事故维修及定期维修事件。它是通过对设备状态进行监测，按照设备健康状态来安排维修的一种策略。其根据设备实际运行情况决定维修实际设备，具有针对性强、经济合理等优点。供电设备维修管理按以下原则进行：

1）设备维修策略是以设备状态评价结果为基础的，综合自身行业、企业规范，对设备维修的必要性和紧迫性进行排序，并确定维修内容和方案。

2）通过统一的管理平台自动完成检修计划的制订，根据设备状态评估结果及策略进行维修，策略包括巡检周期调整、巡检开始时间、截止时间指定等。

3）维修计划依据设备维修策略制定，包括设备全生命周期内的长期计划、五年计划、三年滚动计划、年度计划等。

8.4 智慧用能系统技术要点

智慧用能系统采用人工智能、智能感知、大数据分析、图像识别、物联网通信、云边端协同等多领域技术，构建能源控制、管理、运维一体化平台，实现低碳建筑能源系统全面感知、数据分析、系统预测和智能调控等功能。

8.4.1 智能感知

通过智能感知技术手段对系统内设备进行全面感知，实现智慧用能系统多维度、全方位的感知。智能感知技术如图8-4-1所示。

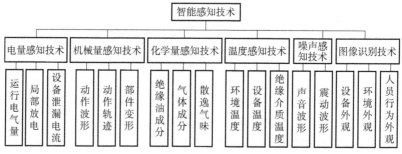

图 8-4-1 智能感知技术图

1）电量感知技术。利用测控技术、用声光检测法、脉冲电流法、超高频法、泄漏电流监测技术对智慧用能系统进行电量测量，实现对系统电流、电压、功率、电度、设备泄漏电流、设备局部放电等全方位的电气量数据感知。

2）机械量感知技术。通过断路器开关波形监测、动作轨迹捕捉、部件变形检测等多种技术手段，对断路器的每次分、合闸动作时的电流、电压，操作指令，位置反馈信号的同步波形进行记录，同步反映出开关动作时灭弧的过程和分合闸动作的优劣。

3）化学量感知技术。对于系统绝缘气体、绝缘油的状态感知，采用化学量感知技术，如使用 SF_6 分解产物检测技术对设备的 SF_6 绝缘气体进行检测，实时监测 SF_6 气体绝缘性；使用腐蚀性硫离子检测技术，通过监测变压器中腐蚀性硫离子的含量，达到监测变压器铜绕组的腐蚀情况等。

4）温度感知技术。对于智慧用能系统设备温度、环境温度、绝缘介质温度数据感知，可采用红外测温、长距离光纤分布式测温和点式光纤光栅测温等温度监测技术手段，可对设备、环境、绝缘介质进行稳定的温度监测。

5）噪声感知技术。对于智慧用能系统设备噪声的感知，通过传感器获取设备声音波形以及振动波形，通过声音波形、振动波形1/3倍频程频谱特性进行评估，达到用能系统设备噪声感知的目的。

6）图像识别技术。对于用能系统设备、环境、人员外观类数据感知，采用图像识别技术，对视觉元件所采集图像进行预处理、特征提取、图像分割、特征识别、异常检测等步骤，实现设备状态识别、设备故障识别、设备房环境识别、运维人员行为识别等。

8.4.2 物联网通信

物联网技术在智慧电气用能系统的应用是采用各类智能传感设备监测电力设备状态，并将设备进行网络连接，实现互联互通，数据上云。物联网技术可为电气用能系统的数据统计、分析及应用提供良好的传输管理平台，实现了电气用能系统数据的准确性、实时性和可靠性的优化。物联网技术在智慧电气用能系统的应用主要包含以下三个层面：

1）感知与标识层面。通过利用传感器和多跳无线传感器网络，采用测控技术、传感器技术、RFID射频识别技术等，实现被感知设备信息的采集，包括电源、输、变、端等电气用能系统各个节点的全景信息采集，从而达到协同感知。信息数据将在物联网网络中进行协同工作。

2）网络与通信层面。网络与通信主要是实现电力设备及系统平台之间通信，是数据传输的高速公路。采用高可靠、低延时、可扩展的网络架。其包含的通信技术包含电力线载波通信技术、光纤通信技术、无线专网通信技术、短距无线技术等多类技术。

3）计算与应用层面。通过感知技术获取海量设备信息的基础上，构建智慧电气用能系统应用云平台。云平台搭载着能源控制、管理、运维一体化功能，决策着系统运行的最优方式，是当前电气用能系统实现自动化、信息化、智能互动化的最根本的保证。

8.4.3　大数据分析

大数据分析技术是智慧用能系统从智慧用能设备及系统中通过智能终端获取监测数据，并对规模巨大的数据进行数据清洗、数据处理和数据挖掘，从海量数据中寻找到隐藏的、有用的数据模型，获取有价值的参考信息，实现趋势预测、负荷预测、设备健康状态评估、故障预测、故障分析、故障定位、数据可视化等功能，进而制定正确科学的决策以及提升服务质量和运营能力。

1. 数据清洗

数据清洗是指对系统外数据库数据进入数据仓库以及各类数据库前进行数据一致性检查、消除无效值、处理缺失值、去除冗余和数据转换的过程。

2. 数据处理

数据处理是指基于数据集成、抽取、转换、剔除、修正的标准流程进行数据处理。

3. 数据挖掘

数据挖掘是指从大量的数据中，挖掘提取隐含其内，但具有潜在价值的信息和知识的过程（图8-4-2）。

4. 处理算法

1）聚类算法。从智慧用能系统中提取不同区域、不同系统、不同类型的用能负荷特性，进行负荷特性聚类分析。聚类方法包含基于划分的聚类方法、基于层次的聚类方法、基于网格的聚类方法、基于密度的聚类方法、基于模型的聚类方法和智能聚类方法，如通过对负荷曲线的聚类分析，实现负荷、电价预测的预处理过程。

2）分类算法。通过对已有数据集的深度学习得出分类模型，实现预测任务。分类方法包含贝叶斯分类法、神经网络法、向量空

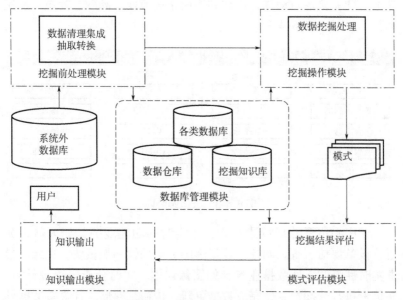

图 8-4-2 数据挖掘的体系结构

间模型法、K 最近邻法、支持向量机法、决策树规则归纳法和其他的分类方法。如在配电变压器的故障识别及诊断应用中，可以采用贝叶斯分类方法将变压器故障分类为内部或外部故障。

3）数据可视化。数据可支持各种图表的可视化展示，数据可视化可以直观地展示数据，让数据直观表述，让使用者得到理想的结果，使数据产生最大的价值。

8.4.4 云边端协同

云边端协同技术在智慧电气用能系统中，"端"为底层终端设备，对智慧用能系统进行电能、图像、环境等多维度信息感知。"边"为平台层的边缘计算平台，预载各类人工智能算法，在边缘侧处理实时性强的本地数据业务，在计算和存储上不会产生较高的设备成本。"网"为网络传输层，搭载各类物联网通信技术，为实现系统信息的实时、高速、可靠传输提供保障。"云"为云中心应用，是智慧用能系统的大脑，搭载着能源控制、管理、运维一体化功能，使系统运行最优，以达到用能系统节能、高效、智慧、稳定运行的目的（图8-4-3）。

端	边	网	云
底层设备	边缘设备	物联网通信	云中心
测控装置	图像识别	局域网	大数据分析
各类传感器	实时分析	电力载波	设备评估
摄像机	人工智能	Wi-Fi	智能调控
巡检机器人	本地业务	NB-IoT	智能运维
…	…	…	…

图8-4-3　云边端协同

云中心负责处理算法复杂、非实时的功能业务，如大数据分析、设备评估、智慧调控、智慧运维等全局性功能板块；边缘侧负责实时性强的本地数据业务，如图像识别、实时分析等边缘计算，并负责执行云端指令，完成数据更新、传输、存储、计算等数据处理过程，实现终端设备与平台的云边协同管理；底层设备作为数据源头，提供多元精细化信息，以支撑云端决策和精准分析。通过一系列云边端协同，可帮助智慧用能系统提高建筑用能设施的运行、管理、运维智能化水平，达成减碳、节能、增效的目的。

8.4.5　AI人工智能

AI人工智能技术在智慧电气用能系统的应用体现在设备状态评估、电能质量管控、智慧调度等方面上，通过对用能系统的运行数据、历史数据、故障数据、干扰数据等进行分析，实现对设备状态评估、电能质量评估、故障预测、负荷预测、智慧控制等。其中包含的AI人工智能算法如下：

1）深度学习。对于设备在线监测数据、电能谐波等样本量大、计算量大，但容错性强的数据，宜采用深度学习算法如卷积神经网络等，对输入数据逐级提取从底层到高层的特征，建立从底层信号到高层语义的映射关系，从通用的学习过程中获得数据的特征表达，实现电力设备状态评估、电能谐波分析等功能。

2）迁移学习。对于用能系统故障预测、用能负荷预测等缺乏样本数据集、数据模拟困难的系统预测场景，可采用迁移学习算法。利用迁移学习能将相关场景中已存在的模型参数迁移到该场景中，指导新模型的构建，提高新模型的泛化能力，即通过有限的用能系统故障、负荷运行数据样本，指导无限的用能系统故障预测和负荷预测。

3）知识图谱。对于用能系统故障辅助处理等规则性强、解释性强、计算量少的分析决策场景，宜采用知识图谱组织、管理智慧用能系统信息，智能化抽取、推理、储存与检索系统故障知识，实现高效可靠的用能系统故障辅助处理。

8.5 智慧用能设备选择

8.5.1 物联网智能断路器

物联网智能断路器是具有较高性能的断路器和控制设备，配有电子设备、传感器和执行器，具有状态全面感知和信息高效处理的技术特征，可实现底层断路器自身关键电气量的采集，能够充分应用移动互联、人工智能等现代信息技术和通信技术将自身状态数据往外送，并能接受智慧用能系统的控制与调整，实现信息化、数字化、自动化、智能化的功能应用。

物联网智能断路器能够实现电力参量及温度数据的全面感知；能够自动拓扑识别，自动生成拓扑结构，实现快速故障定位；能够接收智能负荷管理指令，对负荷实现限载功能；具有有线或无线通信传输方式，将数据传送至智慧用能系统，支持数据上云。

8.5.2 智能测量仪表

智慧用能系统中智能测量仪表包含智能电力仪表、电度表、电能质量监测仪表，实现电力参量的监测、告警、用能计量、电能质量分析等功能，其实时采集的数据可被不同应用功能调用。

1. 智能电力仪表

智能电力仪表用于对中低压系统的进线和馈线的电力数据监测，具备高精度的数据采集、数据处理能力，满足电力参数测量、电能量统计、越限报警、远程控制、报警输出、最值记录和事件顺序记录等功能。

2. 电能表

电能表根据应用场合使用不同精度，主要用于市电电能计量，用户侧电能计量，光伏、储能、充电桩等用能系统的电能计量、分时计量等多种功能。

3. 电能质量监测仪表

电能质量监测仪表能够全天候不间断地监测电网的电能质量数据，智慧用能系统根据监测数据进行数据分析，实时反馈供电电能质量，以及各种用电设备在不同运行状态下对公用电网电能质量的影响，采用动态参数数据实现对相关设备的功能和技术指标做出定量评价，对电力设备调整及运行过程动态监视，帮助用户解决电力设备调整及投运过程中出现的问题。

8.5.3　环境监测仪表

环境测量仪表包含温度、湿度、漏水、有毒气体、光伏环境等环境监测仪表。环境监测仪表设备接入到智慧用能系统中，实现对各环境监测信息监测，并且可以被不同的功能应用调用。

1. 温湿度监测

温湿度监测仪表能够实时监测温度、湿度数据，具备自动进行阈值判断、越限告警、告警联动输出，以及自动发送报警短信等功能。数据可上送至智能运维系统，实现各设备房的温湿度数据可视化展示。

2. 漏水检测

漏水检测仪表通过敷设漏水检测感应线，实现地面、管道等关键位置的液体泄漏检测。支持液漏的声光报警、报警输出、设备联动、报警定位显示功能，数据上送至智能运维系统，实现漏水检测监视。

3. 有毒气体检测

气体检测仪表能够对开关柜体内部、环境空间的有害气体进行检测。支持实时在线显示各气体浓度数据、报警显示、报警输出、设备联动功能，采用标准 Modbus 通信协议，将数据上送至智能运维系统，实现有害气体浓度监测。

4. 光伏环境监测

光伏环境监测仪能够对光伏电场采集温度、湿度、风向、风速、辐射强度、露点、组件背板温度等数据，对光伏发电站的环境数据进行监测，将数据上送至智能运维系统，实现光伏环境数据展示，系统可以通过数据分析计算，实现光伏发电与配电的有效用能配合。

8.5.4 智能传感器

智能传感器包含温度、震动、噪声、局放、气体等智能传感器对供配电系统关键设备进行非电量在线监测。可以实时、在线、连续地对设备运行中的状态数据进行收集，采用有线或无线的通信方式采集数据，对运行状态信息集中处理、分析。

1. 温度传感器

温度传感器采用热电偶、热敏电阻、电阻温度检测器（RTD）和 IC 温度传感器。通过安装开关柜、电缆、电缆头、变压器等关键部位，测量终端支持边缘计算，采用有线或无线的方式传送至在线监测系统，通过设备温度模型与采样数据实现数据的计算、分析。

2. 振动传感器

振动传感器采用微型振动传感器、压电片谐振式和机械振动式，安装方式如夹件、螺栓等，实现对变压器设备的振幅、频率、周期、相位数据采样，测量终端支持边缘计算，数据传送至在线监测系统，通过设备震动模型与采样数据实现数据的计算、分析。

3. 噪声传感器

噪声传感器采用压强式、压差式、压强和压差组合式三类，对设备的声压、声压级、声强、声强级、声功率、声功率级等数据采样，测量终端支持边缘计算，采用标准的 Modbus、IEC61850 通信协议传送至在线监测系统，实现设备健康状态评估。

4. 局部放电传感器

根据监测的设备类型采用电量和非电量两种传感器实现局部放电监测，可对电缆、电动机、开关柜、GIS、变压器、电抗器等关键部位监测，测量终端支持边缘计算，数据传送至在线监测系统，实现采样数据的计算、分析。

5. 气体传感器

可对 SF6 气室压力值实时监测，测量终端支持边缘计算，可设置报警阈值，实现越限报警功能，采集数据传送至在线监测系统，实时监测 SF6 气室压力值，并计算显示压力变化率和变化趋势，在线评价开关柜的绝缘和灭弧性能的优劣程度。

8.5.5 视觉元件

在配电房安装摄像机等视觉元件，获取现场设备运行状态、设备环境、人员行为等图像数据，结合计算机视觉处理技术，实现设备状态识别、设备故障识别、设备房环境识别、运维人员行为识别等，达到变电所设备运行状态及运行环境检测的目的。视觉元件按用途分类可分为视频监控用、设备识别用、环境人员识别用视觉元件。

8.6 网络层通信技术选择

网络层主要用于实现现场层与平台层的通信，是数据传输的高速公路。网络层通信技术的选择决定了数据传输的可靠性与实时性指标，在实际应用中根据每种通信技术的特征与数据传输的要求进行匹配选择。

8.6.1 网络层组网形式

网络层作为现场设备层与平台层的连接通道，根据数据重要性、实时性、数据量的不同，采用专网、公网、有线、无线混合使用的灵活模式，且遵循以下原则：

1）采用高可靠、低时延、可扩展的网络架构。

2）按照设备的通信需求，可提供低时延处理和高并发接入。

3）按照颗粒度管理提供网络区域间的物理或逻辑隔离功能。

适合配电网络通信系统建设的技术包括光纤通信、电力线通信、无线专网通信、无线公网通信等。光纤专网通信方式包括无源光网络和工业以太网技术。以太网无源光网络（EPON）、吉比特无源光网络（GPON）是目前无源光网络技术的主流方式，EPON技术成熟，已实现设备芯片级和系统级互通，园区网络已大规模部署。GPON虽具有更好的TDM支持和电信级管理能力，但芯片和设备成本较高。无线专网通信技术包括WiMAX、2G/3G/4G、WLAN，基于TD-LTE的数字集群系统在国内电网公司已实现了应用。

实时性：EPON、工业以太网技术采用光纤专线，实时性最高，在园区内有线方式较为容易获取或部署。

可靠性：EPON、工业以太网交换机多采用光纤专线通信，采用工业级标准设计，组网可靠性高，电力载波由于信道可靠性以及受电力负荷干扰影响较大，可靠性较差；无线一般租用网络，网络服务质量不受控。

安全性：EPON和工业以太网交换机采用专网建设。TD-LTE技术有安全保护，可以实现对主站和终端的通信保护要求。网络安全性需满足国家网络安全等级保护三级的相关标准，如《信息安全技术网络安全等级保护基本要求》（GB/T 22239—2019）和《信息安全技术网络安全等级保护安全设计技术要求》（GB/T 25070—2019）等。

经济性：EPON和工业以太网系统光缆建设成本较高、无线专网基站建设成本高；电力载波技术利用已有电力线路，仅增加调制解调装置，成本较低；无线公网多为租用网络，不需初期建设成本。

8.6.2 常用传输技术

常用的传输技术按照传输介质可分为有线和无线传输技术。其中，有线传输技术包括铜缆和光缆等，无线传输介质技术有无线电波、NB-IoT、LoRa、红外线、GPS、Wi-Fi、Wi-Fi 6、蓝牙和 Zig-Bee 等。常用传输技术对比见表 8-6-1。

表 8-6-1　常用传输技术对比

类型		名称	特点	适用场合
有线	铜缆	传统局域网	Cat 6A 标准，速率为 10GB/s	单体内智能网组网
		网线供电（POE）	带宽大，单点可为 30W 设备供电	适合高速、数据传输量大、时延短的场合，如摄像机
		电力载波通信（PLC）	速率小于 500KB/s，负荷重时信号衰减快，变压器供电范围内传输数据	适合少量数据的监测仪表接入
	光缆	无源光网（POL）	可靠性高，灵活，初期投资少	传输距离长，传输数据量大，适合作为大园区骨干组网
无线		NB-IoT、LoRa	速率为 KB 级，电池续航时间达 10 年，节点容量大，价格贵	适合低速率、大范围、适合少量数据的监测仪表接入
		Wi-Fi	传输速率高，距离在 50m 以内，续航时间数小时，价格贵	适合高速、数据传输量大、时延短的场合，如摄像机
		Wi-Fi 6	与上一代 Wi-Fi 相比，传输速率更高，网络容量更大，覆盖距离远，频段覆盖广，价格贵	适合高速、数据传输量大、时延短的场合，如摄像机
		4G、5G	传输速率高，距离在 1km 以内	适合高速、数据传输量大、时延短的场合，如摄像机
		蓝牙和 ZigBee	速率在 1MB/s 以内，距离短，节点容量大，续航时间几十小时，价格便宜	适合低速率、大范围、适合少量数据的监测仪表接入

1）传统局域网通信。通过交换机、通信线等组成局域网，具备安全、高传输速率的特点，适用于智慧用能系统中安全性等级高

的继保装置 GOOSE 组网、合并单元 SV 组网、电力监控 MMS 组网等。

2）电力载波通信。电力载波通信是以现有的电力线为传输介质进行网络接入，不需要再次建设通信传输网，特点是传输速率小于 500KB/s，易受信号干扰，适合低速率、大范围、适合少量数据接入的监测仪表使用。

3）Wi-Fi。无线网络为以太网在无线方面的拓展，要求使用者处于一个接入点的周围一定范围。其特点是传输速率高、距离在 50m 以内，适合高速、数据量传输量大、时延短的设备通信场景，如摄像机、巡检机器人等。

4）Wi-Fi 6。Wi-Fi 6 是第六代无线网络技术，与上一代 Wi-Fi 相比，其特点是传输速率更高、网络容量更大、覆盖距离远、频段覆盖广，适合高速、数据传输量大、时延短的设备通信场景，如摄像机、巡检机器人等。

5）NB-IoT。NB-IoT 是 IoT 领域基于蜂窝的窄带物联网的一种新兴技术，支持低功耗设备在广域网的蜂窝数据连接，其特点是速率小、节点容量大、能耗低、成本低，适合低速率、大范围、适合少量数据接入的监测仪表。

6）LoRa。LoRa 是一种线性调频扩频调制技术，它的全称为远距离无线电（Long Range Radio），其特点是低功耗、低速率、节点容量大，适合低速率、大范围、适合少量数据接入的监测仪表。

7）ZigBee。ZigBee 通信技术是对蜂群利用跳之字形的舞来共享信息手段的通信模仿。其特点是传输速率快、距离短、节点容量大，适合中速率、大范围、只有少量数据接入的监测仪表。

第9章 多能流综合能源系统

9.1 多能流综合能源系统的意义

9.1.1 多能流综合能源系统的现状及趋势

1. 国际上综合能源系统的发展概况

能源的安全、稳定、健康是社会发展的必要条件，各国政府均将能源相关的工作视为重中之重。最初智慧电网作为应对全球变暖、推动国家经济发展、建立可持续的能源体系和社会事业的重要基石，在全球范围内得到了广泛的认同和快速的发展。尽管国家层面的智慧电网工程已经取得了突出的成效，但各国也越来越意识到仅依赖智慧电网仍然难以实现各种一、二次能源的综合利用、大量可再生能源的有效消纳、能源系统安全平稳的运行以及降低能源费用支出。常规的能量生产、输送与消费手段，大大束缚了能源系统的功能与发展的空间，进而阻碍了能源系统的高效化和市场化。综合能源系统的提出就是为应对这些问题，其在短时间内得到了迅速发展。

随着对多能流综合能源系统认识的逐步加深，各国政府均逐步加大对其的支持力度。不同国家往往会针对自身国情、基础设施条件、资源禀赋特点，提出具有自身特色的综合能源战略，并大力发展符合自身用能需求和国家建设方向的综合能源系统。

美国政府在 2000 年后公布了《综合能源系统发展计划》，其主要内容是提高能源系统中分布式电源、分布式热源和热电联产系统应用的占比，同时要求大力推广清洁能源的使用。2007 年《2007 能源独立和安全法案》生效，该法案要求了各行业关键的供能、用能单位需要进行综合能源规划工作。美国能源部、自然科学基金会等机构，在天然气用能占比不断提升的大背景下，开设了多项研究专题，以分析天然气、电力系统、供热系统之间的是否存在可以互相替代的关系，以及是否可以耦合互补运行。近期其能源部发布的《综合能源系统：协同研究机遇》认为，相比传统能源系统的高成本、高能耗、高污染，综合能源系统更加经济、节能，并且对环境更加友好，其通过多能流高度集中的形式，将在生产高价值能源产品、摆脱经济增长与碳排放挂钩、增加电网运行灵活性，以及提高可再生能源利用率等方面起到关键性作用。

欧洲领先其他地区，较早地开展了多能流综合能源系统的研究，并率先建设了示范项目。欧洲各国在欧盟的统筹下，在该领域有着丰富的研究经验和丰硕的科研成果，如 VoFEN、Intelligent Energy、Microgrids 等。同时部分国家在欧盟框架的引导下，结合了自身特点、国家经济状况，开展了诸多专项研究。以丹麦为例，丹麦地处北欧，在 20 世纪 70 年代前，其主要一次能源依赖进口，例如其石油资源约 90% 来自国外。但随着技术进步，其热电联供、热泵、蓄热等技术的应用逐渐增多，使得国内"电、热、气"的"产供销"发生了紧密关联。时至今日，其在可再生能源开发、多能流综合能源利用、储能等领域掌握了诸多世界领先的关键技术，能源供给实现了自给自足。丹麦政府公布的 2020 年工作目标要求，当年年底可再生能源利用占比超过能源总量的 30%，风力发电系统超过全国总发电量的 50%。同时，丹麦是全球第一个公布 2050 年实现碳中和目标的国家。为了实现该目标，需不断提高可再生能源的占比，丹麦也将研究的重点方向确定为如何耦合不同的能源系统，实现多能互补，充分开发各种资源。图 9-1-1 给出了丹麦供暖技术的现状和发展预测。

英国本土与欧洲隔海相望，其与欧洲的电力、燃气交换仅通过小容量的高压线缆及海底管道互相联通。因此，政府和企业对国家

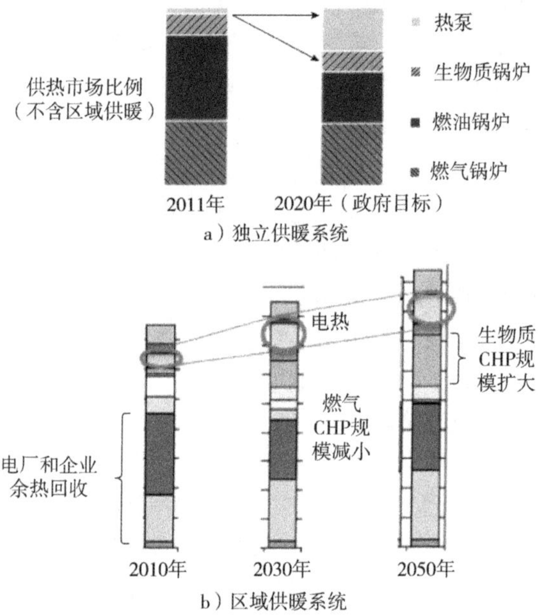
供热市场比例
（不含区域供暖）
热泵
生物质锅炉
燃油锅炉
燃气锅炉
2011年
2020年（政府目标）
a）独立供暖系统
电热
生物质
CHP规
模扩大
燃气
CHP规
模减小
电厂和企业
余热回收
2010年
2030年
2050年
b）区域供暖系统

图 9-1-1　丹麦供暖技术的现状和发展预测

能源的安全性和稳定性十分关注，各方均致力于打造更加可持续发展的能源系统。英国实现了电力、燃气系统的高度整合，并且英国政府对分布式多能流综合能源系统提供了大力支持。例如，英国能源与气候变化部和英国技术战略委员会与各类企业合作，为大量的区域综合能源系统的研究提供资金支持和政策支持；英国工程和自然科学研究委员会同样资助了大量相关研究项目，如 HDPS、ITRC、Multi-Vector Energy，并即将起动能源供需系统集成研究计划（SIES&D），其研究设想如图 9-1-2 所示。该计划涉及面十分广泛，包含可再生能源并网、多能流协同、能源系统与交通系统的耦合、不同类型基础设施间的交互和建筑能效提升等方面。

日本因其岛国属性，自然资源匮乏，大部分的能源依靠进口。在此背景下，为了缓解自身的能源供给压力，保障自身用能安全，日本较早开展了多能流综合能源系统的研究。在政府的大力倡导和支持下，一些领域的人士对综合能源系统进行了深入研究，并广泛

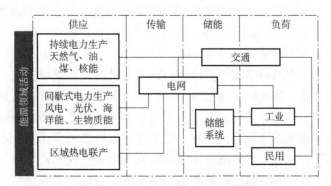

图 9-1-2　SIES&D 计划的研究设想

研讨，收获诸多优秀成果，如日本新能源的技术综合开发机构开展了的智能社区和智能微电网的研究，东京燃气公司开展了未来社区综合能源系统的研究等。图 9-1-3 为东京燃气公司提出的未来社区综合能源系统示意图。

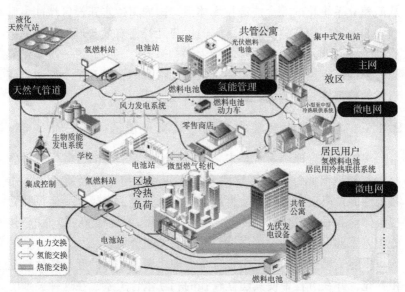

图 9-1-3　东京燃气公司提出的未来社区综合能源系统示意图

2. 中国综合能源系统的发展概况及发展趋势

我国目前已通过国家的 973 计划、863 计划以及国家自然科学基金等，启动了诸多综合能源系统的科研课题，同时在综合能源利用领域开展广泛的国际合作，内容涵盖了理论、技术、核心装置设计以及重大工程建设等诸多方面。国家电网、南方电网、天津大学、清华大学、中国科学院等单位均已建立了综合能源领域内相对稳定的研究队伍，并明确了研究方向。同时，国内相关政府部门推动开展了大量多能互补综合能源示范项目的建设，如北京丽泽金融商务区多能互补集成优化示范工程、靖边光气氢牧能源多能互补集成优化示范工程、大同市经济开发区多能互补集成优化示范工程等，这些示范工程的实施和运行结果表明多能流综合能源系统是可行性及有效的。

　　未来，我国的多能流综合能源体系还将推出更多的能源政策工具，通过逐步完善可再生能源发电价格、财税优惠等政策系统，进一步提升可再生能源的综合利用率。通过推动使用成本的逐步下降，带动太阳能、风能、水能、地热能等多样化能源的充分利用，从而建立系统化的综合能源技术体系。国内将逐步建设区域能量管理中心，以实现各地多能流之间的优势互补，有效合理地管理能量流动，实现能源的定量、定向的生产、输送、消纳。进一步丰富能源体系的运行模式，进一步完善供需反馈机制，提升整个能源供应市场的稳定性与高效性，逐步形成良性循环。

9.1.2　多能流综合能源系统的意义及价值

　　多能流综合能源系统是未来智慧能源的发展方向，其内各种能源的"源网荷储"之间深度融合、密切相互作用，因此必须采用系统性的、高度集成化的、精细化的分析计算，来规划、运行和管控整体能源系统的生产、传输、储存与利用，并以此大大增强整体能源体系的可持续性、可靠性，并降低能源价格。

　　多能流综合能源系统中包含了多种能源形式间的互相转化、互相补充，并在过程中使其建立较强的相互耦合关系，在这种关系的作用下，系统的运行方式可以有多种选择，灵活性大大增加，而恰恰是这样的特性为大规模消纳可再生能源提供了可能性。同时，多能流综合能源系统中各种能源的耦合既实现了多能流间互相协同运行、定向流动，又实现了能源的优化管控，其在保障能源系统安全性、降低能源系统运行成本、提升可再生能源利用率等方面具有重要意义。

9.1.3　多能流综合能源系统的相关政策

2015 年以来，国家多个相关部委发布了诸多综合能源利用相关的政策，微电网是其中的重要方式之一。国家能源局发布的新能源微电网示范项目确定了首批 28 个项目，其着重要求技术的集成应用、运营管理模式和市场交易机制的创新；能源局发布的"互联网 +"智慧能源示范项目确定了首批 55 个项目，进一步推动了我国的能源革命和电力改革进程，同时在提高可再生能源利用率、清洁能源利用率、综合能源利用率等方面具有重要意义。多能流综合能源系统的相关政策见表 9-1-1。

表 9-1-1　多能流综合能源系统的相关政策

制发日期	发布部门	文号	文件名称
2015 年 7 月 13 日	国家能源局	国能新能〔2015〕265 号	关于推进新能源微电网示范项目建设的指导意见
2016 年 2 月 24 日	国家发展改革委、国家能源局、工业和信息化部	发改能源〔2016〕392 号	关于推进"互联网 +"智慧能源发展的指导意见
2016 年 7 月 4 日	国家发展改革委、国家能源局	发改能源〔2016〕1430 号	推进多能互补集成优化示范工程建设的实施意见
2017 年 1 月 25 日	国家能源局	国能规划〔2017〕37 号	关于公布首批多能互补集成优化示范工程的通知
2017 年 5 月 5 日	国家发展改革委、国家能源局	发改能源〔2017〕870 号	关于印发新能源微电网示范项目名单的通知
2017 年 6 月 28 日	国家能源局	国能发科技〔2017〕20 号	关于公布首批"互联网 +"智慧能源（能源互联网）示范项目的通知
2017 年 7 月 17 日	国家发展改革委、国家能源局	发改能源〔2017〕1339 号	推进并网型微电网建设试行办法
2017 年 10 月 31 日	国家发展改革委、国家能源局	发改能源〔2017〕1901 号	关于开展分布式发电市场化交易试点的通知

9.2 多能流综合能源系统定义

9.2.1 综合能源系统能流分析

能源通常可分为一次能源和二次能源。一次能源，是在自然环境中广泛存在的能源，是自然界现成存在的能源，如太阳能、水能、潮汐能、放射能、地热能、原煤、原油、天然气、油页岩、生物质能和海洋温差能等。其又可分为可再生能源（如太阳能、风能、水能、生物质能）和不可再生能源（如煤炭、原油、天然气）。可以在较短周期内再生的能源，一般称为可再生能源。需经较长时间形成的、短时间内无法恢复的能源，称为不可再生能源，它们随着对其的开采利用，储量会越来越少。表 9-2-1 给出了我国各省主要一次能源分布情况。可以看出，我国中西部地区普遍一次能源充沛，而我国东南部经济发达地区一次能源普遍匮乏，能源分布与消纳分布不均衡。

表 9-2-1 我国各省主要一次能源分布情况

种类	排序	省区
煤炭	前五位（71.6）	晋（30.2）、蒙（27.6）、新（5.3）、陕（4.3）、黔（4.2）
	后五位（0.12）	沪（0）、藏（0）、浙（0.02）、琼（0.03）、粤（0.07）
石油	前五位（70.5）	黑（19.9）、新（18.7）、鲁（12.6）、冀（10.2）、陕（9.1）
	后五位（0）	京（0）、晋（0）、沪（0）、浙（0）、闽（0）
天然气	前五位（85.7）	新（24.6）、蒙（20.4）、川（19.3）、陕（16.0）、渝（5.5）
	后五位（0）	京（0）、晋（0）、沪（0）、浙（0）、闽（0）
水力	前五位（73.5）	藏（29.0）、渝（20.7）、滇（15.0）、新（5.5）、川（3.3）
	后五位（0.5）	京（0.1）、津（0.1）、冀（0.1）、桂（0.1）、沪（0.1）
太阳能	前五位（60.3）	新（18.3）、藏（15.9）、蒙（12.0）、青（9.2）、川（5）
	后五位（1.4）	沪（0.1）、津（0.1）、京（0.2）、琼（0.3）、宁（0.7）
风能	前五位（73.4）	蒙（20.8）、新（20.5）、藏（17.9）、青（9.3）、黑（5.0）
	后五位（0.8）	沪（0.1）、京（0.1）、津（0.1）、琼（0.2）、渝（0.3）
生物质	前五位（38.6）	川（10.8）、黑（7.5）、滇（7.3）、藏（6.9）、蒙（6.2）
	后五位（1.6）	沪（0.2）、京（0.3）、津（0.3）、琼（0.4）、宁（0.4）

注：1. 表中数据统计范围不含我国港、澳、台地区。

2. 表中括号内数据均为所占百分比（%）。

二次能源则通常需要通过对一次能源进行加工、转化方可形成，其是另一种形态的能源。主要有电力、煤气、蒸汽、热（冷）能、氢能、汽油、煤油、柴油等。在人们生产、生活过程中排出的余能，如高温烟气、排放的可燃气、带压流体等，也属于二次能源。除余能外，一般来说，二次能源通常都提高了能源的品位。

综合能源系统在能量供给侧整合了太阳能、风能、生物质、天然气等一次能源，同时采用热泵机组、燃气机组、热电联产机组设备，对各类能源形式进行有效的集成，为区域能量消纳侧提供热（冷）能、电能、压缩空气等形式的二次能源，全面提升了系统能效，减少弃风、弃光等现象。

9.2.2 多能流综合能源系统定义

目前业界对综合能源系统的定义并未统一，其本质上来说，主要是协调不同能源系统，实现各系统间互补运行。本章所述的综合能源系统是指在设计、建设、运行等过程中，通过对能源的制造生产、形态转换、传输调配、消纳等环节进行协调优化，统筹而成的能源可自给自足的一体化系统。它主要由一次能源（如煤炭、太阳能、风能、天然气等）、能源转换系统（如三联供机组、锅炉、热泵、储能等）、能量传输（如供电、供气、供冷/热等网络）和大量终端用户共同构成。另外，根据建设规模和地理因素，综合能源系统可按跨地区级、区域级和用户级进行分级。

综合能源系统是未来智慧能源的发展方向，它实现了能源系统的"产供销"系统性的、高度集成化的、精细化的建设、运行及管理，是对能源互联网概念的具象化、实体化，是实现智慧能源的物理载体。综合能源系统实现了多能流的协同优化运行，利用不同能流之间在空间和时间上互相耦合的特点，一方面完成了不同能源间的互补，提高了可再生能源利用率，减少了对化石能源的依赖；另一方面实现了能源的梯次利用，提高了各类能源的综合利用水平。

9.2.3 多能流综合能源系统架构

多能流综合能源系统架构主要由位于上游的一次能源系统，负责对一次能源进行转换、存储的源侧能源转换系统，将能源输送至下游的能源传输系统，对能源进行二次转化、分配的荷侧能源转换系统以及最后的终端用户构成。其中，能源转换、存储、传输等部分可根据系统类型不同，进行合并或拆分。其基本架构示意如图 9-2-1 所示。

综合能源系统具有如下特点：

1) 在系统运行管理时，充分发挥各种能源系统间的互补作用。例如，当前大规模电化学储能技术不成熟且建设成本高，但大规模储热（冷）和燃气储存技术成熟且成本较低，可将多余电能存储为热或转化为氢，用于供热或制造氢燃料电池、与二氧化碳结合生产甲烷等，实现碳捕捉的同时解决新能源储存、运输问题。通过综合能源系统对多能流的整合，可以最大限度地实现系统间的互补作用。

2) 可相对友好地实现大规模可再生能源接入，并对其进行高效利用。例如，传统能源系统接入大量可再生能源发电时，普遍会发生电能的产销不匹配问题，进而发生弃风、弃光现象，但在综合能源系统中，多余的可再生能源发电可以进行存储或转化，成为热能、氢能，从而大大提高可再生能源的利用水平。在我国碳中和后期，新能源装机占比高达 86.4%，远超电力系统承受能力，多余的发电量必须通过综合能源系统来承接消纳。

3) 增强国家能源供应体系的安全性、可靠性和应急处理能力，同时在一定区域内实现能源的独立供给。综合能源系统可以实现区域级的孤岛运行能力，当区域外部能源供给中断时，仍可保持全部能源或主要能源的正常供给。这种孤岛运行能力可有效解决边远地区供能问题、缓解大城市能源供给危机问题。

4) 为规范化、流程化的能源交易提供必要的物理载体。综合能源系统可以提供稳定、安全、规范、高度集成的自动化物理系统，从而实现更为规范、标准、流程化的能源交易，进而充分挖掘

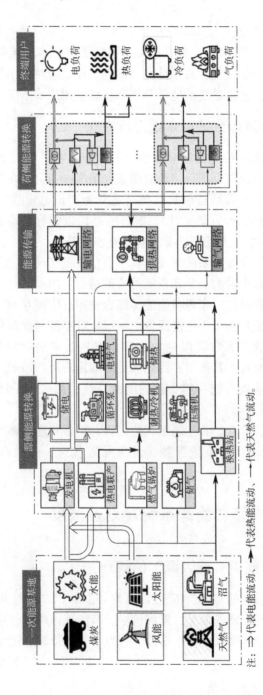

图9-2-1 多能流综合能源系统基本架构示意图

注：⇨代表电能流动，➜代表热能流动，➜代表天然气流动。

分布式能源的价值。

5）提高能源综合利用效率、降低用能成本。多能流间的协调运行可以在很大限度上提高系统的灵活性，使系统在技术经济合理化区间内运行，使得系统的能源利用率提高、用能成本降低。

9.2.4　多能流综合能源系统运行模式

综合能源系统的运行需建立在"源、网、荷、储"各系统互相匹配的基础上，结合项目当地资源条件情况来指定。在满足供能安全性的条件下，其运行模式可概括地分为"以电定热"或"以热定电"的两种运行方案。"以电定热"是指以电量来确定热能的产量，"以热定电"是指以热量来确定电能的产量。

当前对于综合能源系统来说，其主要任务是实现优先利用可再生能源，实现集中供能、分布供能的有效结合、协同运行，实现可靠的能源生产和供应，实现各类能源综合利用、供需互动。在此基础上，对于大量建设可再生能源发电、可实现小范围能源自给自足的综合能源系统，通常需以电力能源为基础，采用"以电定热"的方式运行。而对于其他需要优先满足终端用户用热需求，并且具有电能外送条件或电能存储条件的能源系统，则可以采用"以热定电"的方式运行。

同时，随着综合能源控制系统的完善，更多先进的调度控制策略也在不断涌现，如负荷预测、设备配置优化、多运行模式选择等。

9.3　多能流综合能源系统规划及调度

9.3.1　综合能源系统"源"的规划

综合能源系统的"源"应遵循因地制宜的原则进行规划，根据项目当地的能源储备情况、能源价格、节能减排政策、环保政策等宏观条件，结合项目规模、功能、特点等，进行综合论证、比选后确定。

电源的选择按照"保证系统可靠、稳定的同时，优先利用可再生能源"的原则进行，因此对光照资源良好的项目，应优先利用建筑屋顶、地面空地、建筑外立面，建设光伏发电系统；有较好风资源条件的项目，可根据项目条件，建设风力发电系统；同时如果周边具有大型集中式风电、光伏项目，可遵循国家相关政策，直接接入其所发绿电。根据可再生能源发电系统存在出力不均匀、不稳定的特点，项目需配置稳定的电源，对电力资源丰富的地区，可采用直接接入市政电源的方式提供稳定电源；对有条件建设燃气三联供系统、生物质发电系统的项目，可采用其作为稳定电源，同时由市政电源作为补充。

供暖空调冷热源的选择，在技术方案可行、经济测算合理的基础上，冷热源应优先选择地热能、太阳能等可再生能源。若当地有可利用的工业余热或废热的项目，冷热源可采用工业余热或废热，但如供冷供热效果受到气候条件限制时，应当建设其他辅助冷热源。若地区无可利用的废热、工业余热或可再生能源，但有区域级集中式热网时，则供热热源宜优先采用集中式热网，空调系统的冷源宜采用电动压缩式机组或燃气吸收式冷水机组供冷。若当地天然气供应、储备充足，且建筑的电负荷、冷热负荷能较好耦合，有效发挥三联供系统综合能源利用效率高的特点，则可采用分布式三联供系统。若当地不具备上述任一条件，则根据具体情况适当选用燃气锅炉、燃气吸收式冷水机组等提供冷热源。对于天然气、煤、油等燃料受到环保或消防严格限制的建筑，可采用电直接加热设备作为热源。

9.3.2 多能流综合能源系统"源-网-荷-储"规划

由于多能流综合能源系统直接向用户提供电、冷、热等能源，因此存在用户需求变化时，用户电冷热负荷比例与综合能源系统电冷热源比例不匹配的问题。在匹配用户侧负荷需求的角度来看，常用的综合能源系统配置方法有三种：增加额外的供电容量法，增加额外的供冷、热容量法，电-热（冷）集成转换法。当用户负荷的热（冷）电比大于综合能源系统"源"的热（冷）电比或用户电负荷需求大于电源提供量时，可增加发电机装机规模或增设其他可再生能源发电系统。当用户负荷的热（冷）电比小于综合能源系统"源"的热（冷）电比或用户热（冷）负荷需求大于热（冷）源提供量时，可增加供热供冷设备装机规模或增设其他可再生能源供热供冷系统。另外，还可通过改变综合能源系统电-热（冷）源的型式、配比，去匹配用户电冷热负荷比例。

因此，综合考虑多功能区差异性以及冷热电负荷平衡的综合能源系统规划方法，需优先确定负荷需求及"源"的配置，具体如下：首先将整个项目的负荷需求梳理明确，接着基于资源条件，选择综合能源系统"源"的形式，确定"源"、"荷"的基础条件后，结合不同场景，在光伏发电、风力发电、联络线、CCHP机组、电锅炉、电制冷机、燃气锅炉等设备的容量备选集合中选择最优的规划配置方案。

根据接入电网方式的不同，网的规划可分为三种配置原则，即孤岛运行、并网不上网、并网上网。在孤岛运行状态下，能源系统采用独立运行模式，不设置公共电网并网点或连接线，此方式对风能、太阳能等可再生能源丰富的地区较为适用，通常该类地区较为偏远，公共电网尚未完全覆盖，综合能源系统可提供多种能源保障。在并网不上网状态下，综合能源系统所发电能全部自发自用，不足部分由电网补充，适用于大型工业园区、公共建筑等用能需求较大的场所。对于并网上网状态，其不仅可以由电网取电，还可以将内部超发的电能返送给电网并获得收益，这种模式需有当地政策支持，且所发的电能可以满足上网标准，方可采用，其对控制系统的要求也较高。

储能系统需结合上述规划配置及调度策略进行统筹考虑，在确定"源""网""荷"，的配置等基础条件后，从系统经济性和稳定系两方面考虑储能系统配置。对于并网运行系统，可结合当地峰谷电价政策等，优先从经济性配置各储能系统；对于孤岛运行系统，需从系统稳定性方面配置储能系统，缓解能源供需不同步的矛盾，提高系统运行稳定性。

9.3.3 以能量成本最优为目标的规划调度策略

在综合能源系统中，调度策略是节能、减排的核心要素，是降低运行成本的关键手段，通过合理规划综合能源系统的调度策略，可以有效降低能源系统运行费用，并提高系统效率。规划调度策略的本质即为控制系统中各种能量的流动，它是影响系统性能的关键性因素。

在规划调度策略时首先应以能量成本最优为目标确定其基本策略：因可再生能源大多具有低成本、不稳定、不可控的特点，如风电、光伏等，可优先对其进行利用。对于消耗一次能源，并且可稳定控制其运行的设备，如燃气发电机＋余热锅炉、燃气锅炉等，可采用以电定热或以热定电这两种方式决定且调度运行策略。对于以电定热策略，综合能源系统需根据用户的用电需求，确定各发电设备出力情况，并据此确定余热量，当余热超出用户用热（冷）需求时，将热量排放至大气，当余热不满足用户用热（冷）需求时，起动其他热源补充不足。对于以热定电策略则与之相反，在此不再赘述。能源的成本、储能系统的配置、"网"的选择等因素决定了以电定热或以热定电策略的选择。

在此基础上，对综合能源调度系统规划调度策略进行优化，还可实现更优的调节。具体优化调度策略如下：

（1）负荷预测

通过建模、收集气象参数、对比历史数据等方法，逐时预测用户冷热电负荷的运行趋势，并根据实际运行数据进行反馈修正，最终对下一控制时段的负荷实现精准预测。该策略为运营方、自控系统确定运行策略提供了重要的数据支撑，有助于实现供需的动态平衡以及各系统的最优化调节控制。

（2）设备组合优化

在冷、热、电等多能源的精准负荷预测技术基础上，结合能源价格、设备转化率、供给容量、供能时间计划和外界环境等因素，合理并快速地匹配各供能设备的运行组合、确定供能设备的启停时间和关键参数设置，实现多能源的优化调度控制。

（3）多运行模式选择

通过工艺系统优化（设备优化调度计划、实时运行优化、泵组优化等）和控制策略优化（可再生能源、清洁能源优先调配、峰谷调度等），结合多种建模优化技术动态调整关键设备运行参数，在保证能源站水力平衡、热力平衡和输配系统平衡的基础上，实现经济模式、节能模式、综合模式运行选择。

9.4 多能流综合能源系统示范工程设计

9.4.1 示范工程综合能源系统概况

工程所在园区为北京市海淀区中关村软件园某单位办公园区，现有园区于 2006 年建设完成，2009 年进行了装修改造，占地面积为 $21691\mathrm{m}^2$，建筑面积为 $18293\mathrm{m}^2$。园区建筑分 A、B 两座写字楼，地上三层，地下一层，为食堂、停车场、配电室、空调机房等。大楼外区域包括地面停车场、绿化带、篮球场、自行车棚等。园区日均常驻职工数量为 600 余人。园区总图如图 9-4-1 所示。

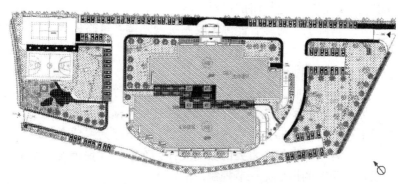

图 9-4-1　示范工程园区总图

现有主要变配电设备和供能机电设备都已运行 12 年以上，部分设备存在老化、受损等问题。园区现供电系统自动化水平不高，没有自动抄表、分项计量和运行监控系统，无法对电能使用情况进行分析、控制和优化，原有配电系统如图 9-4-2 所示；随着公司业

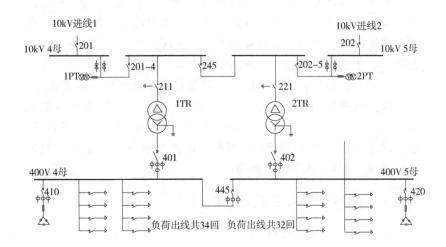

图9-4-2　示范工程原有配电系统

务不断增加,现有变压器容量难以满足未来使用需求。现状2台溴化锂机组提供冷热源,机组大修后制冷效率降低,制冷效果差,夏季室内舒适度欠佳,原有冷热源机房实如图9-4-3所示。暖通空调控制均为现场手动,无自控手段,管理效率低。园区内无电动汽车、电动自行车充电桩,无法满足电动车充电需求。

图9-4-3　示范工程原有冷热源机房实景

综上，园区能源供给总体存在设备老化、耗能大、经济性差、供能结构不合理、供能可控性差、维护管理困难等问题。随着公司业务不断拓展，办公人数日益增多，园区现有供能系统不能满足日常所需，提高园区管理和能源利用能力势在必行。

依托办公园区，建设多能互补智慧综合能源系统，主要包括：159.64kWp 多类型分布式光伏发电系统、250kW/550kWh 电储能系统、204kW 电动汽车有序充放电系统、330kW 燃气三联供系统、制热功率为 376kW 的地源热泵系统、制热功率为 102kW 的空气源热泵系统、104m^3 水蓄能系统等。

9.4.2 示范工程综合能源系统设计

1. 示范工程负荷分析

（1）电负荷

园区现有供电系统为两路 10kV 进线，单母线分段接线，接两台 10kV/0.4kV、500kVA 变压器，低压为两段 400V 母线，单母线分段接线，共有 74 路负荷馈出线，每段母线装有无功补偿并联电容器 1 组。

根据从供电公司获取的逐时负荷（2018 年 5 月 7 日—2019 年 5 月 6 日）统计分析，一年用电量为 230 万 kWh，日均用电量如图 9-4-4 所示。1$^\#$变压器（201 进线）工作日平均负荷波动区间为 120～250kW，2$^\#$变压器（202 进线）工作日平均负荷波动区间为 170～300kW，休息日工作负荷约为工作日的 50%～60%。

园区最大用电负荷约为 450kW，最小用电负荷约为 200kW。用能季用电高峰集中于 10:00～19:00 时段。过渡季（春季、秋季）、用能季（冬季、夏季）典型日日均用电功率如图 9-4-5 所示。

园区改造中新增电力负荷主要分为基本负荷（控制系统、机房暖通及环境）、季节性冷暖负荷（三联供、地源热泵、空气源热泵等）、随机性负荷（充电桩等）及其他负荷（电化学储能、实验负荷等）。

此外，园区内入驻职工不断增加，2019 年平均月度用电量相

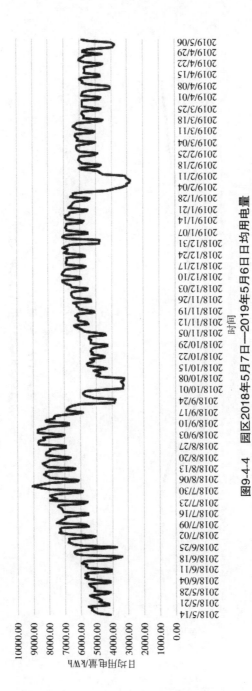

图9-4-4　园区2018年5月7日—2019年5月6日日均用电量

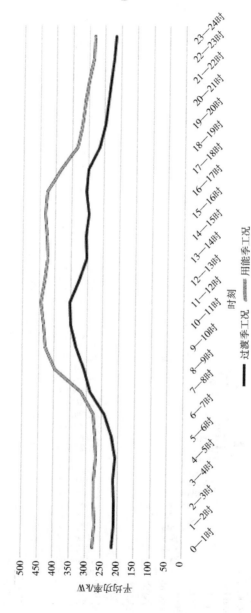

图9-4-5 过渡季、用能季典型日日均用电功率

较 2018 年同期增长约 6%，考虑到未来新增人员需求，按最大负荷的 8% ~ 10% 计负荷增长，该因素引起的负荷增长值暂列为 50kW。

综上，园区电力负荷校验数据见表 9-4-1。

表 9-4-1　电负荷校验数据　　（单位：kW）

项目	冬季、夏季负荷			春季、秋季负荷		
现有负荷	最低负荷	高峰负荷	平均负荷	最低负荷	高峰负荷	平均负荷
	240.00	595.00	380.00	210.00	330.00	300.00
建设新增负荷	基本负荷	季节性冷暖负荷	随机负荷	基本负荷	季节性冷暖负荷	随机负荷
	28.68	169.94	139.00	28.68	—	139.00
园区入驻自然增长	50.00			50.00		
负荷预测数据	318.68	814.94	—	288.68	408.68	—

依据负荷校验数据，该项目改造后现有两台 500kVA 变压器，基本可满足园区日常用电需求，但在冬、夏季高峰负荷时段，仅靠现有变压器供电时，变压器负荷率较高，对于重要负荷的供电可靠性保障降低，因此需考虑增加项目的总体电力供应。

（2）冷、热负荷

园区建筑面积为 18293m²，其中地下一层为 5247m²。园区建筑分 A、B 两座写字楼，地上三层为办公区域，地下一层为食堂、停车场、配电室、空调机房、库房等。冷热负荷主要集中于白天，现状冷热源采用两台制冷功率 756kW 直燃型溴化锂吸收式冷水机组，制冷供回水温度 7℃/12℃，供热供/回水温度为 50℃/40℃，制冷机房、空调冷水机组、分集水器及冷水循环泵置于地下一层。园区空调水系统分成两个支路。一路连接南区空调系统，一路接北区空调系统。2019 年燃气燃机年耗气量约为 20 万 m³，主要集中于夏季和冬季。

根据原暖通图样资料，建筑设计冷负荷为 1311.5kW，热负荷为 1049kW。此次利用已有资料采用 Dest 软件模拟，计算结果为冷负荷 1375.5kW、热负荷 949kW，基本与原建设设计图负荷吻合。

因现有冷热源系统未设置热量表、其他测量仪表失效等原因，园区实际运行冷热负荷未知，故按照原有设计资料以及现有可采集数据进行推测校验。园区实际运行现状新风机组因故停开，风机盘管正常运行，按原设计图资料，风机盘管总制冷量为 1143kW，新风机组总制冷量为 420kW（风机盘管、新风机组额定制热量大于制冷量，无参考意义），故评估园区现实际运行最大冷负荷为 1048kW、最大热负荷为 850kW 合理。

此次冷热源系统改造负荷估算，根据设计冷负荷为 1311.5kW、设计热负荷为 1049kW 进行机组选型及配置，三联供、地源热泵、空气源热泵及水蓄能系统最大制冷量为 1239.1kW，最大制热量为 1349.4kW，能满足设计负荷以及实际运行最大冷热负荷。另外，考虑到后期若增开新风机组，该系统也可满足最大冷、热负荷需求。

综上，园区冷、热负荷评估见表 9-4-2。

表 9-4-2　冷、热负荷评估　　　　（单位：kW）

场景	冷负荷	热负荷
原设计图资料	1311.5	1049
初步设计 Dest 模拟	1375.5	949
现实际运行：风机盘管运行＋新风机组停开	1048	850
后期可能运行：风机盘管运行＋新风机组增开	1311.5	1049

根据北京区域气象参数，该项目夏季空调供冷时间暂定为 5 月 20 日—10 月 10 日，共 143 天；冬季空调供热时间暂定为 11 月 15 日—次年 3 月 15 日，共 123 天。具体冷、热负荷供能时间见表 9-4-3。

表 9-4-3　冷、热负荷供能时间表

序号	建筑	工作时间	周工作时间
1	园区内办公楼	7:00—21:00	周一至周五，共计 5 天

根据项目所在地区特性，夏季供冷 100% 负荷典型日天数为 5

天, 75% 负荷典型日天数为 44 天, 50% 负荷典型日天数为 57 天, 25% 负荷典型日天数为 37 天。冬季供热 100% 负荷典型日天数为 60 天, 50% 负荷典型日天数为 63 天。

2. 示范工程系统设计

(1) 光伏发电系统

该项目于 2 座办公建筑屋面建设光伏发电系统, 原则上在保证发电效率的同时, 充分利用全部无遮挡区域来安装光伏板, 最大限度利用太阳能。屋面光伏发电系统布置图如图 9-4-6 所示。A 座屋顶安装单晶硅光伏板 300 块, 总安装容量为 96.0kWp; B 座屋顶安装多晶硅光伏板 80 块, 安装容量为 23.2kWp, 硅基异质结 SHJ 光伏板 120 块, 安装容量为 37.2kWp; A 座主入口处天棚建设 BIPV 建筑光伏一体化透光薄膜发电系统, 安装双玻 10% 透光薄膜光伏组件 36 块, 总安装容量为 3.24kWp。光伏系统总装机容量为 159.64kWp, 经电力电缆接入园区电气系统, 光伏系统一次系统如图 9-4-7 所示。

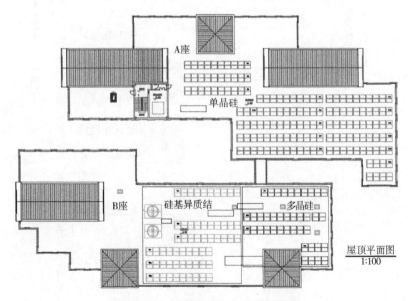

图 9-4-6　屋面光伏发电系统布置图

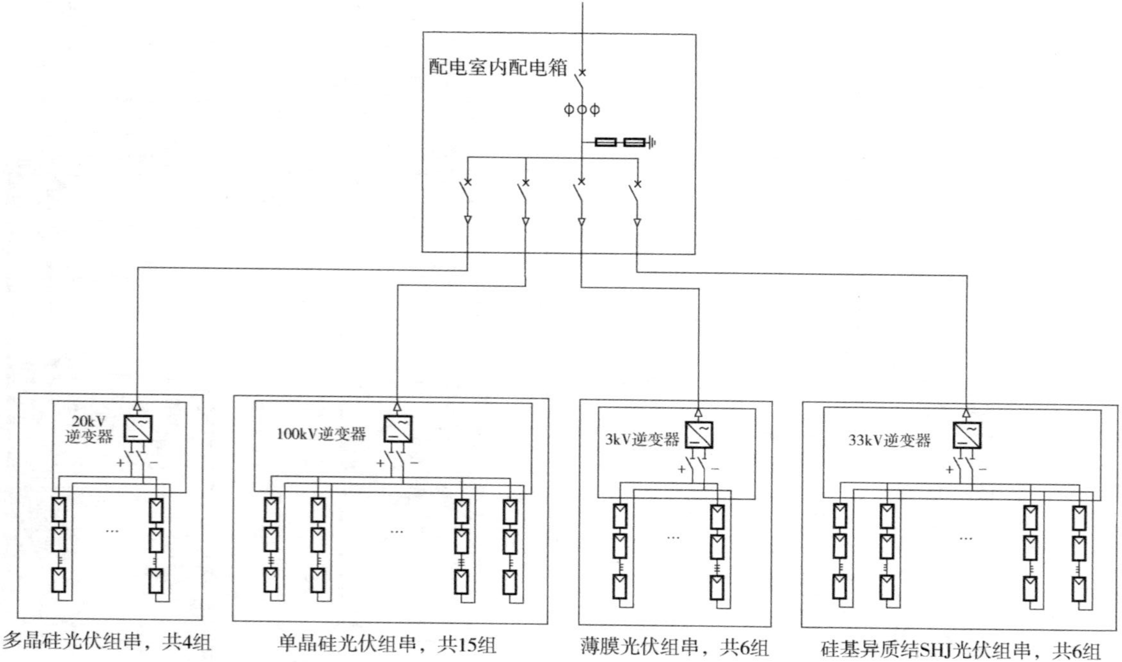

图9-4-7 光伏系统一次系统图

（2）电储能系统

为增加供电系统的供电可靠性及提高运行灵活性，该项目设置了一套电储能系统，储能系统的容量确定需要综合考虑用能需求、投资成本、运行效益等因素。下面针对园区不同时段用电情况进行分析：

春秋季白天用电高峰时段总用电量约为2067kWh，扣除光伏系统发电量，剩余用电量为1621kWh，晚间用电高峰时段总用电量约为777kWh。

夏季白天用电高峰时段总用电量约为2447kWh，扣除三联供系统及光伏系统发电量，剩余用电量为367kWh，晚间高峰时段用电量约为1183kWh，剔除三联供系统发电量，剩余用电量为193kWh。

冬季白天用电高峰时段总用电量约为2175kWh，扣除三联供系统及光伏系统发电量，剩余用电量为424kWh，晚间高峰时段用电量约为818kWh，扣除三联供系统发电量，剩余用电量为158kWh。

根据以上园区历史负荷、功率分析，结合未来用电需求，综合考虑北京电价政策，电池容量、功率、经济性以及园区负荷特点等，储能系统容量按最低满足冬夏季一天"一充一放"进行配置，最终确定本项目设置一套550kWh电池储能系统，对应储能变流器（Power Conversion System，PCS）功率选择为250kW。

系统采用定制集装箱结构，集装箱本体的防腐蚀、防火灾、防雨水、防沙尘、防地震、防紫外线、防偷盗等功能良好。集装箱结构壳体、隔热保温层、装饰材料等均使用防火阻燃材料。箱体顶部不积水、不渗水、不漏水，箱体侧面不进雨，箱体底部不渗水。集装箱通风口以及内部设备的通风口均加装通风过滤网。在运输和地震条件下，集装箱及其内部设备的机械强度不出现变形、功能异常、振动后不运行等故障。集装箱内外材料的性质不会因为紫外线的照射发生劣化、不会吸收紫外线的热量等，集装箱防护等级为IP54。集装箱内磷酸铁锂电池储能系统参考布置方案如图9-4-8所示。

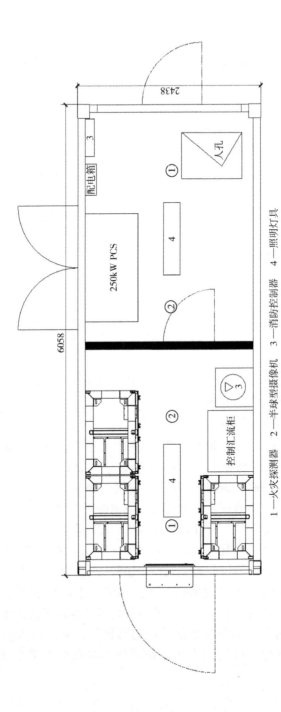

图9-4-8 磷酸铁锂电池储能系统布置方案

1—火灾探测器 2—半球型摄像机 3—消防控制器 4—照明灯具

电池系统采用120Ah磷酸铁锂电芯，电芯采用2P12S的方式组合成电池模组，电池模组配置为38.4V/240Ah（0.5C）。电池模组通过1P19S的方式组成电池簇，电池簇配置为729.6V/240Ah（0.5C），电压范围：638.4~809.4V，额定总电量为175.104kWh。3个电池簇并联接入控制汇流柜，组成完整的电池系统，电池系统总电量为525.312kWh。电池簇经过控制汇流柜汇流后，接入1台250kW的储能变流器PCS，经过逆变后接入园区微电网系统。

（3）充电桩系统

园区共有停车位127个，其中地上停车位91个，地下停车位36个。园区内有电动汽车约有10余辆、电动自行车约有40余辆。该项目配套建设60kW一体式双枪充电桩（三相电源）1台、60kW一体式V2G充电桩（三相电源）1台、7kW交流有序充电桩（单相电源）12台、10kW电动车充电系统（单相电源）1套。

7kW交流有序充电桩以4G形式直接接入车联网平台，并同步将信息上传至园区智慧能源管控系统。车联网系统主站下发台区基础负荷预测曲线以及控制目标曲线，结合当前台区信息和台区内各充电桩实时充电情况，对充电申请进行充电计划的合理编排，管理充电桩有序充电资源分配，当超过配变安全运行阈值时将根据既定控制策略调整充电计划，或者中断部分充电负荷，有序充电系统架构如图9-4-9所示。

（4）燃气发电机

依据负荷校验数据，为满足冬、夏季最低用电负荷，并在用能季高峰负荷时段，保障重要负荷的供电，增加项目的总体电力供应，同时结合项目用冷、用热负荷需要，经与相关专业共同讨论，确定该项目选用燃气内燃发电机作为冷、热电负荷供应的供能设备，根据目前主流市场内燃机各型号容量，最终确定本工程选用的燃气内燃机发电机组功率为330kW。

（5）电气系统

该项目电气系统由原0.4kV的4#和5#母线分别引出一段新增母线，编号为6#和7#母线，对应设置6台低压配电柜。项目光伏发电系统、电储能系统接入6#0.4kV母线，三联供系统330kW燃

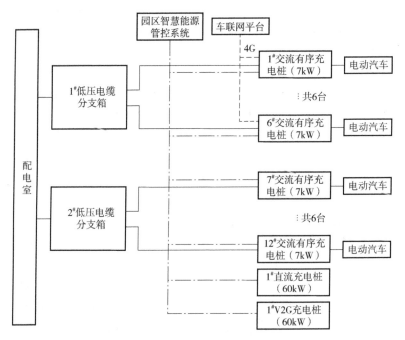

图 9-4-9　有序充电系统架构

气发电机接入 7#0.4kV 母线。全部发电设备并网运行，所发电能就地消纳。新增地源热泵、空气源热泵等用电设备分别接入 6#、7# 母线。项目电气主接线图如图 9-4-10 所示。

（6）燃气三联供系统

根据园区冷、热、电负荷特点和改造后新增电负荷情况，供冷、供热典型季节单台变压器母线电负荷将达到 400kW 左右，并结合市场内燃机各型号容量，该项目选用单台发电量不大于 330kW 级燃气内燃机发电机组。根据该园区采用内燃机发电机组的特点和园区冷热负荷需求情况，为了充分利用排烟及热水余热，同时保证内燃机组停止运行时，正常供冷、供热，需采用烟气热水补燃型溴化锂机组，余热供热量为 359kW、供冷量为 399kW，全补燃供热量为 637kW、供冷量为 748kW。

燃气内燃机和吸收式溴化锂机组的布置均按照三联供建设标

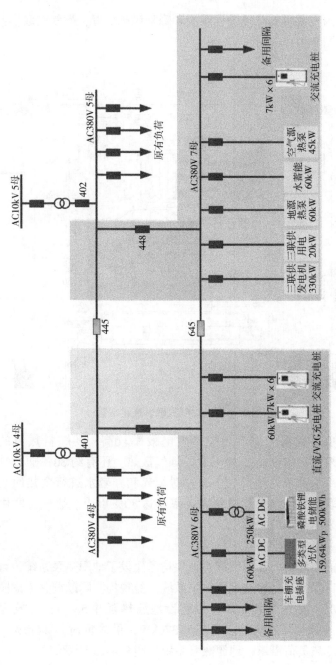

图9-4-10 电气主接线图

准。室内安装视频环境监视系统和降噪脱硝装置，燃气三联供系统布置如图 9-4-11 所示。

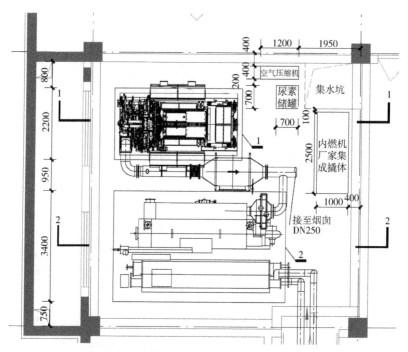

图 9-4-11　燃气三联供系统布置

该项目选用的燃气内燃机发电效率较高，其燃料热力的约40%用来做功发电，约30%通过烟气散热，还有约30%通过缸套水、中冷水及辐射热损失。通过对烟气和缸套水进行余热回收利用，三联供系统综合能源利用效率可达80%以上。燃气三联供系统结构如图 9-4-12 所示。

（7）地源热泵系统

经前期调研，该园区周边地块均已建设了地源热泵系统，且应用情况良好，适合建造地源热泵系统。经现场实际勘测并考虑园区用地情况，实现合理布局，拟建设地源热泵井 56 口，有效埋深150m，地源热泵系统供热负荷为 376kW，供冷负荷为 444kW，满足园区冷热负荷需求，地源热泵系统如图 9-4-13 所示。

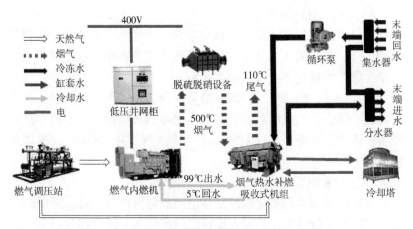

图 9-4-12　燃气三联供系统结构

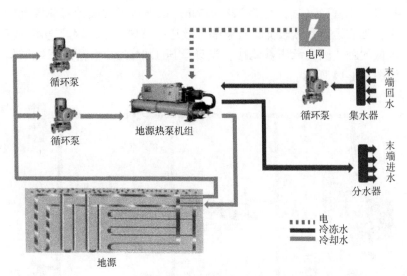

图 9-4-13　地源热泵系统

　　该项目可用场地较小，装机容量受限，综合经济性和现场实际情况，选用螺杆式地源热泵机组 1 台。地源热泵制冷工况供/回水温度拟定为 7/13℃，制热工况下供/回水温度为 46/40℃。额定制热功率为 376kW，额定制冷功率为 444kW。

（8）空气源热泵系统

园区通过空气源热泵与三联供系统、地源热泵系统共同满足建筑物供冷、供热需求，并实现三种冷热源互为备用。在三联供系统检修、维护等情况下，空气源热泵将与地源热泵系统共同满足建筑物大部分的冷、热供应。在园区冷热负荷高峰时段，空气源热泵实现园区冷热供给的灵活调峰。根据园区冷热负荷需求、主流产品单机功率及机组互备要求，配置制冷/制热功率 138/147kW 空气源热泵机组 1 台。

（9）水蓄能系统

通过建设水蓄能系统构建完整的热能源网荷储系统，降低园区能源系统的运行成本，同时支撑园区能源规划和运行相关研究。水蓄能系统供冷季供/回水温度为 7/13℃，供暖季供/回水温度为 46/40℃，总蓄冷（热）量为 728.9kWh。该项目工程设计蓄热温差较小，工质运行参数较低，且紧邻市政道路与居民区，因此选用高度较低的卧式闭式承压蓄能罐，设计承压 1.0MPa。水蓄能系统结构如图 9-4-14 所示。

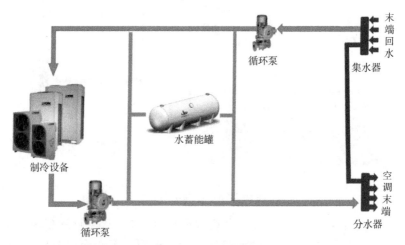

图 9-4-14　水蓄能系统图

该项目蓄热罐整体参数为直径为 4m，总长度为 8.98m，单罐蓄水体积为 104m³。其中有效容积为 89m³。蓄热系统采用闭式循环水系统，供回水管的管径为 DN300，管网的设计压力为 1.6MPa。经计算，蓄热系统阻力为 3.6m，蓄热罐冷热端进、出水总管之间的压降小于 3m，蓄热系统蓄热罐端总阻力约为 6.6m。

冬季供热时，由地源热泵、空气源热泵或燃气三联供系统制取 46℃热水，储存在蓄水罐中，当需要用热时，将热水释放至暖通管网分水器对外供热。夏季蓄冷时，制取 7℃冷冻水储存在蓄水罐中，当需要用冷时，将冷水释放至暖通管网分水器对外供冷。

9.4.3 示范工程用能及成本分析

该项目针对园区用能情况和当地电价、气价情况，对园区进行多能互补智慧能源系统改造后，园区用能成本、能源利用效率、环境效益都得到了大幅度优化。如表 9-4-4 所示，建成后年运行成本降低 105.66 万元，成本节约率达到 35.07%；每年节能量折合 249.8 吨标准煤，年能源消耗节约率达到 19.6%；每年可减少 CO_2 排放 650t，CO_2 减排降低 22.4%；项目可再生利用率高于 7.24%。

表 9-4-4 园区改造前后用能情况对比表

项目	单位	改造前	改造后	节约率
年购电量	万 kWh	262.1	191.6	—
年购气量	万 m^3	17	19.8	—
年电费	万元	246.81	127.97	—
年气费	万元	44.5	45.7	—
年维修费用	万元	10	21.98	—
年总成本	万元	301.31	195.65	35.07%
年能源消耗量	吨标准煤	1276.8	1027	19.6%
年 CO_2 排放量	t	2954	2304	22%
可再生能源利用	万 kWh	—	31.87	

9.4.4 示范工程用能系统优化建议

1. 示范工程夏季系统优化运行建议

夜间 23:00—次日 7:00 以市电满足园区低谷用电、电化学储能、地源热泵水蓄能设施用电负荷需求，预计负荷峰值约为 400～450kW。

自 7:00 点开始起动燃气三联供系统供应部分电能和冷负荷，差额部分主要由市电和分布式光伏协调承担，伴随着负荷的增长，在电价高峰时段 10:00—15:00、18:00—21:00 逐步释放储能电量，至 21:00 后停止三联供运行，以市电满足园区用电需求。负荷典型匹配策略为：高峰用电负荷为 600kW，其中三联供系统出力 330kW、分布式光伏出力 60～110kW、电化学储能出力 100kW。夏季典型日电负荷供需情况如图 9-4-15 所示。

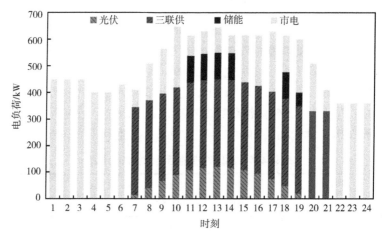

图 9-4-15　夏季典型日电负荷供需情况

在夏季典型日电负荷期间，三联供系统日发电量约为 4950kWh，光伏系统日发电量约为 1014kWh，500kWh 电储能系统按一充一放运行，其余由市电补充。

2. 示范工程冬季系统优化运行建议

夜间 23:00—7:00 以市电满足园区低谷用电、电化学储能、地源热泵水蓄能设施用电负荷需求，预计负荷峰值约为 370～420kW。

自 7:00 点开始起动燃气三联供系统供应部分电能和热负荷，差额部分主要由市电和分布式光伏协调承担，伴随着负荷的增长，在电价高峰时段 10:00—15:00、18:00—21:00 逐步释放储能电量，至 21:00 后停止三联供运行，以市电满足园区用电需求。负荷典型匹配策略为：高峰总用电负荷为 450kW，其中三联供系统出力 330kW、分布式光伏出力 45～70kW、电化学储能出力 50kW。冬季典型日电负荷供需情况如图 9-4-16 所示。

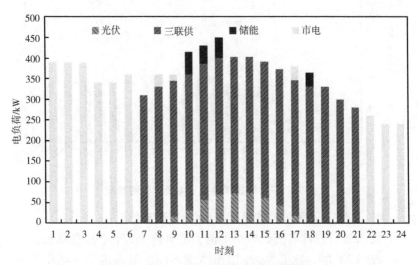

图 9-4-16　冬季典型日电负荷供需情况

在冬季典型日电负荷期间，三联供系统日发电量约为 4850kWh，光伏系统日发电量约为 432kWh，500kWh 电储能系统按一充一放运行，其余由市电补充。

3. 示范工程过渡季系统优化运行建议

过渡季园区无冷热负荷，电负荷全天处于较低状态。

夜间 23：00—次日 7：00 以市电满足园区低谷用电、电化学储能用电负荷需求，预计负荷峰值约为 380～430kW。

白天主要由市电和分布式光伏协调承担，伴随着负荷的增长，在电价高峰时段 10：00—15：00、18：00—21：00 逐步释放储能电量。负荷典型匹配策略为：高峰总用电负荷为 380kW，其中分布式光伏出力 90～105kW、电化学储能出力 110/183kW。过渡季典型日电负荷供需情况如图 9-4-17 所示。

在过渡季典型日电负荷期间，光伏系统日发电量约为 774kWh，500kWh 电化学储能系统按两充两放运行，其余由市电补充。

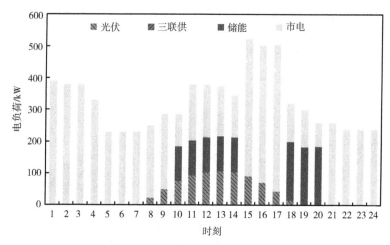

图9-4-17　过渡季典型日电负荷供需情况

4. 示范工程周末和节假日系统优化运行建议

周末和节假日园区无冷热负荷，电负荷全天处于较低状态。

夜间 23:00—次日 7:00 以市电满足园区低谷用电、电化学储能用电负荷需求，预计负荷峰值约为 380~420kW。

白天主要由市电和分布式光伏协调承担，伴随着负荷的增长，在电价高峰时段 10:00—15:00、18:00—21:00 逐步释放储能电量。负荷典型匹配策略为：高峰总用电负荷为 330kW，其中分布式光伏出力 70~105kW、电化学储能出力 110/183kW。周末及节假日电负荷供需情况如图 9-4-18 所示。

在周末及节假日电负荷期间，光伏系统日发电量约为 774kWh，500kWh 电化学储能系统按两充两放运行，其余由市电补充。

综上，在供暖季和制冷季，三联供系统均按以电定热（冷）的方式运行，承担部分基础负荷，光伏系统承担部分基础电负荷，电储能系统承担调峰负荷，市电承担尖峰负荷及夜间用电，地源热泵机组根据不同负荷变化变工况运行，承担基础负荷与调峰负荷，水蓄能系统与空气源热泵系统均承担调峰负荷，空气源热泵系统最后起动，承担尖峰负荷。

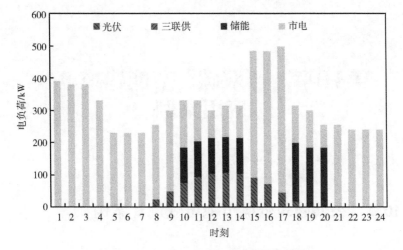

图 9-4-18　周末及节假日电负荷供需情况

第10章 "双碳"节能建筑电气应用案例

10.1 公共建筑低碳节能电气设计案例

10.1.1 低碳节能应用要点分析

在落实碳达峰、碳中和工作的大方向中，房屋建筑行业是重要一环，在提升城乡建设绿色低碳发展方面，需要大力发展节能低碳建筑。推进超低能耗、近零能耗建筑建设，使低碳发展逐渐扩大规模。逐步调整建筑内的能源组成结构。提高可再生能源，尤其是屋顶光伏的安装及使用率，促进建筑用能低碳化。大幅度提高建筑内部供暖、生活热水、炊事用具的电气化比率。主要通过提升监测能力，健全能耗统计监测和计量体系，加强重点用能单位能耗在线监测系统建设。加强二氧化碳排放统计核算能力信息化实测水平。

实现以上要求的基本路径是按照《建筑碳排放计算标准》（GB/T 51366—2019）的相关要求，通过碳汇计算而实现。建筑物未来参与碳排放交易、碳税、碳配额、碳足迹等工作，需要在设计初期就考虑建筑物全生命周期中的节能减碳，增强碳排放核算、报告、检测、核查等工作。但由于目前还少有成熟的适用于我国的碳足迹分析和碳排放计算算法及软件，且现有碳排放计算需多专业结合计算，电气专业只是碳排放中的部分内容，所以本章中案例均还未取得碳排放计算分析数据。

碳排放主要来源于燃烧释放等。建筑本体的直接碳排放不多，主要为间接碳排放。从碳排放源来看，建筑全生命周期的碳排放主要包括建筑材料、设备的生产、运输过程的能源消耗以及建筑建造阶段、运行阶段、建筑拆除阶段的碳排放。

碳排放计算一般需要较为复杂的多专业模拟计算，作为电气专业设计人员，也应对其有一定的熟悉。下面以某框架结构普通办公建筑为例说明典型建筑碳排放计算方法。该建筑基地面积为 $2706m^2$，总建筑面积为 $17366.4m^2$（地下建筑面积为 $4857m^2$），建筑地下 3 层，地上 12 层，建筑总高度为 51.8m。地下为车库和人防工程，1~11 层为办公室，12 层为会议室。

1）新建建筑建造阶段的碳排放进行估算可采用经验公式：

$$Y = X + 1.99 \tag{10.1.1}$$

式中　X——地上层数；

　　　Y——单位面积的碳排放量（$kgCO_2$）。

得到单位面积 CO_2 排放量 = 12 + 1.99 = 13.99kg CO_2/m^2，则建造阶段碳排放量估算值 = （13.99 × 17366.4）$kgCO_2$ = 242956$kgCO_2$ = 242.96tCO_2。

2）运行阶段的碳排放为建筑使用阶段消耗的各类能源折算的碳排放量之和。通过能耗监测、能耗统计、能耗模拟法，能够得出建筑运行阶段总能耗，换算为碳排放数量即可。根据能耗监测系统数据，该项目运行阶段的能源消耗全部为电力消耗，根据计算，全年能耗总量为 117.03 万 kWh，参考电力碳排放因子为 0.3748$kgCO_2/kWh$，因此当年运行产生的碳排放量为 （117.03 × 0.3748）$kgCO_2$ = 438.63tCO_2。若要进行整个使用期碳排放核算，则可按照建筑设计年限 50 年作为建筑寿命，以年运行碳排放量为基准值估算整个使用期运行碳排放量，即为 （117.03 × 50 × 0.3748）$kgCO_2$ = 2.19 万 tCO_2

3）拆除阶段能耗折碳排放量计算是指各种能耗折算成碳排放的量。能耗主要包括电能、气、油、煤等几个方面。其估算方式同建造阶段。

4）建筑碳汇主要是各种绿化，包括：屋顶绿化、垂直绿化以及场地绿化。根据各种绿化的面积和植被种类，选择相应的碳汇因子，计算得该建筑年度碳汇量为 8.00tCO$_2$，若按照 50 年的建筑使用寿命估算，则建筑整个使用期的碳汇量为 400.00tCO$_2$

5）建筑年度运行净碳排放量 = 消耗能源产生的碳排放量 − 碳汇量 =（438.63 − 8.00）tCO$_2$ = 430.63tCO$_2$。

整个使用期各阶段内建筑碳排放量见表 10-1-1。

表 10-1-1   建筑碳排放量

阶段	分类	释义	数值/（tCO$_2$）
建造阶段	施工	建造过程碳排放	242.96
运行阶段	运行	运行过程碳排放	21931.50
拆除阶段	拆除	拆除过程碳排放	242.96
其他	碳汇	绿化、水体碳汇	400

经以上计算，该建筑总体碳排放量为 2.20 万 tCO$_2$，单位面积碳排放量为 1.27tCO$_2$/m^2，单位面积年度碳排放量为 24.80kgCO$_2$/m^2。

现阶段，低碳节能建筑的技术核心是减碳、节能、增效。除能源与建筑材料减碳外，根据前述碳排放案例可知，建筑物能耗是影响建筑总碳碳排放的重要因素。降低建筑能耗是实现建筑物低碳化的重要路径，研究建筑近零能耗技术是很有必要的。《近零能耗建筑技术标准》（GB/T 51350—2019）详细地列出了建筑近零能耗的设计措施、施工与评价标准。目前的主要近零能耗措施见表 10-1-2。

表 10-1-2   主要近零能耗措施

策略	类别	主要技术	措施
降低能耗	降低建筑物自身能耗	围护结构	提高建筑物墙体、门窗等围护结构热工性能，提高建筑物气密性
		被动式建筑技术	建筑平面、形体、立面等几何形式，天然采光通风，遮阳等
	能源设备系统	暖通空调设备	通风、空调设备
		照明	照明及一般家电设备
		混合用电系统	主动式与被动式技术混合系统

策略	类别		主要技术	措施
产能策略	可再生能源利用	太阳能	太阳能光热技术	太阳能热水、采暖、蓄热等技术
			太阳能光伏技术	各种光伏发电系统
		地热能	热泵技术	地源、水源、空气源热泵等
		风能	风力发电技术	各种风能发电机组使用
		其他	其他产能、产电技术	生物能等其他能源
	能源存储与回收利用		主动、被动回收能源技术	储能、可再生能源回收、通风、水能源回收利用

其中，建筑人工照明、低能耗控制技术、可再生能源利用、设备能效提升等都与建筑电气技术密切相关。每一个低碳节能建筑的实现，都是多种措施的共同使用的结果。

实现公共建筑低碳或近零能耗有以下主要措施：

1）建筑本体和周边可再生能源产能量不应小于建筑年终端能源消耗量，且可再生能源利用率≥10%，建筑设计宜采用建筑光伏一体化系统。可再生能源利用率为建筑物所有可再生能源产能量与建筑物能源消耗量之比。

2）充分利用天然采光、自然通风等被动式建筑设计手段降低建筑的用能需求。

3）提高建筑围护结构洞口、电线盒、管线贯穿处的气密性措施和保温措施。

4）循环水泵、通风机等用能设备应采用变频调速。冷热源优先利用可再生能源，根据建筑负荷灵活调节。室外进风处应有可联动的密闭型电动风阀。

5）选择效率高的电气设备、高效节能光源和灯具，电梯应采用节能控制及拖动系统，多台电梯应有群控功能。无外部召唤时，应自动关闭轿厢照明及风扇。高层建筑电梯宜采用能量回馈装置。

6）应设置建筑室内外环境质量与能耗监测，应按用能核算单位和用能系统，以及冷热电等不同用能形式分项计量。

7）采用楼宇自控系统根据末端用能情况自动调节设备及系统的运行工况，并宜采用暖通空调、照明和遮阳、室内环境参数的整体集成和优化控制。

近零和低碳建筑电气需要采用基于全过程，面对建筑物性能的性能化设计方法。通过项目中对建设目标的确定，以性能为目标，采用高定量化的计算，对计算结果进行逐步分析后，再采用技术措施去不断优化。因此，对于需要达到的目的绝不是直接按某一标准的条文按部就班地完成。

电气设计师应与项目建筑师一道分析与理解项目本地的气候特征等基本的气象参数、自然资源含量和传统的能源利用方式、本地人员的使用习惯等设计素材。根据这些调研材料，结合当地传统建筑长期使用的被动式措施去思考项目适合的现代技术措施。结合建筑物形体、总图布局、方位朝向、采光与通风方式等多专业措施综合分析与实现。通过降低电气设施对建筑物气密性、隔热的影响，通过智能化方式尽可能提高建筑物被动式能效，如自动遮阳等技术。利用遮阳、自然采光和外部光源导入等可控方式，降低室内灯具开启率和开启时间，提升采光效果的同时，实现以采用最小的能耗代价达到最大的节能效果。结合项目机电方案、可再生能源利用等能源使用与产能条件，综合能耗分析模拟等方法定量分析项目的总能耗目标及碳排放汇算结果。根据以上过程，确定电气专业相关的材料选择、实施工艺等关键措施，根据计算结果，不断修改、优化设计策略和设计参数等，循环迭代，最终确定满足性能目标的设计方案。性能化设计方法框架如图 10-1-1 所示。

低碳节能项目在园区级别、建筑单体，以及交通运输和数据中心项目等方面，存在众多优秀的公共建筑案例。限于篇幅，本书选择建筑单体案例（深圳建科院未来大厦项目）及园区级案例（德国欧瑞府零碳能源科技园）作为典型优秀案例。

10.1.2 深圳建科院未来大厦项目

1. 案例项目概况

未来大厦坐落于中欧可持续城镇化旗舰项目——深圳国际低碳城起步区，是由深圳市建筑科学研究院股份有限公司设计并建设的自用办公研发楼。该项目占地面积约为 1.1 万 m^2，建筑面积约为 6.3 万 m^2。结构形式为钢框架，设有会议室、实验室、宿舍、商

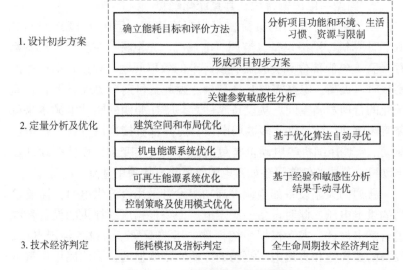

<table>
<tr><td rowspan="2">1. 设计初步方案</td><td>确立能耗目标和评价方法</td><td>分析项目功能和环境、生活习惯、资源与限制</td></tr>
<tr><td colspan="2">形成项目初步方案</td></tr>
</table>

1. 设计初步方案
　确立能耗目标和评价方法　分析项目功能和环境、生活习惯、资源与限制
　形成项目初步方案

2. 定量分析及优化
　关键参数敏感性分析
　建筑空间和布局优化　基于优化算法自动寻优
　机电能源系统优化
　可再生能源系统优化　基于经验和敏感性分析结果手动寻优
　控制策略及使用模式优化

3. 技术经济判定
　能耗模拟及指标判定　全生命周期技术经济判定

图 10-1-1　性能化设计方法框架

业、办公室及部分配套设施。建筑总体高度为 99.9m；R1 楼 9 层，总体高度为 42.3m；R2 楼 10 层，总体高度为 46.8m。R3 为直流模块，建筑面积 5000m² ，共 8 层。该项目是集未来建筑、新技术应用、绿建三星设计加运营等于一体的科研项目，为深圳市重点项目，同时承载国际合作、国家"十三五"课题以及深圳市节能减排财政政策综合示范项目的重要使命。未来大厦外观效果图如图 10-1-2 所示。

图 10-1-2　未来大厦外观效果图

2. 典型用电设备特性及其直流化趋势

虽然现有建筑内的负荷普遍为交流负荷，但由于 LED 照明灯具、计算机、网络设备、空调、电视机、充电桩等主要用电设备都存在直流电源部件和交直流转换环节的效率问题，导致目前设备的能效难以提高，电能需要多次变换。因此，目前常见设备皆存在直流化的合理发展空间。从设备属性看，LED 照明的驱动电源本来就是直流驱动，计算机及多数弱电设备内部都直接采用直流工作电压驱动。空调压缩机等电动机类负荷也可以直接变频，直接驱动同步电动机。普通的储能设备如蓄电池等更是直接采用直流供电工作。

普通的大型设备如空调等高功率设备采用直流供电时，需要较高的供电电压，此时设备的额定电压需要根据厂家提供的设备参数进行配电设计，或者根据系统标称电压选择配套的设备额定电压。设备的多样性和直流电压驱动的方便性是明显的，因此民用建筑市场对于直流建筑市场的应用场景有快速的产品供应，如直流数据中心、直流充电桩、直流储能、直流照明等。

直流供电优点很多，一般来讲，直流线路在同等的安全程度下，可靠性较高，可选用的电压等级更高，配电线路的成本相对更加节约、输电损耗也较小、不需要逆变过程，方便可再生能源接入等优点。在用电电气设备的发展空间上，随着家用电器自身的运行原理和内部元件用能技术的提升，目前越来越多的设备直接采用直流以及含有直流整流的电器负荷，因此，直接采用直流供电可以有效提升这些电器的能效水平，省略了电源转换环节的转换效率。直流供电可保证更高的电能质量，对于谐波敏感设备等特殊负荷，也有其使用优点。

未来大厦项目的直流负荷主要有空调、照明灯具、日用电器、智能化设备、充电设施，以及数据中心等，总用电容量达到 345kW，除电梯、消防水泵等特种设备之外，设备类型涵盖了办公建筑内的全部电器种类。

3. 项目技术解决方案简述

（1）低压直流配电系统

未来大厦中 R3 栋直流模块的建设内容包含直流配电系统、储能系统、直流用电设备、分布式可再生能源、直流配电保护以及智能微网控制在内的直流配电。未来大厦交直流混合配电项目通过极简架构达到分布式能源灵活接入、灵活调度和安全供电的目的。

　　该工程安装容量约为380kW，计算负荷为310kW。设置了光伏发电系统，根据项目用电特点并综合考虑自消纳能力后确定项目安装150kWp光伏系统，市政供电配置整流器输出供给本项目所有用电。整体架构设计遵循简单和灵活的原则。建筑物内电压选择根据《中低压直流配电电压导则》（GB/T 35727—2017）要求低压直流配电系统的标称电压见表10-1-3。

表10-1-3　低压直流配电系统的标称电压　（单位：V）

优选值	备选值
1500（±750）	
	1000
750（±375）	
	600
	440
	400
	336
	240
220（±110）	
	110

　　注：1. 未标正负号的电压值对应单极性直流线路，标有正负号的电压值对应双极性直流线路。

　　　　2. 基于技术和经济原因，某些特定的应用场合可能需要另外的电压等级。

　　系统架构采用±375V双极直流母线形式，双极系统由两个可独立运行的单极系统组成，在运行中当一极故障停运时，另一极还能正常运行。采用中间导体及两个极导体组合的方式，极间电压采用（L+/L−）750V DC，中间电压采用（L+/M、L−/M）±375V DC。项目中负荷较大的设备如充电桩、空调机组等采用750V DC两极供电。建筑物内配电干线采用±375V DC母线，各楼层分别接入+375V DC或−375V DC单极供电。根据标准要求，各母线段直流供电电压偏差范围控制在−20%～+5%内。图10-1-3所示为未来大厦直流配置系统方案，为简化表达，未表示中间导体。

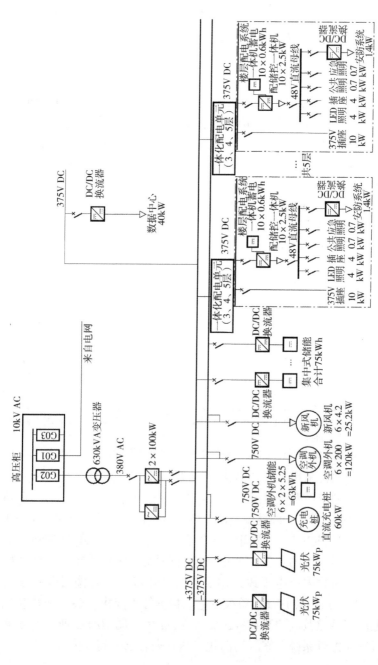

图10-1-3 未来大厦直流配电系统方案

考虑人身安全因素，在直流终端配电方面采用了 48V DC 供电的电压等级。48V DC 的终端供电对于人身安全防护方面，一般的干燥场所皆可不设置故障防护。该项目开发了终端用电模块，模块内部集成直流 48V DC 电源、储能、智能群控制系统，直接为计算机、家用直流电器等 500W 以下的小功率设备提供电源，并同时实现设备配电与智能化系统的融合，将末端用电设备的直流配电安全保护一并解决。未来大厦直流终端用电系统如图 10-1-4 所示。

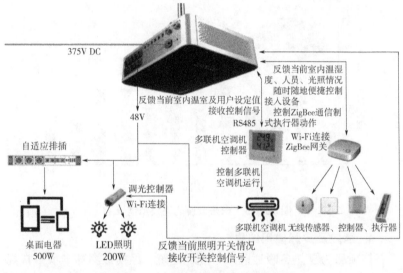

图 10-1-4 未来大厦直流终端用电系统

该直流终端用电模块可采用有线直接连接，以及无线 Wi-Fi 或 ZigBee 等连接接入方式，组网灵活性高。直流终端用电模块连接组网以后，能采用内置分布式计算单元协调各用电终端作为执行装置，监测和控制泛光照明、通风、空调末端、安防报警等智能化系统设备，无须专门配置通信控制设备，成本低可靠性高。

（2）储能及光伏应用方案

根据该项目用电设备的容量及用电特点，兼顾内部直流电网多种运行模式及削峰填谷的储能充放电策略，该项目储能配置容量确定为 250kWh。由于现有的电池安全特性，该项目采用价格较低且安全可靠的铅酸电池作为集中式电价波谷段储能和光伏发电余电储能使用。分散储能则选用能量密度较大的锂电池作为部分削峰填谷和动态增容使用。该项目的性能化设计针对建筑物逐时负荷特性与光伏发电的逐时发电特性进行容量对比优化设计，能耗模拟情况如图 10-1-5 所示。通过计算做到项目屋顶光伏发电自用比例达 97%，全年 80% 的时间不依赖市政电网供电，达到离网运行的效果，建筑用电峰值负荷降低至 63%。

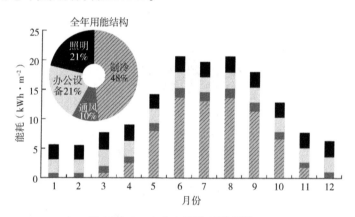

图 10-1-5　未来大厦能耗模拟情况

4. 能效及实际使用结果

该项目为夏热冬暖地区净零能耗建筑，经模拟测算本项目常规能源消耗水平比《民用建筑能耗标准》（GB/T 51161—2016）约束值低 51%，仅约 49.01kWh/（m² · a），比引导值低 40%。从测算指标可见该项目自身已为超低能耗建筑。计入光伏系统发电量，全年能耗水平仅为 29.03kWh/（m² · a）。

10.1.3　德国欧瑞府零碳能源科技园

1. 案例项目概况简介

欧瑞府园区为多能流综合能源智慧园区案例。欧瑞府园区全貌如图 10-1-6 所示，项目位于德国柏林市区西南方向，建筑面积约 16.5 万 m²。2008 年以来，该区域由已有 125 年历史的传统工业区和能源中心，逐渐地转变为结合了商业、工业、科学和政治的面向未来之地。园区同时满足 LEED 标准及德国 KfW55 建筑能效标准，获得德国能源署的 dena 零碳认证。

图 10-1-6　欧瑞府园区全貌

2. 项目技术解决方案简述

欧瑞府园区内包含许多中小型企业的办公室、实验室等场所，是柏林市交通局的无人驾驶车试点。园区内的电动交通共 70 多个充电桩，并且使用了机器人扫地机等电气化服务设备。园区级实现零碳目标需要从园区整体的多建筑物及能源结合统筹的方式实现，主要采用以下三个措施：

1）建筑物内所有措施皆以提高建筑整体能效为目的，控制手段全部采用智能化和自动化系统完成集中管理。

对于办公地点的舒适度和用电，租户有两种不同设备级别的选择，对应不同的能效和舒适感。"中级"可以促使用户形成有节能意识的行为习惯。通过主动干预（防晒/照明），可以减少用电和降低运行成本。"高级"可以进一步严格控制环境，使员工获得最优条件。在工作时间以外，所有房间都将自动切换到节能模式（由租户单独设定时间），房间在待机和舒适运行之间自动切换（通过现场监测器进行探测）基本供能通过混凝土芯活化技术（取决于外室外温度）。额外的供热可单独调节。窗户打开时，静态加热器自动关闭。通过调整板条来实现卷帘的自动控制，同时照明控制防止强光刺眼。每小时进行 2 次卫生通风换气。自动调节光照至500lx 以保持最佳照明条件。所有的自动功能都可以根据个人需求取消。

在智能电网中，电能和热能都设置了分项计量。供热主要是通过沼气热电联产设备以碳中和的方式提供。热电联产机组通过热电联产的方式提供热和电。电转热和电转冷主要用作过剩电力的热存储单元。

调节、控制和可视化方面：整合微型智能电网的调节、控制和可视化在多个管理和规划层级进行。在施耐德电气的 SCADA 系统（ClearSCADA），来自微型智能电网的复杂数据与园区内相互连接的高能效建筑和电动车辆实现了互联和可视化。这样，租户和访客可以通过全面的图形化的方式体验技术环境的数字化连接。

2）设置多能流综合能源系统，使用光伏、风力发电及生物质能等可再生能源，灵活使用热电联产等方式供应冷热电。

欧瑞府能源策略如图 10-1-7 所示，在能源供应策略上，园区使用了多种能源（如光伏发电设备、小型风机和以生物甲烷为动

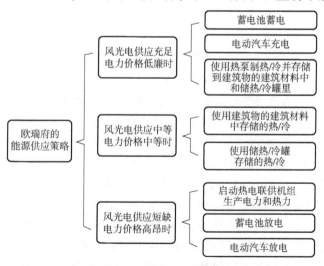

图 10-1-7　欧瑞府能源策略

力的热电联产装置）为建筑和电动车辆供电、供暖和制冷。园区可再生能源共安装了太阳能光伏 106kWp，风能发电机 20kWp，生物甲烷热电联产发电约 500kW，并设置了电能存储容量约为 1.9MWh。

当极端寒冷的天气时，两台传统的锅炉可以用来满足峰值负荷的需求，利用电转热和电转冷技术来实现可再生能源的存储。当在光能和风能充足，园区用不完的风光发电量会转化成热能，采用 90℃ 热水在 2 个 2.2 万 L 的能源中心储热罐中储能，这部分热能可折合成电能 2MWh 可满足园区 60% 的供热需求。

3）整体项目采用智慧园区的运营模式。所有建筑物都通过智能电表连接到本地电网，通过智能电表控制和测量消耗量。新建建筑中都采用能源管理系统和带智能控制的遮阳外窗系统。办公照明系统通过日光传感器进行自动控制，通过调光系统控制恒照度照明，以节约电能。通过设置园区操作系统，进行园区内总体控制，并完成资产管理。

园区内皆采用低能耗环保产品，如节能降耗的电气设备、无 SF6 环网柜等环保电气装置。园区内每个建筑都安装有 1000 个以上的监测点，用于管理冷、热需求，实现设备的能效优化控制和调节。园区充电桩应用如图 10-1-8 所示，园区采用完善的负荷的智

图 10-1-8　园区充电桩应用

能管理。储能、热泵和电动汽车的智能充电的综合调节方法结合智能化系统的自动化管理，成为园区合理运行的关键。园区内最高电负荷峰值为 1.5MW。施耐德电气的监控系统优化了能源消耗。electroMobility 平台的访问者能够看到能源管理过程的可视化。

3. 能效及实际使用结果

园区二氧化碳减排情况如图 10-1-9 所示。到目前为止，欧瑞府园区正常运行所需 80% ~ 95% 的能源已经从可再生能源中获得。园区建设完成后，取得了巨大的社会和经济效益。同比周围其他办公场所，租金可高出 25%，2014 年即实现了德国联邦政府制定的 2050 年二氧化碳减排的气候目标。

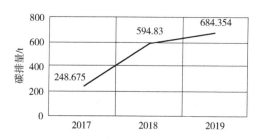

图 10-1-9　园区二氧化碳减排情况

10.1.4　五方科技馆小型光储直柔微网应用案例

1. 案例项目概况

五方科技馆项目（俗称五方零碳楼）位于五方零碳建筑及零碳园区，是采用五方科技馆实现的近零能耗改造项目，以建筑与光伏深度融合、净零能耗、净零碳排放为方向，采用光伏发电、储能、直流、柔性供电措施的零碳建筑，是典型的采用电能路由器实现光储直柔微网案例。

2. 项目技术解决方案简述

五方零碳楼光伏系统由建筑本体屋面光伏、光伏小屋、阳台顶面及光伏玻璃栏板、周边景观（如斯门、乐乎亭）顶部光伏组成。采用碲化镉光伏组件，装机容量共计 27kWp，光伏装机容量见表 10-1-4。

表 10-1-4　光伏装机容量

铺设位置	装机功率/kW	年发电量/kWh
五方零碳楼屋面	9.9	12051
光伏小屋	3.51	3014.2
光伏玻璃栏板	1	4140
如斯门顶部	4.2	
乐乎亭顶部	9.18	4717.5
总量	27.79	23922.7

综上，零碳楼的全年光伏发电量为 23922.7kWh，大于年耗电量 16576kWh，2—11 月的发电量大于用电量，12 月和 1 月的发电量小于用电量。全年绝大部分时间，建筑本身光伏发电量可以覆盖用电量。储能系统备电容量为

$$C_c = \frac{P_0 T_1}{D\eta_1} \qquad (10.1.2)$$

式中　C_c——备电容量；

　　　P_0——平均负荷；

　　　T_1——备电时间长，取 2h；

　　　D——放电深度，取 0.9；

　　　η_1——储能系统放电效率，取 0.9。

采用总容量共计 60kW·h 的磷酸铁锂电池储能系统，变换器容量为 30kW。五方零碳楼采用直流母线电压为 750V DC 的直流配电系统，负荷配电电压为 ±375V DC 及 48V DC。建筑内空调、新风机、热水器、灯具等设备皆采用了直流设备产品。系统通过分布式光储直智能电站的运行管理控制，根据电网供给能力及建筑负荷的变化，灵活调度建筑内的供能和用能量，既满足建筑用能，又可与电网进行交互。

该建筑接入了五方能源智控云平台，实时监测建筑室内外环境、建筑能耗、零碳电力，进行建筑节能自评估及碳排放量计算等。同时接入医养平台，通过营造居家养老场景，满足老人对康复、医养、安全、伴护等需求。作为集科研、展示、体验、示范等功能于一体的建筑能源系统综合示范平台，可进行零碳建筑、BIPV、光储直柔

等新技术的应用探讨，兼具近零能耗建筑技术体系、大数据智能云平台技术及居家养老医疗服务体系等多领域的技术示范意义。

该项目属于小型光储直柔项目，采用能源路由器即电能路由器方式实施。能源路由器可直接接入市政电源、可再生能源以及用电与电池存储等不同能源载体，对能源的输入、输出、转换、存储进行控制，实现不同特征能源流的融合，可以支持广域能源网络、能源生产商及分布式发电与用户之间的电能即时协作。

能源路由器的拓扑结构有多种形式，共直流母线是目前最简单可靠、成本合适、故障风险低、最适合大规模商业化的拓扑形式。能源路由器在建筑领域的关键作用在于通过多种能源的综合利用实现光储直柔等功能，系统除可以接纳风能、太阳能等新型能源，还可以接纳来自储能的电能，"谁合适用谁，谁经济用谁，谁绿色用谁，谁可靠用谁"。将电网、新能源、储能等元素接入智能楼宇后，将构建以建筑为单位的智能小型电站，建筑不仅是未来最为主要的能源消耗者，也将是最为活跃的能源生产者之一。

该项目系统单线图如图 10-1-10 所示，系统采用基于六端口能

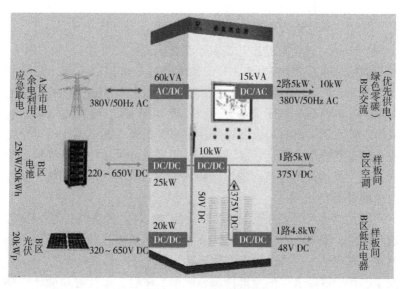

图 10-1-10　系统单线图

源路由器平台的光储直柔能源路由器。直流母线电压为750V DC，包括2个接口，分别为能量双向流动的电网接口和交流负荷接口（输出），和3个直流端口，分别为储能电池接口（输入/输出）、光伏电池接口（输入）、直流负荷接口（375V DC 和 48V DC 输出）。系统运行模式见表10-1-5。

表 10-1-5　系统运行模式（储能电池稳定直流母线）

并网运行模式	供电优先顺序：光伏、储能、市电 交流端口与市电连接正常时（并网运行状态），能源路由器可以正常与市电交换功率，即光伏余电送到市电，或光储输出功率不足市电功率补充 储能功率50kW，当负荷实际总功率大于光伏和储能实际输出总功率时，必须从市电取电确保系统稳定运行 如不希望从市电取电，则需要关停部分负荷，使光伏和储能输出总功率大于负载输入总功率，此时不再从市电取电
独立运行模式	仅在电网故障时运行此模式，供电优先顺序：光伏、储能，且不向市电供电（避免停电检修时出现安全隐患） 在电网故障时，能源路由器断电重启，切到独立运行模式，不与市电区电能交换

3. 能效及实际使用结果

依据《建筑碳排放计算标准》（GB/T 51366—2019），对建筑电力、氢氟碳化物、碳汇等带来的碳排放量进行计算，五方零碳楼（50年）运行碳排放量为 $-505 kgCO_2/m^2$，能够实现建筑零碳运行。

10.2　工业建筑低碳节能电气设计案例

10.2.1　低碳节能应用要点分析

工业领域是能源消费和二氧化碳排放的重要来源。工业领域的碳排放主要来自于工业燃烧、工业流程和工业排废，特别是钢铁、水泥等重工业，占工业领域50%以上的碳排放量。针对我国工业排放现状，推进工业电气化、提高能源效率、发展循环经济、发展碳捕集（CCUS）技术是实现工业减排的四个重要抓手。

（1）推进工业电气化

工业燃烧供热占工业排放量的 60% 以上。随着工业电气化发展，以电力替代煤炭、石油等化石能源来驱动工业生产过程，可以有效减少二氧化碳排放量。目前，工业电气化已成功应用于低温和中温生产工艺，对于一些高温生产工艺，采用清洁氢能等作为替代燃料，则具有更高的经济性和技术可行性。

（2）提高能源效率

过去十年中，我国在提高能源效率方面一直处于全球领先地位，而能效提升大部分来自工业领域。优化工艺技术，可提高制造系统中的工艺能源效率等。提高能源效率不仅减少生产过程中的材料消耗，也减少了二氧化碳等温室气体的排放量。

（3）发展循环经济

工业系统中除了提高能源效率，还应鼓励发展循环经济的技术，如废旧的钢、铝和其他金属以及塑料的回收利用。其中，基于废钢的电弧炉法基本只消耗电力，仅有 11% 的能源投入来自煤炭，相比高炉-转炉法具有更加低碳的能源结构。

（4）发展碳捕集技术

碳捕集、利用与封存技术（Carbon Capture, Utilization and Storage, CCUS）是指将生产过程中排放的二氧化碳进行收集，提纯并继续投入到生产过程当中，实现对碳的循环再利用。由于工业项目必然产碳，因此碳捕集技术将来会成为工业生产力需要特别注重的技术。如果其经济性、成熟度及安全等方面通过工业化规模的测试论证，碳捕集技术则可与发电、炼油、煤化工等产业做有效整合，为未来工业领域提供 15% ~20% 的减排空间。

对于工厂低碳与节能的方式很多，除应满足《工业企业温室气体排放核算和报告通则》（GB/T 32150—2015）、《温室气体核证》（ISO 14064：2006）外，还有相关的生产和基础设施节能或绿色标准。总体上需要注意的内容是：

1）工厂的综合能效水平的降低需要多方面综合实现。如建筑材料、结构形式、节能照明、建筑体型、采光遮阳、通风空调、可再生能源等方面。

2) 照明尽可能利用自然采光，工厂的厂区及各房间的人工照明应进行不同照度的合理分级。公共场所的照明应分区、分组与定时或采用场景控制，以及调光节能等措施。

3) 工艺设备及生产用设备应符合国家基本能效要求，并禁止使用高能耗的淘汰产品。通用设备必须采用效率高、能耗水耗物耗低的产品，并且应保证在运行中，各设备应实际运行效率或运行参数符合该设备在经济运行范围内的要求。

工业项目涵盖范围巨大，所采用的电气设计措施需要针对具体项目具体分析，不同行业的经验难以借鉴，且涉及行业生产的具体工艺细节都有专利与保密机制。现以 ABB 厦门工业中心"碳中和"智慧园区及华晨宝马汽车沈阳工厂为例，简单介绍其基础性建设电气系统的设置。

10.2.2 ABB 厦门工业中心"碳中和"智慧园区

1. 案例项目概况简介

ABB 厦门工业中心"碳中和"智慧园区占地面积约 600 亩（1亩 $=666.67m^2$），总建筑面积达 43 万 m^2，是全球领先的"碳中和"示范基地，也是 ABB 全球范围内最大制造基地之一。

园区除利用既有的市政电力外，采用了屋顶光伏发电、储能系统，以及充电桩等，设置了能源管理系统对园区能源统筹调配，监测数据上传至云端交易管理平台，智慧园区能源管理系统架构如图 10-2-1 所示。工业中心的智慧园区综合能源管理分为三个层次，分别为能源层、运行管理层和云端交易层。园区设置了一套光储直柔系统，光储直柔系统接线方案如图 10-2-2 所示，厂房屋顶设置了 7.5MWp 光伏发电装置，共占用 10 万 m^2 屋顶面积，光伏发电量达到园区总装机容量的 25%。储能系统共建设了 300kW/1MWh 储能装置。园区内共设置了 4 台直流充电桩（单台 60kW）和 7 台交流充电桩。园区内市政及可再生能源皆纳入 ABB 智慧综合能源管理系统，在园区层面统一调配管理，并可上传至合作伙伴的云端管理平台，由平台统一进行电力交易及电网调度。综合能源管理系统可对园区内能耗参数进行监测，也可对园区节能数量及碳排放的

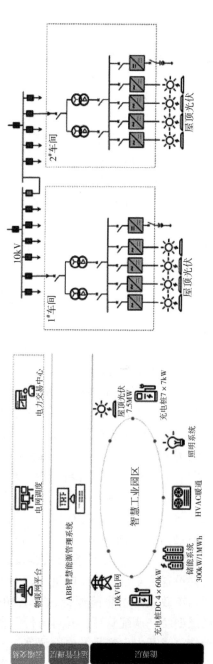

图10-2-1　智慧园区能源管理系统架构

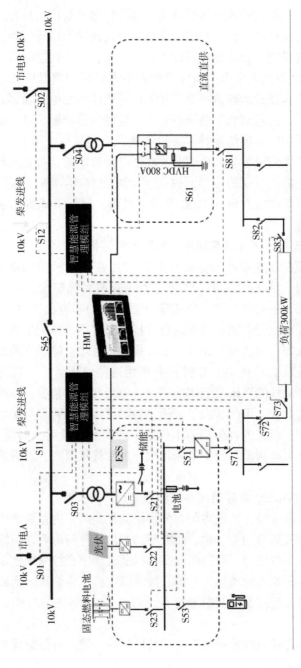

图10-2-2 园区光储直柔系统接线方案

实时数据进行优化计算及排放预测。能源管理系统已与厂区办公部分的楼宇自控系统结合，对建筑物进行负荷调配及运行管理。

该园区采用了合同能源管理的商业模式，由合同能源管理公司投资约 3500 万元人民币。园区管理者不需额外前期投资即可获得收益。能源管理的运行策略要求优先使用新能源发电，除部分电能即发即用外，余电储能至储能系统中，通过负荷调配，以及储能系统功能实现用电量削峰填谷。暖通空调及充电桩作为可调节负荷，进行第二级优先级参与负荷调节，在用电峰值阶段，可切除部分暖通设备及充电桩设备的使用。按全生命周期 25 年计算，园区运行过程中共可节约电费预计 1200 万元人民币，每年可减少二氧化碳排放 8500t。

2. ABB Ability 能源管理平台的原理和架构

ABB 厦门工业中心智慧园区能源应用系统架构图如图 10-2-3 所示，采用的是 ABB Ability™ 智慧能源管理系统架构，架构上分为云管理层、中心平台层、分区管理层、功能模块层。支持 300 种以上的专业电力行业通信协议的设备接入。网络部署的架构采用分布式管理系统，可实现分布式控制与集中式管理。能源管理系统应用层级具备软 PLC 能力，软件平台采用通用性设计，可快速对项目进行有针对性的算法及应用的部署，包括实现多角度、多维度的统一自动化管理，可代替人工分析，对园区用电的管理与决策起到辅助的作用。部署内容包括但不仅限于能源智慧调度、储能监测、配网安全、负荷预测、设备健康管理、能效优化策略、地理信息管理等。

3. ABB Ability 智慧能源系统和办公建筑的关联

除工厂部分外，园区内的办公场所同样是园区内重要的用能单位。对于办公部分的电、水、热能等，可由智慧能源管理系统进行全品类多级实时监测，监测精度高，再通过楼宇自控系统逐步完成办公区整体建筑内的通风、空调、冷热源主机、锅炉房、运输及交通等设备的自动控制。智慧能源系统可结合 AI 算法，对能效实现精准的调控。

厂区办公部分的能源管理模式与厂区内一致。可根据优先级设

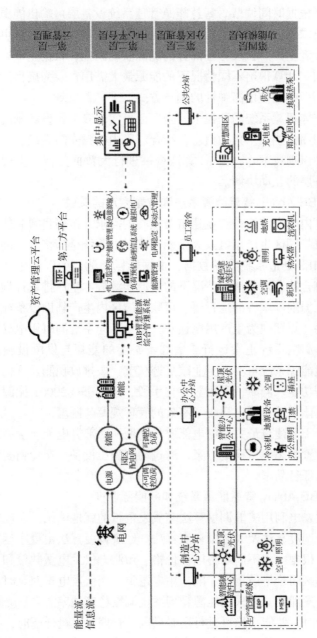

图10-2-3 ABB厦门工业中心智慧园区能源应用系统架构

第10章 『双碳』节能建筑电气应用案例

置，也可根据时间调节。智慧能源管理系统设备层可输出能源调节指令，要求办公部分卸载部分已运行负荷，也就是整个厂区可按多栋建筑或者生产厂区及办公部分的能源联动调控，根据生产要求及场景不同，计算得出不同情况下的能源最大需用量。为确保能源按需求使用，必须使用高弹性的调节方式。

在整体智慧系统的调控下，全厂区可实现多个预设场景的模式调节。利用传感器采集的信息，结合厂区内视频安防系统、门禁系统、人脸识别技术等，由 AI 算法统一进行大数据分析，实现系统层与设备层的互动协调。

4. ABB Ability 智慧能源系统和智慧生产的关联

厂区内生产节能是工业建筑最核心的需求，该项目智慧能源管理平台可将厂区生产用电及太阳能光伏发电系统全部接入，同时与工厂的 MES 制造系统共享数据，根据能耗预测，为厂区生产管理者提供符合能源最佳调配情况下的最低能源成本生产排单计划。管理平台根据削峰填谷的运行要求可联动园区内生产辅助设备或办公部分能耗，短期内为生产用电让步，避免不同系统同时用电导致尖峰负荷，影响系统正常运行或增加不必要的能耗与供电设施的投入。智慧能源系统可实现企业碳足迹核查、碳排放预测及评估，以及监测等功能。同时，利用数字化手段，遵循 ISO 50001 能源管理体系的具体要求，园区建立了高效的管理规章与制度。

对于工业建筑最关心的电能质量问题，对部分电能质量敏感设备单独设置动态电压稳定方案，通过动态稳压设备，避免精密设备停机，保证良品率。

5. ABB Ability 智慧能源系统和新能源调度

光伏发电利用多能调度算法完成发电量的就地消纳。调度算法包含经济调度算法及大数据调度算法。经济调度算法由最小运行价格计算，根据电力不同峰谷电价价格、预测光伏发电量数量和预置运行费用区间价格设置发、配、用电逻辑。光伏发电量充足时，实现光伏即发即用，并采用能源管理系统调控稳定功率需求。光伏发电量较少时，储能设施可进行短时供电，长期发电量低下时，控制储能只在峰值电价期间供电。夜间谷值电价时，储能单元根据预设逻辑充电至预设容量值。大数据调度算法是在经济调度算法的基础上，结合大数据分析，通过对生产用电以及气候条件预测，将多种预案沙盘推演，得出园区某日的整体经济成本最优的储能及柔性调节充放电策略。根据预测值将微电网调度的颗粒度进一步细化，从而提高微电网的使用效率。

10.2.3 华晨宝马汽车沈阳工厂

1. 案例项目概况简介

华晨宝马汽车沈阳工厂是宝马集团全球规模最大的生产基地，拥有大东、铁西两座整车厂、一座动力总成工厂以及一个研发中心，是一家具有可持续性的汽车工厂。工厂占地面积超过 $2km^2$，拥有现代化汽车制造的完整工艺。华晨宝马汽车铁西工厂鸟瞰如图 10-2-4 所示。

图 10-2-4　华晨宝马汽车铁西工厂鸟瞰

2. 项目技术解决方案简述

（1）可再生和清洁能源

华晨宝马汽车沈阳工厂于 2019 年全面实现工厂的外购电力均来自可再生能源的目标。生产基地的可再生能源电力占比保持在 100%，包括工厂设施产生的太阳能电力、购买的风能电力等。在建设铁西新工厂和扩建大东工厂时就随之安装了太阳能光伏系统。

到目前为止，光伏总铺装面积已达 29 万 m²，装机容量约 57.7MW，年发电量达 6000 万 kWh，相当于每年减排二氧化碳约 45000t，光伏面积还在随工厂规模不断扩建而增长。光伏系统设置在停车场及厂房屋面等适当区域，华晨宝马汽车沈阳工厂的局部光伏车棚如图 10-2-5 所示。

图 10-2-5　华晨宝马汽车沈阳工厂的局部光伏车棚

（2）绿色物流

华晨宝马汽车沈阳工厂采用多式联运的运输方式降低对环境的影响。目前，78% 的成品车分批已实现铁路运输，已减少 51.3% 的 CO_2 排放，而创新使用电动卡车用于厂内与厂际间短距离倒运输将进一步减少零部件运输过程中的碳排放。此外，为加速电动出行在沈阳的发展，截至 2021 年，华晨宝马汽车公司已在沈阳自主投资以及与第三方合作设立了 63 个充电站，共 578 个充电桩。

（3）照明节能

厂区内设置智能照明系统，通过楼宇自控系统的接入与场景设定，实现分时段调光。工作模式下，输出 100% 的预设光通量。休息模式下，输出 50%。通过调光运行方式，将节约灯具初始功率对应光通量与设定值相差的功率值，达到照明系统初步节能的目的。全厂除防爆灯具、消防应急照明外，所有灯具设置独立的编码地址，利用 DALI 系统，实现程序、场景、光照度、红外感应等控制方式，可以在控制室做到单灯控制，做到按需照明。照明系统可实现对于参照建筑 50% 以上的节能。华晨宝马铁西工厂自动化生产线上的照明如图 10-2-6 所示。

图 10-2-6　华晨宝马铁西工厂自动化生产线上的照明

（4）高能效设备利用

现有厂房内所有电动机选用 IE2 高能效等级电动机，并随新建情况，逐步提升至 IE3 等级。持续通过引进高能效设备、挖掘生产过程的余能余热回收潜力，开展设备运行能效评估、积极推进电动机等关键设备的优化升级。例如，该项目采用了夏季地下水作为空调系统的主要冷源，冬季采用地源热泵能量桩技术提供主办公楼等区域的供热及夏季供冷；利用空气压缩机、焊接等循环水余热作为空调预热；设置转换换热装置将车间排风余热回收等措施。

（5）能源管理与控制

工厂内存在多种冷、热源，由楼宇自控系统根据负荷运行情况自动切换和投入。优先保证绿色可再生能源的使用，不足部分由常规冷、热源补充。室外设置气象站，对外部环境进行连续监测。在室内车间、会议室等人员密集且变化大的区域设置温湿度、空气质量等传感器，做到根据室内环境参数随时调节送风量和温湿度。建立与实施能源管理体系，工厂已于 2017 年启动了符合《能源管理体系》（GB/T 23331—2012）的厂区内部管理体系的建设工作，并在工厂运行中实施到位。利用公司现有信息平台，结合能源管理体系建设工作，构建具有透明度高、信息传递速度快、全员普及性广的节能项目信息管理平台，持续提升能源、资源的综合利用效率。

3. 碳排放结果

数据显示，2020 年，华晨宝马汽车沈阳工厂可再生能源电力占比维持在 100%；与 2016 年相比，华晨宝马汽车单台生产 CO_2 排放量减少了 84%。2020 年，华晨宝马汽车单台生产能源消耗量同比降低 7.4%，单台汽车生产二氧化碳排放量降低至 0.18t/台。单台生产水资源消耗量同比降低 17.9%，单台生产废弃物处置量同比降低近 60%。物流方面，78% 的整车可通过铁路运输，较 2014 年出厂物流运输二氧化碳单车排放量降低 51.3%，单车排放量为 124.40kg/台。

10.3 居住建筑低碳节能电气设计案例

10.3.1 居住建筑的一般电气可用措施与方案分析

居住建筑概念上包含住宅、宿舍及公寓等。居住建筑中最常见的类型是住宅建筑。居住建筑中非住宅类建筑的能耗特点逐渐接近公共建筑。建造低碳和近零能耗居住建筑的初衷是提高建筑整体能效，手段主要有提高围护结构的热工性能、用电设备及电器的能源效率等性能指标，最终由建筑物的电能及冷热源负荷及能源消耗量体现。

居住建筑的常见用电设备比较复杂，一般为常见的公共部位的风机、水泵、照明插座、智能化设备，以及电梯等设施。住户套内设备常见为照明灯具、空调和新风系统、洗衣机、电视机、热水器、电能炊事用具等设备。在居住建筑逐步碳中和的发展路径中，供热、炊事和热水器脱碳是必然的发展道路。这意味着居住建筑的电气化发展以及用电需求的提高是不可逆转的趋势。居住建筑的能耗的计算范围包括为建筑供暖、制冷、照明及一般电器等提供公共服务的设备用能，不含餐饮炊事器具、家用电器等住宅或使用单元套内的用电设备能耗。因此，居住建筑的碳排放与能耗统计需要注意统计口径的问题。

近零能耗居住建筑的能耗指标的控制措施方式是通过采用充分利用建筑本体、高性能围护结构、自然通风等被动式技术降低建筑的能量需求，利用高效的设备以及高效的供暖、制冷及照明技术降低建筑物的制冷、供暖以及照明系统的能源消耗，在总体能源消耗的基础上，采用可再生能源来降低建筑总能源消耗，甚至彻底抵消能源消耗，成为产能建筑。

居住建筑的主要措施以被动式技术为主，需要与项目所处的气候区域相适应。但被动式技术虽然貌似与电气专业关联度不高，但也会直接影响电气专业设计方法。例如，电气管线敷设的气密性问题。电线盒和管线贯穿处等部位不仅仅是容易产生热桥的部位，同时也是容易产生空气渗透的部位，其气密性的节点设计应配合产品和安装方式进行设计和施工。电线盒气密性处理示意图如图 10-3-1 所示。

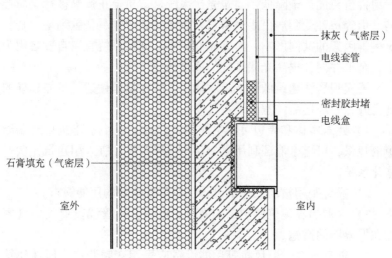

石膏填充（气密层）

抹灰（气密层）
电线套管
密封胶封堵
电线盒

室外　　　　　　　　　室内

图 10-3-1　电线盒气密性处理示意图

整体而言，近零能耗居住建筑控制单位面积供暖年耗热量和制冷年耗冷量目的是通过被动技术将建筑物的冷、热量需求降到最低，仅采用新风系统即可承担整体建筑的冷、热负荷总量，从而不需传统供热和制冷设施，无须采用高昂的供暖能耗，使近零或低碳居住建筑的能耗总量达到较低的能耗水平。

近零能耗居住建筑的技术策略主要有：①大幅度提高现有建筑节能水平目标，尤其在严寒和寒冷地区，可不采用传统供暖系统；②建筑实际能耗在现有基础上大幅度降低；③能耗水平基本与国际同地区持平。

建筑能耗中，供暖和制冷能耗与围护结构有关，制热与制冷设备与能源的系统效率有关，照明灯具的能耗与利用天然采光、灯具效率和使用时间有关，通过优化近零能耗居住建筑技术可以降低供暖空调、照明能耗；生活热水、炊事、家用电器等生活用能与建筑的实际使用方式、实际居住人数、家电设备的能效等级有关，这些因素均不可控，因此在设计阶段准确预测是不可能的，在指标中不考虑。

光伏发电系统是最重要的可再生能源的利用方式之一，随着光伏组件价格的逐渐降低，建筑光伏系统从造价上正逐渐被社会所接纳，但经济性受到居民用电需求、系统构建成本、贷款利率、贷款比例等因素的共同影响，考虑储能成本，光伏系统宜以自发自用为主，余电并网，提高光伏系统的稳定性。

要实现居住建筑低碳或近零能耗，除注意居住建筑节能标准的规定外，一般还需注意以下主要问题：

1）建筑本体和周边可再生能源产能量不应小于建筑年终端能源消耗量，可再生能源利用率≥10%，建筑设计宜采用建筑光伏一体化系统。

2）充分利用被动式建筑设计手段降低建筑的用能需求。

3）采取提高建筑围护结构洞口、电线盒、管线贯穿处的气密性和保温性的措施。

4）循环水泵、通风机等用能设备应采用变频调速。居住建筑厨房宜独立设置与排油烟机联动的密闭型电动风阀。

5）选择效率高的电气设备、高效节能光源和灯具，电梯应采用节能控制及拖动系统，多台电梯应有群控功能。无外部召唤时，应自动关闭轿厢照明及风扇。高层建筑电梯宜采用能量回馈装置。

6）宜对典型户的建筑室内环境质量进行监测，对公共部分的主要用能进行分项计量，并宜对典型户的供暖、供冷、生活热水、照明及插座的能耗进行分项计量，监测与计量户数不宜少于同类型总户数的2%，且不少于5户。

7）采用楼宇自控系统，根据末端用能情况自动调节设备及系统的运行工况，并宜采用暖通空调、照明和遮阳、室内环境参数的整体集成和优化控制措施。

低碳及近零能耗居住建筑案例较多，比较常见实施的被动房住宅也有较大的市场存量。限于篇幅，现以北京市大兴区零舍——近零能耗乡居改造项目为例进行简单介绍。

10.3.2 零舍——近零能耗乡居改造项目

1. 建筑概况

零舍位于北京市大兴区魏善庄半壁店村，是由传统砖木结构的单层村民住宅改建而成的村镇绿色乡村改造项目。该项目原为三个原有住户院子，改造中采用保留部分墙体、檩条和木结构框架等，对原有住宅的基底进行修缮、更换与改建。改建后项目建筑面积为402m² 的单层居住建筑，附带小面积办公功能。

2. 改造居住建筑的电气策略

零舍项目的近零能耗实施路径如图 10-3-2 所示，零舍实现了光伏建筑一体化的有机结合。屋面结合传统民居双坡形式选择的非晶硅太阳能光伏瓦，而被动式阳光房的玻璃屋顶采用了彩色薄膜光伏，总装机容量为 7.1kWp，以并网的方式为建筑提供电能。居住模块设置太阳能热水系统为厨房及卫生间提供热水。超低能耗的建筑尽可能地减少耗能，再借助可再生能源的产能，从而实现近零能耗。

该项目结合中庭空间及可调节被动太阳房设置彩色薄膜光伏系

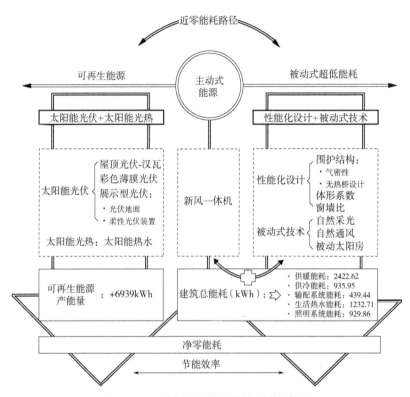

图 10-3-2　零舍项目的近零能耗实施路径

统。项目的彩色光伏薄膜顶面效果如图 10-3-3 所示，得热量最好的南向屋面设置汉瓦发电屋面，光伏瓦采用三拱曲面汉瓦系统。太阳能光伏瓦安装数量为 200 片，装机容量为 6kWp，主瓦总面积为 70m²，配瓦总面积为 172.5m²。零舍项目的光伏薄膜部分原理如图 10-3-4 所示。经模拟计算，该项目首年发电量为 0.84 万 kWh，预计全生命周期 25 年发电量共为 18.9 万 kWh。

图 10-3-3　零舍项目的彩色
光伏薄膜顶面效果

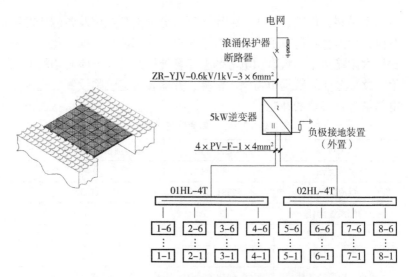

图 10-3-4 零舍项目的光伏薄膜部分原理

中庭处的彩色薄膜光伏采光顶采用组件透光率为 20% 的光伏薄膜，光伏组件尺寸为 1100mm（宽）×1300mm（高）×6.8mm（厚），安装数量为 14 片；BIPV 采光顶装机容量为 1kWp，首年发电量为 0.13 万 kWh，25 年发电量为 2.9 万 kWh。该项目还设有部分光伏地面砖及外墙装饰用柔性光伏造型板，该部分由于发电量较小且稳定度不高，未纳入汇算。

零舍项目采用了多种近零能耗技术，其近零能耗技术集成如图 10-3-5 所示。根据该项目需求，模拟测算零舍能耗统计见表 10-3-1，

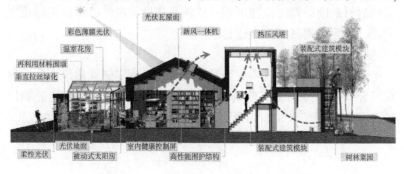

图 10-3-5 零舍项目的近零能耗技术集成

可知各供暖、供冷、热水、照明等系统分项能耗数值及各能耗发生时段，根据全年能耗汇算可知各系统单位面积能耗数据。此时，需比较太阳能热水、炊事用电等的全年耗能值及其非产能时期的电耗值，这部分能耗数据也需纳入汇算，并需要对建筑物设置的光伏发电总量进行必要的补充。

表 10-3-1　零舍能耗统计

项目	总能耗/kWh	单位面积能耗/(kWh/m²)
供暖能耗	2383.00	9.75
供冷能耗	2781.39	11.38
输配系统能耗	762.56	3.12
生活热水能耗	733.23	3.00
照明系统能耗	4694.94	19.21
可再生能源产能量	6938.97	28.39

3. 改造居住建筑的控制策略

居住建筑的控制策略较为简单，需要对建筑物室内外环境数据进行监测，包含温湿度、光照、风速等必要的基本信息。该项目设置了健康控制屏，可通过人机界面对这些参数进行展示和统计。零舍项目对于室内主要房间也进行了监测，也有部分监测数据采用新风一体机等设备自行采集。

该项目光伏采用多个逆变器汇流后并网。根据国家电网批复要求，该项目光伏所发电能单独安装电力计量表接入市政电网并网，根据运行期间的持续监测可知，该项目年度发电量已超过实际用电消耗，成为名副其实的产能建筑。

4. 改造效果

经过运行实测，该项目建筑能效值通过近零能耗建筑评价，建筑综合节能率为 75%，建筑本体节能率为 38%，可再生能源利用率为 61%。居住效果较为舒适，成为当地著名的景点与旅游热点。

参 考 文 献

[1] 舒印彪，张丽英，张运洲，等．我国电力碳达峰、碳中和路径研究［J］．中国工程科学，2021，23（6）：1-14.

[2] 李晓易，谭晓雨，吴睿，等．交通运输领域碳达峰、碳中和路径研究［J］．中国工程科学，2021，23（6）：15-21.

[3] 住房和城乡建设部科技与产业化发展中心．建筑领域碳达峰碳中和实施路径研究［M］．北京：中国建筑工业出版社，2021.

[4] 中国科学院武汉文献情报中心战略情报中心先进能源科技战略情报研究团队，等．趋势观察：国际碳中和行动关键技术前沿热点与发展趋势［J］．中国科学院院刊，2021，36（9）：1111-1115.

[5] 苏健，梁英波，丁麟，等．碳中和目标下我国能源发展战略探讨［J］．中国科学院院刊，2021，36（9）：1001-1009.

[6] 全国人大财政经济委员会，国家发展和改革委员会．中华人民共和国国民经济和社会发展第十四个五年规划和 2035 年远景目标纲要［M］．北京：人民出版社，2021.

[7] 国务院．国务院关于印发 2030 年前碳达峰行动方案的通知：国发〔2021〕23 号［A/OL］．（2021-01-24）［2022-03-28］．http：//www.gov.cn/zhengce/content/2021-10/26/content_5644984.htm.

[8] 周孝信，陈树勇，鲁宗相，等．能源转型中我国新一代电力系统的技术特征［J］．中国电机工程学报，2018，38（7）：1893-1904.

[9] 清华大学建筑节能研究中心．中国建筑节能年度发展研究报告 2021：城镇住宅专题［M］．北京：中国建筑工业出版社，2021.

[10] 中华人民共和国住房和城乡建设部．建筑碳排放计算标准：GB/T 51366—2019［S］．北京：中国建筑工业出版社，2019.

[11] 卫志农，余爽，孙国强，等．虚拟电厂的概念与发展［J］．电力系统自动化，2013，37（13）：1-9.

[12] MORAIS H，CARDOSO M，CASTANHEIRA L，et al．VPPs information needs for effective operation in competitive electricity markets［C］// IEEE International Conference on Industrial Informatics．New York：IEEE，2007.

[13] 佘维，胡跃，杨晓宇，等．基于能源区块链网络的虚拟电厂运行与调度模型［J］．中国电机工程学报，2017，37（13）：3729-3736.

[14] 江亿，郝斌，李雨桐，等．直流建筑发展路线图 2020—2030（Ⅱ）［J］．建筑节能（中英文），2021，49（9）：1-10.

[15] 李雨桐，郝斌，童亦斌，等．民用建筑低压直流配用电系统关键技术认识与思考

　　　　［J］. 建设科技, 2020（12）：32-36.

[16] 武廷海. 国土空间规划体系中的城市规划初论［J］. 城市规划, 2019, 43（8）：
　　　9-17.

[17] RAD F D. Application of local energy indicators in municipal energy planning：A new
　　　approach towards sustainability［J］. ACEEE Summer Study on Energy Effcient Build-
　　　ings, 2010：48-59.

[18] 龙惟定, 潘毅群, 张改景, 等. 碳中和城区的建筑综合能源规划［J］. 建筑节
　　　能, 2021, 49（8）：25-36.

[19] 沈清基. 中国城市能源可持续发展研究：一种城市规划的视角［J］. 城市规划学
　　　刊, 2005（6）：41-47.

[20] 龙惟定. 城区需求侧能源规划［J］. 暖通空调, 2015, 45（2）：60-66.

[21] 潘毅群, 郁丛, 龙惟定, 等. 区域建筑负荷与能耗预测研究综述［J］. 暖通空
　　　调, 2015, 45（3）：33-40.

[22] 张秀媛, 杨新苗, 闫琰. 城市交通能耗和碳排放统计测算方法研究［J］. 中国软
　　　科学, 2014（6）：142-150.

[23] 龙惟定, 白玮, 范蕊. 低碳城市的区域建筑能源规划［M］. 北京：中国建筑工
　　　业出版社, 2011.

[24] 杨勇平. 分布式能量系统［M］. 北京：化学工业出版社, 2007.

[25] 王贵玲, 刘彦广, 朱喜, 等. 中国地热资源现状及发展趋势［J］. 地学前缘,
　　　2020, 27（1）：1-9.

[26] 曾鸣, 杨雍琦, 刘敦楠, 等. 能源互联网"源-网-荷-储"协调优化运营模式及
　　　关键技术［J］. 电网技术, 2016, 40（1）：114-124.

[27] 张永明, 傅卫东, 丁宝, 等. 基于直流配电与直流微网的电气节能研究［J］. 电
　　　工技术学报. 2015, 30（S1）：389-397.

[28] 刘书贤, 张家熔, 刘魁星, 等. 能源总线系统源侧供冷供热能力分析研究［J］.
　　　建筑节能, 2019, 47（11）：10-16.

[29] ZHANG Y, YAN Z, YUAN F, et al. A novel reconstruction approach to elevator energy
　　　conservation based on a DC micro-grid in high-rise buildings［J］. Energies, 2019, 12
　　　（1）：33.

[30] YAN Z, ZHANG Y, LIANG R, et al. An allocative method of hybrid electrical and
　　　thermal energy storage capacity for load shifting based on seasonal difference in district
　　　energy planning［J］. Energy, 2020, 207：118-139.

[31] YAN Z, ZHANG Y, YU J, et al. Life cycle improvement of serially connected batteries
　　　system by redundancy based on failure distribution analysis［J］. Journal of Energy Stor-
　　　age, 2022, 46：103851.

[32] HETTI R K, KARUNATHILAKE H, CHHIPI-SHRESTHA G, et al. Prospects of in-
　　　tegrating carbon capturing into community scale energy systems［J］. Renewable and

Sustainable Energy Reviews, 2020, 133: 110193.

[33] WANG Y, ZHANG N, ZHUO Z, et al. Mixed-integer linear programming-based optimal configuration planning for energy hub: Starting from scratch [J]. Applied energy, 2018, 210: 1141-1150.

[34] 江亿. 光储直柔——助力实现零碳电力的新型建筑配电系统 [J]. 暖通空调, 2021, 51 (10): 1-12.

[35] 王微, 林剑艺, 崔胜辉, 等. 碳足迹分析方法研究综述 [J]. 环境科学与技术, 2010, 33 (7): 71-78.

[36] 周鹏程, 刘洋, 刘英新, 等. 综合能源服务商业模式及经济效益分析研究 [J]. 山东电力技术, 2020, 47 (11): 1-7.

[37] 中国新闻网. 青海冷湖火星营地全面建成 [EB/OL]. (2019-01-10) [2022-03-28] https: //www. chinanews. com. cn/cj/2019/01-10/8725319. shtml.

[38] 李叶茂, 李雨桐, 郝斌, 等. 低碳发展背景下的建筑 "光储直柔" 配用电系统关键技术分析 [J]. 供用电, 2021, 38 (1): 32-38.

[39] 钱科军, 袁越, 石晓丹, 等. 分布式发电的环境效益分析 [J]. 中国电机工程学报, 2008 (29): 11-15.

[40] 张帆. 电梯能量回馈技术及研究 [D]. 长春: 长春工业大学, 2019.

[41] 张强, 戴天鹰. 建筑物直流配电网低压断路器选型探讨 [J]. 建筑电气, 2019, 38 (7): 24-30.

[42] 孙莉琴. 佛山市公共文化综合体中的电气节能技术 [D]. 广州: 华南理工大学, 2018.

[43] 牛嘉轩. 高层民用建筑电能质量治理方法探究 [J]. 电力电容器与无功补偿, 2020, 41 (3): 170-173.

[44] 中华人民共和国住房和城乡建设部. 装配式建筑评价标准: GB/T 51129-2017 [S]. 北京: 中国建筑工业出版社, 2017.

[45] 莫理莉, 俞洋. 智慧绿色楼宇低压直流配电系统研究 [J]. 建筑电气, 2019, 38 (7): 15-18.

[46] 陈伯时, 谢鸿鸣. 交流传动系统的控制策略 [J]. 电工技术学报, 2000 (5): 11-15.

[47] 李嵩. 丹佛斯: 不断优化产品及解决方案, 助力空调行业发展 [J]. 制冷与空调, 2014, 14 (9): 32-33.

[48] 文武, 南树功, 蒋世用, 等. 应用于办公建筑的光伏直驱空调及其模块化低压直流配电系统设计 [J]. 制冷与空调, 2019, 19 (12): 23-27.

[49] 赵文广. 多端口区域电能路由器及其直流母线电压控制策略研究 [D]. 合肥: 合肥工业大学, 2021.

[50] 侯鑫, 王绚, 刘飞. 光伏建筑一体化在方案设计阶段的特点及流程 [J]. 建筑与文化, 2015 (5): 114-116.

[51] 张拓. 我国民用建筑光伏系统电气设计的研究 [D]. 长春：吉林建筑大学，2014.

[52] 刘宁，王军辉. 太阳能光伏建筑一体化的设计要点 [C] //陕西省科协，陕西省水力发电工程学会：陕西省新兴能源与可再生能源发展学术研讨会论文集. [出版地不详]：[出版者不详]，2011.

[53] 曾雁，鞠晓磊. 民用建筑屋面光伏一体化设计安装要点 [J]. 中国建筑防水，2012（15）：20-22.

[54] 项瑜. 光伏建筑一体化形式的比较及其对城市热环境的影响 [D]. 天津：天津大学，2012.

[55] 中华人民共和国住房和城乡建设部. 建筑一体化光伏系统电气设计与施工：15D202-4 [S]. 北京：[出版者不详]，2015.

[56] 中华人民共和国住房和城乡建设部. 建筑太阳能光伏系统设计与安装：16J908-5 [S]. 北京：[出版者不详]，2016.

[57] 董叶莉，黄中伟. 光伏建筑一体化结合形式的探讨 [J]. 建筑节能，2013，41（6）：34-36.

[58] 卢克. 光伏技术与工程手册 [M]. 北京：机械工业出版社，2011.

[59] 王鹏. 建筑光伏发电系统的供配电技术应用分析 [D]. 哈尔滨：哈尔滨工业大学.

[60] 中国建筑节能协会. 中国建筑能耗研究报告 2020 [J]. 建筑节能，2021，49（2）：1-6.

[61] 严晓辉，徐玉杰，纪律. 我国大规模储能技术发展预测及分析 [J]. 中国电力，2013，46（8）：22-23.

[62] 中国化学与物理电源行业协会储能应用分会. 2021 储能产业应用研究报告 [R]. 北京：中国化学与物理电源行业协会，2021.

[63] 元博，张运洲，鲁刚，等. 电力系统中储能发展前景及应用关键问题研究 [J]. 中国电力，2019，52（3）：1-9.

[64] 王松岑. 大规模储能技术及其在电力系统中的应用 [M]. 北京：中国电力出版社，2016.

[65] 凌震宇. 浅谈电化学储能技术在电力系统用户侧的应用 [J]. 城市建设理论研究（电子版），2019（13）：8-9.

[66] 国家市场监督管理总局. 电化学储能电站运行指标及评价：GB/T 36549—2018 [S]. 北京：中国标准出版社，2018.

[67] 于东兴，李毅，张少禹，等. 七氟丙烷扑救锂离子动力电池火灾有效性研究 [J]. 电源技术研究与设计，2019，43（1）：60-63.

[68] 中国建筑学会. 电动汽车充换电设施系统设计标准：T/ASC 17—2021 [S]. 北京：中国建筑工业出版社，2021.

[69] 中华人民共和国住房和城乡建设部. 供配电系统设计规范：GB 50052—2009 [S]. 北京：中国计划出版社，2010.

[70] 中华人民共和国住房和城乡建设部. 低压配电设计规范：GB 50054—2011 [S]. 北京：中国计划出版社，2012.

[71] 中华人民共和国住房和城乡建设部. 电动汽车充电站设计规范：GB 50966—2014 [S]. 北京：中国计划出版社，2014.

[72] 中华人民共和国住房和城乡建设部. 汽车库、修车库、停车场设计防火规范：GB 50067—2014 [S]. 北京：中国计划出版社，2015.

[73] 中国建筑标准设计研究院. 电动汽车充电基础设施设计与安装：18D705—2 [S]，北京：中国计划出版社，2018.

[74] 李炳华. 电动汽车充电设施工程设计与安装手册 [M]. 北京：机械工业出版社，2021.

[75] 李炳华，覃剑戈，岳云涛，等. 充电主机系统需要系数的研究 [J]. 建筑电气，2017，36（5）：6-10.

[76] 王震坡，等. 中国新能源汽车大数据研究报告（2021）[M]. 北京：机械工业出版社，2021.

[77] 世界资源研究所. 新能源汽车更友好地接入电网系列一：中国电动汽车与电网协同的路线图与政策建议 [R/OL]. （2021-01-22）[2022-03-28]. https：//max. book118. com/html/2021/0121/8066057044003041. shtm.

[78] 新能源汽车如何更友好地接入电网系列一：中国电动汽车规模化推广对电网的影响分析 [R/OL]. （2020-06-16）[2022-03-28]. https：//www. 163. com/dy/article/FF7Q9CEE05509P99. html.

[79] 深圳市新能源汽车运营企业协会，深圳国家高技术产业创新中心. 深圳市新能源汽车充电运营行业发展报告 2020 [R/OL]. （2021-01-17）[2022-03-28]. http：//www. szevoa. com/#/article_home3？m2id＝79&index＝1.

[80] 中国国家标准管理委员会. 电动汽车传导充电用连接装置 第 1 部分：通用要求：GB/T 20234. 1—2015 [S]. 北京：中国标准出版社，2015.

[81] 中国国家标准管理委员会. 电动客车顶部接触式充电系统：GB/T 40425. 1—2021 [S]. 北京：中国标准出版社，2021.

[82] 杨希，戴天鹰，戴靖. 基于物联网技术的智慧充电场站 [J]. 电气时代，2020（9），24-26.

[83] 中华人民共和国住房和城乡建设部. 电动汽车分散充电设施工程技术标准：GB/T 51313—2018 [S]，北京：中国计划出版社，2018.

[84] 北京照明学会照明设计专业委员会. 照明设计手册 [M].3 版. 北京：中国电力出版社，2016.

[85] 中国建筑科学研究院. 建筑照明设计标准：GB 50034—2013 [S]. 北京：中国建筑工业出版社，2014.

[86] 李晋闽，刘志强，等. 中国半导体照明发展综述 [J]. 光学学报，2021，41（1）：285-297.

[87] 马小军. 智能照明控制系统［M］. 南京：东南大学出版社，2009.

[88] 陈琪，王旭. 智能照明工程手册［M］. 北京：中国电力出版社，2021.

[89] 孙皓月. 基于物联网技术的智能照明控制系统研究［M］. 长春：东北师范大学出版社，2017.

[90] 鲁宏伟，刘群. 物联网应用系统设计［M］. 北京：清华大学出版社，2017.

[91] 李露，廖骏杰. 基于物联网技术的智慧照明 LED 设计与应用［M］. 北京：北京邮电大学出版社，2019.

[92] 北京市发展和改革委员会. 公共建筑室内照明系统节能监测：DB11/T 1854—2021［S］. 北京：［出版者不详］，2021.

[93] 北京市住房和城乡建设委员会. 建筑工程施工工艺规程 第 18 部分：照明系统工程：DB11/T 1832.18—2021［S］. 北京：［出版者不详］，2021.

[94] 中国轻工业联合会. 照明系统和相关设备术语和定义：GB/T 39022—2020［S］. 北京：中国标准出版社，2020.

[95] 中国轻工业联合会. 智能照明系统 通用要求：GB/T 39021—2020［S］. 北京：中国标准出版社，2021.

[96] 雍静，徐欣，曾礼强，等. 低压直流供电系统研究综述［J］. 中国电机工程学报，2013，33（7）：42-52.

[97] 李霞林，郭力，王成山，等. 直流微电网关键技术研究综述［J］. 中国电机工程学报，2016，36（1）：2-16.

[98] 孙付杰. 室内 LED 照明直流配电及电压等级选择研究［J］. 建筑电气，2019，38（7）：38-40.

[99] 赵建平，高雅春，陈琪，等.《直流照明系统技术规程》技术要点解析［J］. 照明工程学报，2020，31（5）：107-111，141.

[100] 骆芳芳. 存量设施智慧化改造下路灯低压直流配电系统研究［J］. 照明工程学报，2021，32（3）：186-192.

[101] 张丹，沙志成，赵龙. 综合智慧能源管理系统架构分析与研究［J］. 中外能源，2017，22（4）：7-12.

[102] 王刘旺，周自强，林龙，等. 基人工智能在变电站运维管理中的应用综述［J］. 新型工业化，2020，46（1）：1-13.

[103] 原吕泽芮，顾洁，金之俭. 基于云-边-端协同的电力物联网用户侧数据应用框架［J］. 电力建设，2020，41（7）：1-8.

[104] 王光宏，蒋平. 数据挖掘综述［J］. 同济大学学报（自然科学版），2004（2）：246-252.

[105] 彭小圣，邓迪元，程时杰，等. 面向智能电网应用的电力大数据关键技术［J］. 中国电机工程学报，2015，35（3）：503-511.

[106] 刘科研，盛万兴，张东霞，等. 智能配电网大数据应用需求和场景分析研究［J］. 中国电机工程学报，2015，35（2）：287-293.

[107] 计长安, 洪伟, 孙添一, 等. 面向配电物联网的智能断路器设计 [J]. 物联网技术, 2021, 11 (7): 74-78.

[108] 陈宇沁, 杨世海, 方超, 等. 基于物联网技术的新一代居民侧智能断路器研究 [J]. 自动化与仪表, 2021, 36 (1): 97-102.

[109] 袁颖, 孙荣霞, 李瑞, 等. 基于 ZigBee 的光伏电站环境实时监测系统 [J]. 微型机与应用, 2017, 36 (3): 33-35.

[110] 张官元. 变电站视频监控系统 [M]. 北京: 中国电力出版社, 2016.

[111] European Commission. European technology platform for the electricity networks of the future [EB/OL]. (2015-04-30) [2022-03-28]. http://www.smartgrids.eu/.

[112] 吴建中. 欧洲综合能源系统发展的驱动与现状 [J]. 电力系统自动化, 2016, 40 (5): 1-7.

[113] 张志英, 鲁嘉华. 新能源与节能技术 [M]. 北京: 清华大学出版社, 2013

[114] 沈镭, 刘立涛, 高天明, 等. 中国能源资源的数量、流动与功能分区 [J]. 资源科学, 2012, 34 (9): 1611-1621.

[115] 刘庆, 梁涛. 浅谈综合能源智能优化调度控制系统 [J]. 中国仪器仪表, 2018 (10): 47-50.

[116] 陈平, 孙澄. 近零能耗建筑概念演进、总体策略与技术框架 [J]. 科技导报, 2021, 39 (13): 108-116.

[117] 李雨桐, 郝斌, 赵宇明, 等. 低压直流配用电技术在净零能耗建筑中的应用探索 [J]. 广东电力, 2020, 33 (12): 49-55.

[118] 李忠, 严建海, 王福林, 等. 楼宇低压直流配电系统示范应用 [J]. 供用电, 2018, 35 (6): 33-40.

[119] 欧瑞府能源有限公司. 欧瑞府 10 周年 [EB/OL]. (2018-11-19) [2022-03-28]. https://euref.de/wp-content/uploads/Euref_CHINES_2019_27Mai2019_Ansicht.pdf.

[120] 华晨宝马汽车有限公司. 2020 可持续发展报告 [EB/OL]. (2021-05-25) [2022-03-28]. http://www.bmw-brilliance.cn/cn/zh/common/download/sustainability_report/BMW_Brilliance_Sustainability_Report_2020_CHN.pdf.

[121] 新华社. 中共中央 国务院关于完整准确全面贯彻新发展理念做好碳达峰碳中和工作的意见 [EB/OL]. (2021-09-22) [2022-03-28]. http://www.gov.cn/zhengce/2021-10/24/content_5644613.htm.

[122] 王永芳, 戴天鹰. 碳中和园区智慧能源管理系统应用探索 [J]. 智能建筑电气技术, 2021, 15 (4): 28-31.

[123] 中国建筑科学研究院有限公司, 河北省建筑科学研究院. 近零能耗建筑技术标准: GB/T 51350-2019 [S]. 北京: 中国建筑工业出版社, 2019.

[124] 天友设计. 天友零舍: 国内首座近零能耗建筑的设计实践 [EB/OL]. (2020-05-08) [2022-03-28]. http://www.tenio.cn/news1/520.html.